普通高等学校“十二五”规划教材

大学文科数学

主　编　闫　峰
副主编　赵冠华　张　青　张艳霞
　　　　朱玉龙　张西恩

中国铁道出版社有限公司
CHINA RAILWAY PUBLISHING HOUSE CO., LTD.

内　容　提　要

本书着眼于介绍近代数学的基本概念、基本原理和基本方法，以数学素养的提高为目的，注重直观性和可读性，突出知识的实际背景和应用介绍．本书共分五部分：数学概论、微积分、线性代数、概率论和运筹学．选材上力求易学、易用；内容组织力求科学、紧凑；语言描述力求通俗、简练，贯彻突出数学的思想方法、渗透数学建模训练和练习数学软件使用的原则，每部分都从问题入手展开讨论，以实际应用结束，并简要介绍 MATLAB 数学软件的使用．

本书适合作为普通高等学校文科类专业教材，尤其适合二类、三类普通高等学校文科类专业使用．

图书在版编目(CIP)数据

大学文科数学/闫峰主编．—北京：中国铁道出版社，2013.8（2024.8重印）

普通高等学校“十二五”规划教材

ISBN 978-7-113-17252-7

Ⅰ．①大…　Ⅱ．①闫…　Ⅲ．①高等数学-高等学校-教材　Ⅳ．①O13

中国版本图书馆 CIP 数据核字(2013)第 201200 号

书　　名：大学文科数学

作　　者：闫　峰

策　　划：张宇富　　　　**编辑部电话：**(010) 51873202

责任编辑：马洪霞

编辑助理：曾露平

封面设计：付　巍

封面制作：白　雪

责任印制：樊启鹏

出版发行：中国铁道出版社有限公司(100054，北京市西城区右安门西街 8 号)

网　　址：https://www.tdpress.com/51eds/

印　　刷：三河市航远印刷有限公司

版　　次：2013 年 8 月第 1 版　　2024 年 8 月第 7 次印刷

开　　本：710mm×960mm　1/16　**印张：**14.5　**字数：**275 千

书　　号：ISBN 978-7-113-17252-7

定　　价：27.00 元

前　言

数学是自然科学的语言，是人们认识客观世界的有力工具．随着计算机的普及，数学知识正在深入地影响着社会经济的发展，对于大众化教育背景下入学的大学生，数学教育在其全面成长过程中有着不可或缺的作用．特别是进入21世纪之后，各种数据信息大量出现，如何正确解读这些数据信息，需要人们具备良好的数学素养．

为了适应应用型人才的培养目标，加大通识教育的力度，有必要对文科学生开展适当的数学教育．由于文科大学生数学基础与理工科等学生不同，而目前大部分高等数学教材只是针对理工类编写，并不适合应用型大学的文科数学教学要求，为此，本书着眼于介绍近代数学的基本概念、基本原理和基本方法，以数学素养的提高为目的，注重直观性和可读性，突出知识的实际背景和应用介绍．

本书共分七部分：数学概论，函数、极限与连续，导数与微分、积分学，线性代数，概率论初步，运筹学概论．选材上力求易学、易用；内容组织力求科学、紧凑；语言描述力求通俗、简练，贯彻突出数学的思想方法、渗透数学建模训练和练习数学软件使用的原则，每部分都从问题入手展开讨论，以实际应用结束，并简要介绍MATLAB数学软件的使用．

本书由邯郸学院闫峰任主编，邯郸学院赵冠华、张青、张艳霞、朱玉龙，廊坊师范学院张西恩任副主编．前言由赵冠华副教授撰写；第1章由张艳霞副教授撰写；第2～3章由闫峰教授撰写；第4章由张西恩副教授撰写；第5章由赵冠华副教授撰写；第6章由朱玉龙副教授撰写；第7章由张青教授撰写；全文由刘晓玲教授统稿．

本书的出版得到了中国铁道出版社的大力支持，并获得了邯郸学院的资金支持，书中参考了大量的文献资料，恕不一一列举．在此一并表示感谢．

由于编者学识和阅历所限，不当和疏漏之处在所难免，恳请各位专家、读者提出宝贵意见．

编　者

2013年5月

目　　录

第1章　数学概论

“没有数学，我们就无法看透哲学的深度；没有哲学，人们也无法看透数学的深度. 而若没有两者，人们就什么也看不透.”(B. Demollins)本章首先从数学的含义谈起，探讨数学的本质和特征，介绍数学发展简史、数学与其他各个学科领域的关系、数学的文化价值，最后介绍常用数学软件的入门知识. 这些内容实际上也在回答“我们为什么要学数学”这个重要问题，它将有助于读者从多角度、更深层次认识数学，为读者今后的学习打下基础.

§1.1　什么是数学

1.1.1　什么是数学

数学，起源于人类早期的生产活动，为中国古代六艺之一(六艺中称为“数”)，亦被古希腊学者视为哲学之起点. 数学(汉语拼音：shùxué；希腊语：μαθηματικ；英语：mathematics)，源自于古希腊语的 μθημα(máthēma)，其有学习、学问、科学之意. 数学曾经是四门学科：算术、几何、天文学和音乐，处于比语法、修辞和辩证法这三门学科更高的地位.

数学究竟是什么？不同的学者有着自己独特的观点.

创立于20世纪30年代的法国布尔巴基学派认为：数学，至少纯数学，是研究抽象结构的理论.

法国数学家笛卡尔认为数学是“序和度量”的科学.

也有学者认为“数学是一种高级语言，是符号的世界”、“数学是精密的科学”、“数学是一门艺术”、“数学不仅是一种技巧，更是一种精神，特别是理性的精神”、“数学是人类最重要的活动之一”、“数学是研究各种形式的模型”、“数学是一种文化体系”等等.

恩格斯则认为数学是关于数量和空间形式的一门科学. 这种观点在我国的数学教育方面采用得比较多，2011版《义务教育数学课程标准》就沿用了数学的这种定义.

各种“定义”都从一定侧面反映了数学的特征. 数学，作为人类思维的表达形式，反映了人们积极进取的意志、缜密周详的逻辑推理及对完美境界的追求. 虽然不同的传统学派可以强调不同的侧面，然而正是这些互相对立的力量的相互作用，以及它们综合起来的努力,才构成了数学科学的生命力、可用性和它的崇高价值.

在社会高度文明的今天,物质世界和精神世界只有通过量化才能达到完善的展示,而数学正是这一高超智慧成就的结晶,它已渗透到日常生活的各个领域.作为大学生,学习数学,除了形成"理性思维"的能力之外,更重要的是理解数学的价值,欣赏数学的美丽,知道数学应用的门径,提高数学素养.

"数学素养"的通俗说法为:把所学的数学知识都排除或忘掉后剩下的东西.具体而言,一般指:从数学角度看问题的出发点;有条理地理性思维,严密地思考、求证,简洁、清晰、准确地表达;在解决问题、总结工作时,逻辑推理的意识和能力;对所从事的工作,合理地量化和简化,周到地运筹帷幄.

英国实验物理学家伦琴是第一个获得诺贝尔物理学奖的学者,他在回答"科学家需要什么样的修养"时说:"第一是数学,第二是数学,第三还是数学."提高学生的数学素养,是适应社会、参加生产和进一步学习所必须的数学基础知识和基本技能,是时代的需要,也是学生实现自身价值的需要.

1.1.2 数学的特点

应用广泛性、严谨性和高度抽象性是数学的显著特征,除此之外,数学还具有美好、美妙等等特征.

1. 应用的广泛性

很久之前,恩格斯在自然辨证法中谈到数学应用时说:"在固体力学中是绝对的,在气体力学中是近似的,在液体力学中已经比较困难了;在物理学中多半是尝试性的和相对的;在化学中是简单的一次方程式;在生物学中=0."

现在,数学的应用领域已由物理、力学、天文、工程技术等向经济、金融、信息、生命科学、管理科学、通讯、军事、社会科学,乃至日常生活各个领域渗透.高耸入云的建筑物、海洋石油钻井平台、人造地球卫星、基因识别、密码破译等等,莫不是人类数学智慧的结晶.你的身高、体重、各种美丽的图案……,数学始终陪伴在你的身边.随着市场经济的发展,成本、利润、投入、产出、贷款、效益、股份、市场预测、风险评估等一系列经济词汇频繁使用,买与卖、存款与保险、股票与债券……我们几乎每天都会碰到.而这些经济活动无一能离开数学.

下面举两个应用数学的例子.

例 1 海王星的发现.

太阳系中的行星之一的海王星是1846年在数学计算的基础上发现的.1781年发现了天王星以后,观察它的运行轨道总是和预测的结果有相当程度的差异,是万有引力定律不正确呢,还是有其他的原因?有人怀疑在它周围有另一颗行星存在,影响了它的运行轨道.1844年英国的亚当斯(1819—1892)利用万有引力定律和对天王星的观察资料，推算这颗未知行星的轨道，花了很长的时间计算出这颗未知行星的位置，以及它出现在天空中的方位. 亚当斯于 1845 年 9 月～10 月把结果分别寄给了剑桥大学天文台台长查理士和英国格林尼治天文台台长艾里，但是查理士和艾里迷信权威，把它束之高阁，不予理睬.

1845 年，法国一个年轻的天文学家、数学家勒维烈(1811—1877)经过一年多的计算，于 1846 年 9 月写了一封信给德国柏林天文台助理员加勒(1812—1910)，信中说："请你把望远镜对准黄道上的宝瓶星座，就是经度 326°的地方，那时你将在那个地方 1°之内，见到一颗九等亮度的星."加勒按勒维烈所指出的方位进行观察，果然在离所指出的位置相差不到 1°的地方找到了一颗在星图上没有的星——海王星. 海王星的发现不仅是力学和天文学特别是哥白尼日心学说的伟大胜利，而且也是数学计算的伟大胜利.

例 2　电磁波的发现.

英国物理学家麦克斯韦(1831—1879)概括了由实验建立起来的电磁现象，呈现为二阶微分方程的形式. 他用纯数学的观点，从这些方程推导出存在着电磁波，这种波以光速传播着. 根据这一点，他提出了光的电磁理论，这理论后来被全面发展和论证了. 麦克斯韦的结论还推动了人们去寻找纯电起源的电磁波，比如由振动放电所发射的电磁波. 这样的电磁波后来果然被德国物理学家赫兹(1857—1894)发现了. 这就是现代无线电技术的起源.

总之，在天体力学、声学、流体力学、材料力学、光学、电磁学、工程科学等学科中，数学都作出了异常准确的预言.

著名数学家华罗庚的观点"宇宙之大，粒子之微，火箭之速，化工之巧，地球之变，生物之谜，日用之繁，无处不用数学"得到了大家的普遍认可.

数学在其他领域的应用，我们在 § 1.3 再详细谈. 在以后各章的教学内容中不仅注重数学知识的掌握，也会着重强调数学知识的应用.

2. 数学的严谨性

数学的严谨性表现在数学推理的逻辑严格性和数学结论的确定无疑性. 早在 2000 多年前，数学家就从几个最基本的结论出发，运用逻辑推理的方法，将丰富的几何学知识整理成一门严密系统的理论，它像一根精美的逻辑链条，每一个环节都衔接得丝丝入扣. 所以，数学一直被誉为是"精确科学的典范".

例 3　有这样一个故事：一位数学家、一位物理学家、一位作家坐火车访问云南. 作家看到窗外田野上有一只黑羊，感叹道："想不到云南的羊都是黑的！"物理学家说："不对，云南至少有一只羊是黑的."数学家看看窗外，说："云南至少有一块地上有一只羊，至少半边是黑的."

大家可以看到，不同学者对同一个事物的反应与其长时间的专业熏陶有着密切的联系. 数学讲究的是思维的精确性.

例 4 英国有位很著名的诗人的一首诗中有这么两句话:“世界上每一分钟都有一个人死亡,世界上每一分钟都有一个人出生.”,想反映出生和死亡是随时在我们的身边存在的,我们要爱惜生命.这首诗被一位数学家看到了,数学家凭他的职业习惯,做了一系列工作后提笔给这位诗人写了一封信:“尊敬的诗人阁下,我查阅了……资料,世界上的人口每年都以……的速度在增长,为了准确起见,我建议您的诗改为:“世界上每一分钟都有一个人死亡,世界上每一分钟都有 $1\frac{1}{6}$ 个人出生.”

此例虽然有些滑稽,但也从一个侧面反映出了数学的严谨.

例 5 古希腊大哲学家柏拉图非常重视数学,他于公元前 387 年左右在雅典创办了一所学园,哲学和数学是学园的主要课程.在学园门口还高挂“不懂几何者不得入内”的牌子.

柏拉图对数学研究有过巨大的推动作用.柏拉图开设数学课程的目的不仅仅是让学生学习数学知识,更重要的是通过数学学习训练学生的逻辑思维意识和能力.此例说明数学的精确性对人们思维的影响,也反映出人们对数学思维功能的认同.

一般来说,数学结论的正确与否,主要看逻辑上是否正确,并不需要象物理学猜想那样必须用实验证实.数学中的严谨推理和一丝不苟的计算,使得每一个数学结论都是牢固的、不可动摇的,这点对于其他学科影响很大,以至于有些学科中的理论,如果不能上升到用数学模型表达就不能令人信服.

3. 数学的抽象性

数学以抽象的数和形为研究对象,这些数和形只保留量的关系和空间形式而舍弃了其他.

你能在现实生活中找到“平行四边形”吗?

你能在现实生活中找到“1”吗?

数学中,数字是抽象的、量是抽象的、空间是抽象的、一切数学概念是抽象的、数学的方法也是抽象的.高度的抽象性是数学的显著特征之一.物理、化学等也有抽象,但它们研究的分子、原子等毕竟能在现实生活中找到原型,而数学上研究的内容在现实生活中都找不到,所以数学比其他学科都抽象.

数学确实很抽象,但是,有时它也很具体.

例 6 一个茶杯的几何形状,一张股票指数的趋势图,一个大饼的 1/3,丢硬币国徽向上的概率等等都是数学.

数学中的“1”既可以表示方程的解,也可以表示一头驴、一辆轿车、一个人等等.

数学中的 $\frac{\mathrm{d}y}{\mathrm{d}x}$ 既可以表示运动速度,也可以表示人口增长速度,…….

正因为数学高度的抽象性,数学才不好理解,使得很多人望而生畏;也正因为如此，才使得数学的应用更广泛.

4. 数学是美好、美妙的

数学的美体现在方方面面，也许美在它是探求世间现象规律的出发点，也许美在它用几个字母符号就能表示若干信息的简单明了，也许美在它大胆假设和严格论证的伟大结合，也许美在它对一个问题论证时殊途同归的奇妙感受，也许美在数学家耗尽终生论证定理的锲而不舍，也许美在它在几乎所有学科中的广泛应用.

(1) 自然美：刘勰的《文心雕龙》认为文章之可贵，在尚自然. 文章是反映生活的一面镜子，脱离生活的文学是空洞的，没有任何用处. 数学也是这样. 数学存在的意义在于理性地揭示自然界的一些现象规律，帮助人们认识自然、改造自然. 可以这样说，数学是取诸于生活而用诸于生活的. 数学最早的起源，大概来自古代人们的结绳记事，一个一个的绳扣，把数学的根和生活从一开始就牢牢地系在了一起. 后来出现的记数法，是牲畜养殖或商品买卖的需要；古代的几何学产生，是为了丈量土地. 中国古代的众多数学著作(如《九章算术》)中，几乎全是对于某个具体问题的探究和推广.

在中国，数学源于生活，在外国，历代数学家也都宗法自然. 阿基米德的数学成果，都用于当时的军事、建筑、工程等众多科学领域；牛顿见物象而思数学之所出，即有微积分的创立；费尔玛和欧拉对变分法的开创性发明也是由探索自然界的现象而引起的.

(2) 简洁美：

世事再纷繁，加减乘除算尽；
宇宙虽广大，点线面体包完.

这首诗，用字不多，却高度地概括出了数学的简洁明了、微言大义. 数学和诗歌一样，有着独特的简洁美.

如果说诗歌的简洁是写意的，是欲言还休的，是中国水墨画中的留白，那么数学语言则是写实的，是简洁精确、抽象规范的，是严谨的科学态度的体现. 最为典型的例子，莫过于二进制在计算机领域的的应用. 试想，任何一个复杂的指令，都被译做明确的 0、1 数字串，这是多么伟大的一个构想. 可以说，没有数学的简化，就没有现在这个互联网四通八达、信息技术飞速发展的时代.

(3) 对称美：中国的文学讲究对称，这点可以从历时百年的楹联文化中窥见一斑. 而更胜一筹的对称，就是回文了. 苏轼有一首著名的七律《游金山寺》，便是这方面的上乘之作：

潮随暗浪雪山倾，远浦渔舟钓月明；
桥对寺门松径小，槛当泉眼石波清；
迢迢绿树江天晓，霭霭红霞晚日晴；
遥望四边云接水，碧峰千点数鸥轻.

不难看出，把它倒转过来，仍然是一首完整的七律诗：

轻鸥数点千峰碧，水接云边四望遥；
晴日晚霞红霭霭，晓天江树绿迢迢；
清波石眼泉当槛，小径松门寺对桥；
明月钓舟渔浦远，倾山雪浪暗随潮.

这首回文诗无论是顺读或倒读，都是情景交融、清新可读的好诗. 而数学中，也不乏这样的回文现象，如：

12×12=144，　　21×21=441；
13×13=169，　　31×31=961；
102×102=10404，　　201×201=40401.

而数学中更为一般的对称，则体现在函数图像的对称性和几何图形上. 前者给我们探求函数的性质提供了方便，后者则运用在建筑、美术领域后给人以无穷的美感.

(4) 悬念美：照米兰·昆德拉的说法：小说家的才智就是把一切肯定变成疑问，教读者把世界当成问题来理解. 这种现象，在数学中绝非少见. 许多数学问题都是从一个看不出任何端倪的方程式开始，运用各种方法，一步步求解，最终得出一个清楚明白的结论. 而数学的乐趣，在于人们抱着探求事实真相的态度，满怀好奇的求解过程和最终真相大白时的快感. 这一点，和人们读悬疑小说所产生的感觉是相似的，难怪有人说，世界本身就是个未知数，而数学本身就是探索世界之谜的方程式.

(5) 意象美：

一别之后，二地相悬，只说是三四月，又谁知五六年，七弦琴无心抚弹，八行书无信可传，九连环从中折断，十里长亭我眼望穿，百思想，千系念，万般无奈叫丫环. 万语千言把郎怨，百无聊赖，十依阑干，九九重阳看孤雁，八月中秋月圆人不圆，七月半烧香点烛祭祖问苍天，六月伏天人人摇扇我心寒，五月石榴如火偏遇阵阵冷雨浇花端，四月枇杷未黄我梳妆懒，三月桃花又被风吹散！郎呀郎，巴不得二一世你为女来我为男.

读这些诗，每个人都能明显感到，诗的意境全来自那几个数词，无论是数词的单个应用、重复引用，抑或是循环使用，看似毫无感染力的数词竟也都能表现出或寂寥、或欣然、或恬淡、或伤感的思想感情.

§1.2　数学的发展

1.2.1　数学发展的几个阶段

数学的发展历史，大致分为 5 个时期.

1. 数学萌芽时期(公元前 6 世纪以前)

公元前 1000 多年,人类历史从铜器时代过渡到铁器时代,生产力大大提高了.由于社会经济生活的需要,人们越来越多地要计算产品的数量、测量建筑物的大小、丈量土地的面积等等,逐渐形成了数的概念,产生了关于数的计算,几何学也有了初步发展.这个时代的数学知识还只是片断的、零碎的,还没有形成严整的体系;缺乏逻辑推理,尚不见有命题的证明.

2. 初等数学时期(公元前 6 世纪至 17 世纪中叶)

公元前六、七世纪,地中海一带成为文化昌盛地区,在生产、商业、航海以及社会政治生活的影响下,研究自然的兴趣增加了.一些古希腊学者开始尝试对命题加以证明.

证明命题是希腊几何学的基本精神,是数学发展史上的一件大事.从此,数学由具体实验阶段过渡到抽象的理论阶段.数学逐渐形成为一门独立的演绎的科学.这个时期逐渐形成了初等数学的主要分支:算数、几何、代数、三角.这些科目所研究的对象都是常量,称之为初等数学.

3. 变量数学时期(17 世纪中叶至 19 世纪 20 年代)

变量数学产生于 17 世纪,当时欧洲封建社会开始解体,资本主义兴起,生产力大大解放,促使科学技术和数学急速地向前发展.运河的开凿、堤坝的修筑、行星的椭圆轨道理论等等,都需要很多复杂的计算.初等数学已不能满足需要,在数学研究中引入变量与函数的概念是很自然的发展趋势.

变量数学时期大体上经历了两个决定性的重大步骤:第一步是笛卡尔的解析几何的产生;第二步是牛顿、莱布尼茨的微积分的创立.微积分(Calculus)是高等数学中研究函数的微分、积分以及有关概念和应用的数学分支,内容主要包括极限、微分学、积分学及其应用.微分学包括求导数的运算,是一套关于变化率的理论.它使得函数、速度、加速度和曲线的斜率等均可用一套通用的符号进行讨论.积分学,包括求积分的运算,为定义和计算面积、体积等提供一套通用的方法.

4. 近代数学时期(19 世纪 20 年代至二次大战)

从 19 世纪 20 年代开始,在数学界又一次掀起了革命的浪潮,发生了一连串本质的变化.首先是罗巴切夫斯基创立了非欧几何,其研究对象和适用范围迅速扩大;其次是阿贝尔和伽罗瓦开创了近世代数的研究,使代数学呈现崭新的面貌.

在这个时期,波尔察诺和柯西重新奠定了分析的严格的逻辑基础;拓扑学、复变函数论等崭新的数学分支相继涌现.此外,微分方程、微分几何、数理逻辑、概率论以及 20 世纪初出现的泛函分析等,在这一时期都取得了长足的发展.

5. 现代数学时期(20 世纪 40 年代以后)

20 世纪 40～50 年代,世界科学史上发生了三件惊天动地的大事,即原子能的利用、电子计算机的发明和空间技术的兴起.此外还出现了许多新的情况,促使数学发生急剧的变化.这些情况是:现代科学技术研究的对象,日益超出人类的感官范围以外,向高温、高压、高速、高强度、远距离、自动化发展.其次是科学实验的规模空前扩大,一个大型的实验,要耗费大量的人力和物力.为了减少浪费和避免盲目性,迫切需要精确的理论分析和设计.再次是现代科学技术日益趋向定量化,各个科学技术领域,都需要使用数学工具.数学几乎渗透到所有的科学部门中去,从而形成了许多边缘数学学科,如:生物数学、生物统计学、数理生物学、数理语言学等等.

上述情况使得数学发展呈现出一些比较明显的特点,可以简单地归纳为三个方面:计算机科学的形成,应用数学出现众多的新分支、纯粹数学有若干重大的突破.

1945年,第一台电子计算机诞生以后,由于电子计算机应用广泛、影响巨大,围绕它很自然要形成一门庞大的科学.粗略地说,计算机科学是对计算机体系、软件和某些特殊应用进行探索和理论研究的一门科学.计算数学可以归入计算机科学之中,但它也可以算是一门应用数学.

20世纪40年代以后,涌现出了大量新的应用数学科目,内容的丰富、应用的广泛、名目的繁多都是史无前例的.如:对策论、规划论、排队论、最优化方法、运筹学、信息论、控制论、系统分析、可靠性理论等.这些分支所研究的范围和互相间的关系很难划清,也有的因为用了很多概率统计的工具,又可以看作概率统计的新应用或新分支,还有的可以归入计算机科学之中等等.

20世纪40年代以后,基础理论也有了飞速的发展,出现许多突破性的工作,解决了一些带根本性质的问题.在这过程中引入了新的概念、新的方法,推动了整个数学前进.60年代以来,还出现了如非标准分析、模糊数学、突变理论等新兴的数学分支.此外,近几十年来经典数学也获得了巨大进展,如概率论、数理统计、解析数论、微分几何、代数几何、微分方程、因数论、泛函分析、数理逻辑等等.

今天,差不多每个国家都有自己的数学学会,而且许多国家还有致力于各种水平的数学教育的团体,它们已经成为推动数学发展的有力因素之一.目前数学还有加速发展的趋势,这是过去任何一个时期所不能比拟的.

现代数学虽然呈现出多姿多彩的局面,它的主要特点可以概括如下:

数学的对象、内容在深度和广度上都有了很大的发展,分析学、代数学、几何学的思想、理论和方法都发生了惊人的变化,数学的不断分化,不断综合的趋势都在加强.

电子计算机进入数学领域,产生巨大而深远的影响.

数学渗透到几乎所有的科学领域,并且起着越来越大的作用,纯粹数学不断向纵深发展,数理逻辑和数学基础已经成为整个数学大厦的基础.

1.2.2 中国数学发展片断

中国是一个文明古国,有着悠久的历史和文化传统,曾经是数学发达的国家,出现过一批卓越的数学家. 这些数学家取得了辉煌的研究成果，写出了大量的数学著作，对我国和世界科学技术的发展，做出了巨大的贡献. 这里仅介绍一些片断，希望能起到管中窥豹的作用.

1. 《周易》与组合数学

《周易》是一部中国古哲学书籍，亦称易经，简称易，因周有周密、周遍、周流等意，被相传为周人所做，是建立在阴阳二元论基础上对事物运行规律加以论证和描述的书籍，其对于天地万物进行性状归类，天干地支五行论，甚至精确到可以对事物的未来发展做出较为准确的预测.《周易》内容谈论算卦、预言吉凶等，宣扬迷信，充满着神秘色彩. 但书中亦蕴涵着不少正面的东西，影响深远.

易就是变易，书中谈到运动变化的地方很多，如："在天成象，在地成形，变化见矣"、"刚柔相推，而生变化"、"变化者，进退之象也"、"穷则变，变则通，通则久"等，这些运动变化的观点，正是辩证思想的萌芽.

《周易》是国际公认的第一本讨论排列组合的书. 易卦系统最基本的要素为阴阳概念，而阴阳概念包括阴阳的性质和状态两层意义. 如果不理会阴阳的状态，只论及其性质，则可以用阳爻(–)和阴爻(--)表示阴阳. 将上述阴阳爻按照由下往上重叠三次，就形成了八卦(见图 1-1)，即"乾，坤，震，巽，坎，离，艮，兑"八个基本卦，称为八经卦. 再将八经卦两两重叠，就可以得到六个位次的易卦，共有六十四卦，这六十四卦称为六十四别卦，每一卦都有特定的名称. 如果再考虑阴阳的状态，则阴阳概念又进一步划分为"老阴，老阳，少阴，少阳"(亦称"太阴，太阳，少阴，少阳"四种情形，可以用"X，O，--，-，"四种符号分别代表之. 六十四别卦每一卦的每个位次上都可能有四种阴阳状态，于是全部易卦系统就共有 4096 种不同的卦. 如果将阴阳性质构成相同的各个卦放在一起，就形成了主卦卦名相同的六十四种分系统，可以称为某某卦系.

图 1-1

八卦传入欧洲后，微积分的创始人之一，德国数学家莱布尼茨很感兴趣，做了深入研究，给予极高评价，认为"易图是流传于宇宙间科学中最古老的的纪念物"，从而建立起了二进制(二进制是电子计算机所采用的主要进位制)，他自认为是受到了中国最初的君王且为哲学者伏羲的启示.

若将阳爻看作正号"＋"，将阴爻看作负号"－"，则八卦正好对应空间直角坐标系中八个卦限中点的坐标的正负号. 卦限名称正是由此而来.

2. 《庄子》的极限思想

极限是研究微积分的基本工具，极限法中体现了变换和运动的辩证思想. 极限法不是一朝一夕形成的.在我国《庄子》一书中有“至大无外，至小无内”的观点；至大无外就是无穷大的意思，至小无内就是无穷小的意思.

《庄子》中还有“一尺之锤，日取其半，万世不竭”这样著名的论断.“捶”同“棰”，就是一根杖或棍子.论断整体的意思是：一尺长的棍子，第一天截去一半，第二天截去剩余的一半，以后每天截去前一天剩余的一半，如此截下去，永远也不会截完.把每天截下部分的长度列出来，相当于

$$\frac{1}{2},\frac{1}{2^2},\cdots,\frac{1}{2^n}\to 0(n=1,2,\cdots).$$

现在微积分教材中介绍数列极限时，仍常用此例.

3. 孙膑与对策论

二次大战前后，由于军事上的需要，出现了对策论.对策论是研究斗争策略的数学分支，其始祖应该是我国著名的军事学家孙膑.

孙膑是战国时的齐国人.齐威王和齐将田忌赛马：两人都有上、中、下等马各一匹，齐威王的三匹马均优于田忌对等的三匹马；竞赛分三场进行，若每场以同等马对应，田忌肯定场场皆输.这时孙膑给田忌出了个注意：用下等马对齐威王的上等马，用上等马对齐威王的中等马，用中等马对齐威王的下等马.结果田忌取得了一负两胜的成绩.这个事例的基本思想是用一场失败换取全盘胜利，是对策论中争取总体最优的范例.

4.《九章算术》与我国初等数学体系

《九章算术》是在原来一些著作的基础上编篡而成的，大概于公元50～100年之间问世.它的内容极其丰富，全书共有246道应用问题，按数学性质分为九大类，组成九章.《九章算术》是我国流传至今最早的一本数学专著，早已流传到许多国家，现在已有日、英、俄、德等多种文字的译本.《九章算术》的问世，标志着我国初等数学体系的形成.

5. 我国数学发展的鼎盛时期

北宋王朝的建立，结束了唐末五代十国长期割据战乱的局面，社会得到相对的安定.在封建经济高度繁荣的同时，科学技术也得以迅猛发展.众所周知我国古代有四大发明——造纸术、火药、罗盘针和印刷术，其中后三项均在这一时期陆续完成.数学方面，在汉、唐先辈创造的基础上，取得了空前的硕果.宋、元期间涌现一大批在数学方面作出巨大贡献的人物，如刘益、贾宪、沈括、秦九韶、杨辉等，他们的工作使得天元术(所谓“天元术”就是现代数学中的“设某为x”的意思)飞跃地发展，成绩是史无前例的，领先于欧洲好几个世纪，形成了我国数学发展的鼎盛时期.

§1.3 社会科学中的数学

数学是所有科学的基础，也就是“数学富国论”.同时数学本身很重要，这一点毋庸

置疑，但更重要的是把在学习数学过程中所培养的思维能力用于其他领域知识上面，即数学的“精神陶冶价值”.

1.3.1　生活中的数学

当你呱呱坠地降临人世的第一天，医生就要检测一下你的各项健康指标，为你量量身体的长度，称称你的体重，这些都与数和量有关，这就是数学；随着年龄增长，你随时随地都在接触数学．你开始在大人们的指导下，学习数数；学习画三角形、方块和圆；用剪刀剪出各种美丽的图案，或者用纸折出小鸟、小船等各种形状的玩具；到商店去购买你喜欢吃的各种食品；…….这一切的一切，你会逐渐意识到都和数、数的运算、数的比较、图形的大小、图形的形状、图形的位置有关，这就是数学.

在许多地方，我们常见到地面是用同样大小的正方形、正六边形的材料铺成的，这样形状的地砖能铺成平整、无空隙的地面.这些形状的材料能“密铺”地面，其中的道理是数学.

日常生活中，形容不可想象、非常意外的“不可思议”是表示 10 的 64 次方的计数单位.从数字太大、不敢想象这个角度讲，其语言寓意于数学含义可谓一脉相承；形容不清楚、不确切的“模糊”是表示 0.0000000000001 的计数单位.“永劫”的反义词、形容非常短暂的“刹那”比“模糊”还小，小数点后为 17 个 0.“永劫”是指用仙女漂亮的手磨掉巨大大理石所需要的时间，而“刹那”则是用十分锋利的刀砍断细丝所需的时间.白璧无瑕的“清静”比“刹那”还要小，而形容机会难得的“千载难逢”更小，小数点后面有 64 个 0.

打折促销商家赔本吗？某服装店促销，具体的操作是这样的：先定出打折销售的时间，第一天打 9 折，第二天打 8 折，第三天第四天打 7 折，第五天第六天打 6 折，第七天第八天打 5 折，第九天第十天打 4 折，第十一天第十二天打 3 折，第十三天第十四天打 2 折，最后两天打 1 折.问：这样销售商家会赔本吗？理由呢？“你不理财，财不理你”，无论是否对数学感兴趣，你都应该学会理财，而如果有了数学的帮助，就能够使你理好财，从中获益，并发现“数学有用，理财真好”.

这样的例子太多太多，数学无时无刻不在我们身边.

1.3.2　自然中的数学

大自然中的动物和植物都选择了最适合、最有效、也最符合数字原理的生存方式.自然界中的数学不胜枚举，如蜜蜂营造的蜂房，就是奇妙的数学图形——正六边形.这种结构消耗最少的材料，这里竟还有一个节约的数学道理在里面呢！

某些病毒，如疱疹病毒，拥有正二十面体的衣壳；向日葵上的方向相反的两族等角螺线的数目是斐波纳契数列中的两个相邻项——通常顺时针方向 21 条，逆时针方向 34 条，或顺时针方向 34 条，逆时针方向 55 条，更大的向日葵的螺线数则有 89 和 144，甚至144和233;雏菊花蕊的排列也成方向相反的两族等角螺线形,大部份雏菊的逆时针方向螺线数和顺时针方向螺线数是21和34.

经典几何使人们可以借助点、线、连续曲线、球体、锥体等一些规则的形状来描述生活中的一些人造物体(如:车轮、桌椅、交通工具、建筑物等)和其他学科中的一些理想图形(如:物理学中的平抛运动轨迹等);然而,自然界中并不仅仅由这些简单物体构成,而多数是一些复杂的、不规则的物体形状(如:山、树木、河流、云、海岸线等),在这些不规则的形状面前欧氏几何也束手无策. 为了解决这些难题,1975年,美籍法国数学家曼德尔布罗特(B. Madelbrot)根据拉丁文形容词"fractus"并对其加以改造,成为现今广为人知的"fractal",它的含义是不规则的、琐碎的、支离破碎的等. 曼德尔布罗特使用"fractal"来描述大自然中各种不规则的事物形态,如:曲折绵长的海岸线,错综复杂的血管,延绵起伏的山脉等. 他们具有一个共同的特征,那就是他们的形态是不光滑的,粗糙的,是无法用传统的数学、物理学描述的,这就是分形. 美国理论物理学家惠勒(Wheeler)说:"可以相信,明天谁不熟悉分形,谁就不能认为是科学上的文化人."

如图1-2和图1-3所示是两个典型的分形图:

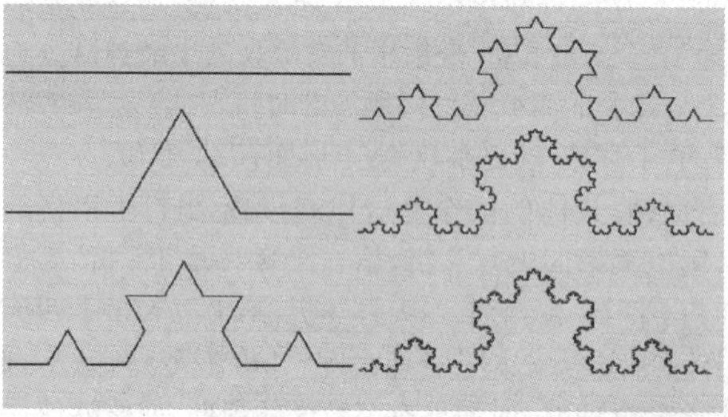

图1-2 雪花曲线

图1-3 Sierpinski 垫片

1.3.3 历史中的数学

追溯历史,发现从远古走来的人类一直拄着数学的拐杖.

1. 格列佛游记与十二进制

在爱尔兰作家乔纳森·斯威夫特的小说《格列佛游记》里,格列佛来到小人国,一顿吃了1728份小人饭的叙述. 作者为什么要使用1728这个复杂的数字呢?

许多研究者认为,之所以选用这个数字,跟英国人使用计量单位的十二进制有关系——1英尺等于12英寸. 在书中,小人国的1英尺等于格列佛的1/12,也就是刚好1英寸,所以小人国的长度单位是格列佛使用标准的1/12. 格列佛的身高相当于小人的 12 倍，而作为三维空间的身体则可以折合成 12 的三次方，也就是 1728 倍．所以，作者想当然地认为，格列佛需要 1728 份小人的饭，才能吃饱．

作家之所以想到格列佛的身高是小人国人的 12 倍，与当时使用十二进制有关．英国古代数量单位中，1 先令等于 12 便士，1 英尺等于 12 英寸，1 年是 12 个月，1 打也是 12 个．12 在人类的历史上，是仅次于 10 的奇妙计量数字．

2. 数学与考古学

将数学应用到考古学和历史学的研究中，可以大大提高研究进程．我国的"夏商周断代工程研究"课题组，根据对甲骨片 ^{14}C（碳—14）含量的测定，解开了很多历史谜团，取得了突破性进展．^{14}C 是一种衰变元素，含量与时间之间的函数关系，很容易通过微分方程求出来．

3. 数学与人类发展史上的四次高峰

人类的文明，大概有四个高峰．

第一个是希腊时代，数学仍然是古希腊文明的一个火车头．大家都知道《几何原本》，它的影响是如此之大，一直影响到今天，它是印刷数量、版本仅次于《圣经》的读物．

第二个是近代时代，从文艺复兴到 18 世纪．牛顿发明了微积分，连同他的力学把整个科学带到了新的境界，那就是黄金时代．那时候的工程技术、资本主义工业生产、工业革命、法国大革命都是在这样的基础上面开展起来的．

第三个是现代时代，我们假定说爱因斯坦的相对论为基础，那么在 19 世纪我们就为他准备了．从高斯、黎曼准备了很多数学工作，黎曼几何就是相对论的数学基础．所以没有数学的发展，相对论就找不到一个可以表达的数学工具．

第四个是信息时代，信息时代就是冯·诺依曼在 20 世纪下半叶创造了计算机的方案．今天我们广泛使用的改变了人类社会形态生活方式的计算机，它的方案是一位数学家设计出来的，他就是冯·诺依曼．所以数学和社会的发展同步，数学和人类的文化共生．因此数学不仅仅是一些干巴巴的条文，它是密切和人类文化联系在一起的．

1.3.4 艺术中的数学

1. 音乐中的数学

乐谱的书写是数学在音乐上显示其影响的最为明显的地方．在乐谱中，我们可以找到拍号（4∶4，3∶4 或 1∶4 等）、每个小节的拍子、全音符、二分音符、四分音符、八分音符等等．谱写乐曲要使它适合于每音节的拍子数，这相似于找公分母的过程——在一个固定的拍子里，不同长度的音符必须使它凑成一个特定的节拍．然而作曲家在创造乐曲时却能极其美妙而又毫不费力地把它们与乐谱的严格构造有机的融合在一起．对一部完整的作品进行分析，我们会看到每一个音节都有规定的拍数，而且运用了各种合适长度的音符．

2. 美术中的数学

请看图 1-4 和图 1-5,你有什么发现?

图 1-4

图 1-5

显然,两幅图有明显的不同,图 1-4 是平面的,而图 1-5 就有了立体的效果.

为什么会有这样鲜明的对比和本质的变化呢?这中间究竟发生了什么?很简单,数学,这中间数学进入了绘画艺术.

文艺复兴时期的数学家和画家做了很好的合作,创立了一门学问——透视学,同时将透视学应用于绘画而创作出了一幅又一幅伟大的名画.

我们不妨再欣赏两幅(见图 1-6 和图 1-7):达·芬奇的《最后的晚餐》,鲜明的立体感,平面传递空间的概念.在达·芬奇的草稿中可以看到画布上放射的虚线及没影点(正好在耶稣头部中央).

图 1-6　最后的晚餐

图 1-7　最后的晚餐(草稿)

除了透视,还有对称、黄金分割、分形曲线等等数学概念,也都是绘画与建筑等艺术中美的源泉.

1.3.5　语言学、文学中的数学

在不少人看来,数学和文学似乎是磁铁的两极,前者靠理性思维,后者属形象思维,两者互相排斥,事实却并非如此!

1. 反复用"一"的诗

现代诗人流沙河曾作过一首以"一"字贯串全文的《重逢》:"一阵敲门一阵风,一声姓名一旧容;一番迟疑一番懵,一番握手一番疯."此诗巧妙而传神地描绘出了人们久别重逢的喜悦心情.

2. 用一至十这十个数词的诗

宋朝理学家邵康节有一首很出名的启蒙诗,现在我们的幼儿课本都有:"一去二三里,烟村四五家,亭台六七个,八九十枝花."此诗妙在顺序嵌进十个基数,寥寥数语,描绘出一幅恬静淡雅的田园景色,勾起人们不尽的情思和神往.

3. 以数词作对的佳句

骆宾王的"百年三万日,一别几千秋. 万行流别泪,九折切惊魂." 数的抽象概念,在此大放异彩;杜甫的"两个黄鹂鸣翠柳,一行白鹭上青天. 窗含西岭千秋雪,门泊东吴万里船."在这里数字深化了时空的意境;柳宗元的"千山鸟飞绝,万径人踪灭",表现出数字具有尖锐的对比和衬托作用;毛泽东的"坐地日行八万里,巡看遥天一千河"表现了作者宏伟的气势.

4. 用加、乘运算的数字诗

在我国浩如烟海的联语中,一些用了加减运算等数学知识,使得这些联语趣味横生.

两万里山河，伊古以来，未闻一朝一统二万里；

五十年圣寿，自古以往，尚有九千九百五十年.

这幅庆贺乾隆皇帝五十岁的寿联，以巧嵌数目字见功夫. 下联中“五十年”加上“九千九百五十年”，即为万年，寓万寿之意，实为巧思佳联.

北斗七星，水底连天十四点；南楼孤雁，月中带影一双飞.

此联勾画出一幅月夜星雁图，其中数目字，揉进了乘法运算. 上联“十四”是七的二倍；下联“一双”又是孤的两倍.

5. 文学作品与数学

《红楼梦》的作者是谁？这本身是一个文学的问题. 普遍的看法是：《红楼梦》的前80回是曹雪芹所作的，后40回究竟是曹雪芹所作还是高鹗所作就存在争议.

复旦大学的李贤平教授请陈大康先生，把每一回的“你、了、吗、呢”等虚字统计出来(47个)，然后把它作聚类分析，结果就划出一条线，这条线的上方是前80回，这条线的下方是后40回，显然这是两个人所作.

《静静的顿河》到底是不是肖洛霍夫作的？结果最后判断下来，是他作的，也是用数学的方法.

在我国古典名著《水浒传》中描写一百零八将，在《红楼梦》中描写贾宝玉和金陵十二钗等诸多人物的音容笑貌，行为举止，个个栩栩如生，就好像我们真的亲眼目睹一样. 这正是现代发展起来的模糊数学和模式识别的雏形.

在西方历史上有许多大数学家都有较好的文学修养. 如：莱布尼茨从小对诗歌和历史怀有浓厚兴趣. 他充分利用家中藏书博古通今，为后来在哲学、数学等一系列学科取得开创性成果打下了坚实的基础；被称为数学王子的高斯在哥廷根大学就读期间，最喜好的两门学科是数学和语言学，并终生保持着对它们的爱好；大数学家柯西从小喜欢数学，后在数学家拉普拉斯向其父建议下，系统地学习了古典语言、历史、诗歌等，打下了坚实的文学基础. 具有传奇色彩的事是柯西在政治流亡国外时，曾在意大利的一所大学里讲授过文学诗词课，并有《论诗词创作法》一书问世；英国著名哲学家、数学家、著名“理发师悖论”的发现者罗素，也是一位文学家，有多部小说集出版发行，这位非科班出身的文学家竟获得了1950年的诺贝尔文学奖.

当海亚姆智慧的诗句震撼着我们的心灵时，当柯瓦列夫斯卡娅在给文学家蒙特维德(Montvid)的信中，表露出对数学和文学不能放弃其中任何一门时，当数学家哈代以优雅的文笔写下了自己对于《数学的辩白》时，谁能说数学和文学犹如鱼和熊掌而不可兼得！谁能说这两种文化间的鸿沟不可逾越?！将人文融于数学，体现出数学的生命. 将数学思维运用于人文，体现出人的聪明与才智.

1.3.6 体育中的数学

1973 年，美国应用数学家 J. B. 开勒发表了赛跑的理论，并用之训练中长跑运动员，取得了很好的成绩.

美国计算专家埃斯特运用数学、力学，并借助计算机提出改正投掷技术的训练措施，使当时的铁饼世界冠军短期内成绩提高 4 米，在一次奥运会的比赛中创造了连破三次世界纪录的辉煌成绩.

起跳点的选取对跳高运动员尤为重要. 在一次亚运会上，某运动员向 2 米 37 的高度进军. 只见他几个碎步，快速助跑，有力的弹跳，身体腾空而起，他的头部越过了横杆，上身越过了横杆，臀部、大腿、甚至小腿都越过了横杆，横杆摇晃了几下，掉了下来！问题出在哪里？ 出在起跳点上！ 那么如何选择起跳点呢？ 可以建立一个数学模型，其中涉及到，起跳速度、助跑速度、助跑曲线与横杆的夹角、身体重心的运动方向与地面的夹角等诸多因素.

这些例子说明，数学在体育训练中也在发挥着越来越明显的作用.

目前，数学在体育领域主要的研究方向有：赛跑理论、投掷技术、跳高的起跳点、比赛程序的安排、台球的击球方向、足球场上的射门与守门、比赛程序的安排、博弈论与决策等等.

1.3.7 游戏中的数学

1. 数学与谜语

很多谜语蕴含数学知识，如：7/8（打一成语），花一元钱买了价值 1000 元的东西（打一数学名词），羊打架（打一数学名词），$1000^2=100\times100\times100$（打一成语）.

谜底：七上八下、绝对值、对顶角、千方百计.

2. 数学与游戏

（1）猜数游戏

现在请同学们拿出纸和笔，随意写一个数，越大越好，再随意改变这个数中的数字的顺序，作差，在差中去掉一个不为零的数字，把剩下的数字告诉老师，老师就一定知道你去掉的是什么数字.

说明：为了增加效果的震撼性，老师中间强调几点：1. 一定要是这个数中的数字；2. 你写的是什么数老师不知道，你怎么改变的顺序老师也不知道；3. 一定是在差中去掉一个不为零的数字；4. 你去掉的数字是什么老师目前也不知道.

其中的奥妙只不过是中国古代的“弃九法”！

（2）“抢数游戏”（以抢 30 为例）

两人轮流报数，每人每次只能按照自然数顺序从 1 开始报 1 个或 2 个. 这样下去，谁能报到 30,谁就获胜. 想一想,用怎样的策略才能取胜?

可以这样想:要报到 30,必须抢到 27,这样对方不论报 28,或报 28、29,30 稳在你手中. 而要报到 27,必须抢到 24,以此类推,你必须抢到 21、18…. 所以,要让对方先报数,你首先要抢到 3,以此类推,就可获胜.

(3) 扑克游戏("凑 13")

一副 54 张的扑克,你随意从中抽取 3 张,用剩下扑克牌的张数凑抽出的每一张扑克牌的点数为 13,然后把抽出的三张扑克牌的点数相加得总点数(假设为 n),这个时候老师一定就知道剩下的第 n 张扑克牌是什么).

其中的奥秘是什么?

扑克牌有 54 张,表演者事先在底下放一张黑桃 A. 当观众抽出 3 张牌后(如:"9"、"A(1)"、"K(13)"),表演者暗暗从最上面数出 12 张牌放在黑桃 A 的下面. 这样,黑桃 A 就是第 54－12－3＝39 张牌了.

把"9"、"A(1)"、"K(13)"分别加到 13,共加了 4＋12＋0＝16(张),因此黑桃 A 就是第 39－16＝23 张牌,正好是 9、A、K 点数的和. 因此,表演者便宣布第 23 张牌是黑桃 A.

根据这个道理,观众抽出任何三张牌,都可以表演.

实际上,表演者不一定要认定黑桃 A,只要是原来的最后一张牌就可以了.

此外,字典中的字词排列严谨有序就是一种很好的数学方法,在数学中称之为字典排列法,被用来排列有序数组的先后顺序;数学中含有丰富的辩证法思想,数学与哲学密不可分;电影中引人入胜的动画制作离不开数学;农业方面要想提高产量和质量,就需要应用实验设计和优选法;兴修水利,防止堤坝渗水则需用到更高深的数学知识. 没有数学的发展,卫星就上不了天;没有数学的发展,人类就不可能遨游太空. 数学无处不在.

§1.4　数学的文化价值

数学是人类文化的一个重要组成部分;在人类社会文化活动中,起着越来越重要的作用. 坚持以人为本,全面实施素质教育是教育改革发展的战略主题.《高中数学课程标准》把数学文化作为选修内容之一,新的《义务教育数学课程标准》也首次提出了"使得人人获得良好的数学教育". 揭示数学教学内容的文化性可以激发学生爱数学的热情,有助于进一步培养学生优良的数学及其他素质,从而使学生探究能力、实践能力和创新能力得到大大的发展.

1.4.1　数学作为一种文化的特征

数学的思想、精神、方法、观点、语言及其形成和发展过程,数学家、数学史、数学美、数学教育、数学发展中的人文成分,以及数学与各种文化的关系都体现了数学的文化性. 把数学教育看成是文化系统，是从社会和历史的角度，即从宏观的角度考察数学的结果. 数学作为一种文化的特征具体表现在：

1. 数学是传播人类思想的一种重要方式

数学作为一种文化植根于人类丰富思想的沃土之中，是人类智慧和创造的结晶. 数学史家的研究表明，古代数学在不同历史时期内的发展，不同民族之间的数学交流都在很大程度上受到了文化传播的影响. 由于数学语言系统在其发展过程中呈现出统一的趋势，数学逐步成为一种世界语言. 这一特点能使数学文化超越某些文化的局限性，达到广泛和直接传播的效果.

2. 数学语言是一种高级形式的语言

语言是一个社会中最重要的符号体系，它在明确和传递主观意义上的能力比任何其他符号体系都要强. 数学符号是文字，数学概念要用文字和数学符号来描述，因此，数学也是语言，数学是符号化的形式化语言.

语文教学是用方块字按照语法来表达思想感情，内容丰富，形式多样. 数学则是将一串符号按照逻辑关系写成定理或公式，借以表示客观规律，简明准确，彰显理性. 语文学习要写作文，成为完整的篇章，数学则要尽量公理化，形成演绎体系. 数学语言简洁、精确化程度高，它能区别日常用语中常引起的混乱与歧义. 由于数学是科学的语言，表述宇宙的语言，它也是人类所创造语言的高级形式. 所以，对于从事文科事业的人，掌握一些数学语言的精神，定会受益匪浅.

3. 数学具有相对的稳定性和延续性

由于数学文化是一种延续的积极的、不断进步的整体，因而其基本成分在某一特定时期内具有相对不变的意义. 数学有其特殊的价值标准和发展规律，相对于整个文化环境而言，数学的发展具有一定的独立性. 数学文化一经产生，便获得了其相对独立于人的意志的生命力. 尽管战争、灾害等因素会在某种程度上影响它的进程，但却无法改变它的方向.

4. 数学具有高度的渗透性和无限的发展可能性

数学文化的渗透性具有内在和外显两种方式.

其内在方式表现在数学的理性精神对人类思维的深刻渗透力. 数学中每一次重大的发现都给予人类思想丰富的启迪. 如非欧几何改变了长期以来人们关于欧氏几何来自于人类先验综合判断的固有观念.

其外显方式表现为数学应用范围的日益扩大. 特别是计算机和信息科学给数学的概念和方法注入了新的活力以来，开辟了许多新的研究和应用领域.

数学文化发展的无限性体现在尽管有些数学家不时地宣称，他们的课题已经近乎“彻底解决了”，所有基本的结果都已得到，剩下的工作只是填补细节的问题，但事实正相反，数学问题的解决只具有相对的意义，这不仅是一种信念. 20 世纪初关于数学基础的论争导致的结果支持了这种看法，即数学作为整个人类文化的子系统具有无限的发展可能性.

1.4.2 数学与教育

1. 数学教育可以培养规则意识和求实精神

数学严谨、准确的特点，要求每一个问题的解决都必须遵守数学规则，每一个定理的推证、每一个计算结果的获取等，都要做到有理可依、有据可循. 这种注重推理和说理的意识和能力内化为受教育者的素质，迁移到日常生活和工作中，普遍表现出信守诺言、遵守规范等行为，使人们形成一种对社会公德、秩序、法律等内在自我的约束力.

2. 数学教育可以培养勤奋品质，磨练拼搏意志

在各门科学中，数学主要以“问题”的方式呈现. 从学习的角度看，“数学是做出来的”. 数学学习是“解决问题”，课后练习是演练“问题”，数学考试是回答“问题”，研究性学习也是研究“问题”. 数学教学既要让学生会解常规问题，也能解决非常规问题，在解决问题的过程中学习数学. 可以说，问题是贯穿数学教学活动的一条主线，是学生数学学习的驱动力之一. 所以我们常说：“问题是数学的心脏”(哈尔莫斯语). 在数学问题的解决过程当中，尤其需要勤奋、多思、坚持、拼搏，所以数学教育可以较好培养人们的勤奋品质，磨练其拼搏意志.

3. 数学教育可以培养理智机敏的思维

数学学习中研究数和形之间的关系，时常要对问题条分缕析，长期潜移默化，学生有较好的数感和形感，使人变得聪明机智；数学学习中需对各种社会现象进行归纳、抽象等，需将纷繁复杂的各种问题转化为数学模型，所以能培养学生思维的周密性和创新能力。

大学校长是综合素质比较好的学者，众多大学校长都是教授，如：苏步青曾任复旦大学校长，史宁中现为东北师大校长，王建磐曾任华东师大校长，……. 有人管它叫做“有趣的中国现象”；近年来被传为美谈的多位诺贝尔经济学奖获得者均是数学家出身，这些事例从一个侧面印证了数学教学对人的综合素质的提高影响很大.

4. 数学教育可以培养数学化的意识和能力

数学化，即学会用数学的观点考察现实，运用数学的方法解决问题. 数学化是数学教育的原则之一，与其说学习数学，不如说学习数学化. 一个茶杯放在数学学习者面前，物理学观点是看茶杯是否导电、传热、坚固；化学观点在看茶杯的材料是否稳定，会氧化吗？会有有害物质渗出吗？而数学的观点则是看它的几何形状，表面积和容量的大小，材料是否浪费等，他必须把茶杯的颜色、材料的分子结构，物理性能等放在一边.

5. 良好的数学教育可以提高人们的综合素质

良好的数学教育可以引发学生对数学的思考，使学生对数学学科有正确的认识和理解，对数学在推进人类社会物质文明和精神文明方面的重要性及文化性等有认同和体会，因而对数学有一种仰慕和敬重，有一种向往和热爱.

良好的数学教育可以使学生逐步领悟到数学的实质精神和思想方法，在潜移默化中积累优良的数学及其他素质，对今后一生的发展起到促进作用.

良好的数学教育可以使学生不仅积累数学知识和方法，掌握必要的工具和技巧，而且提高将数学运用于解决现实世界中各种实际问题的自觉性和主动性，并具备一定的能力，能够运用数学思想和工具来解决自己在实际工作中遇到的一些关键问题等.

1.4.3　数学思想

数学思想，是对数学的本质认识，是对数学规律的理性认识，是从某些具体的数学内容和对数学的认识过程中提炼上升的数学观点，它在认识活动中被反复运用，带有普遍的指导意义，是联立数学和用数学解决问题的指导思想. 例如数形结合思想、函数与方程思想、微积分思想、概率统计思想、化归思想. 下面简要介绍几种数学思想.

1. 函数与方程思想

我们仅仅学习了函数的知识，在解决问题时往往是被动的，只有建立了函数思想，才能主动地去思考一些问题. 简单地说，函数思想就是学会用函数和变量来思考，学会转化已知与未知的关系，在解题时，用函数思想做指导就需要把字母看作变量，把代数式看作函数，利用函数性质做工具进行分析，或者构造一个函数，把表面上不是函数的问题化归为函数问题. 函数思想的建立使常量数学进入了变量数学. 中学数学中的初等函数、三角函数、数列以及解析几何都可以归结为函数，尤其是导数的引入为函数的研究增添了新的工具. 因此，在数学学习中建立函数思想、掌握函数思想是相当重要的.

方程的思想可追溯到伟大的数学家笛卡尔，他在《指导思维的法则》一文中指出解决一切问题的万能钥匙，其模式是：把任何种类的问题转换为数学问题；把任何数学问题转换为代数问题；把任何代数问题转换为方程或方程组问题. 现在看来，虽不能说是万能，但在处理问题时确有广泛应用. 用方程思想做指导就需要把含字母的等式看作方程，研究方程的根有什么要求.

2. 数形结合思想

数学是研究现实世界的空间形式与数量关系的科学. 数和形是客观事物不可分离的两个数学表象，两者既是对立的又是统一的. 数学家华罗庚曾说过："数缺形时少直观，形少数时难入微."数与形的对立统一主要表现在数与形的互相转化和互相结合上.

数形结合是研究数学问题并实现问题的模型转换的一种基本思想和基本方法，它能沟通数与形的内在联系. 在解题中学会以形论数、借数解形、数形结合，直观又入微，提高形数联想的灵活性，有助于思维素质的发展，有利于提高解题能力.

3. 微积分思想

微积分是高等数学中研究函数的微分、积分以及有关概念和应用的数学分支. 它是一种数学思想，"无限细分"就是微分，"无限求和"就是积分. 微积分的基本思想可以概括如下：在微小局部"以均代非均"，或者说"以不变代变"，求得近似值；通过求极限，将近似值转化为精确值. 微积分的基本思想及其运用在第 2、3、4 章将详细论述.

4. 化归思想

化归不仅是一种重要的解题思想，也是一种最基本的思维策略，更是一种有效的数学思维方式. 所谓的化归思想方法，就是在研究和解决有关数学问题时采用某种手段将问题通过变换使之转化，进而达到解决的一种方法. 简单说，就是"转化、归结". 一般总是将复杂问题通过变换转化为简单问题；将难解的问题通过变换转化为容易求解的问题；将未解决的问题通过变换转化为已解决的问题. 如将分式方程化为整式方程，将代数问题化为几何问题，将四边形问题转化为三角形问题等. 总之，化归在数学解题中几乎无处不在.

让我们来看一个例子：小王先快后慢，以不规则的速度用 100 s 沿直线从 A 点走到 B 点，又先慢后快，以完全相反的方式，从 B 点 沿直线用 100 s 返回 A 点. 问什么情况下，在 A、B 间存在一点 C，使小王从 A 走到 C 的时间等于他从 B 走到 C 的时间？为什么？

$$A \text{———————————} C \text{——} B$$

当然答案非常简单(什么情况下都存在 C 点)，只需将第二次的小王换成大王. 两者同时出发，问题就变成了解决一个相遇问题了. 而题目中大部分条件都是起迷惑作用的.

"先快后慢"、"先慢后快"、"完全相反的方式返回"、"问什么情况下"都是故意迷惑人的. 只要把小王换成替身大王就能解决问题，让他们分别从 A、B 同时出发，只要 100 秒时到达终点，无论中间怎么个快慢，甚至停一小会儿，总有一个相遇点，此点就是 C. 告诫大家，现实的问题纷繁复杂，要学会用这些数学思想简化条件，解决问题.

数学思想方法是我国一笔宝贵的财富. 事实上人们所学得的数学概念、数学定理、数学公式，经过很长一段时间之后，往往会遗忘. 但是永远留在记忆之中的，正是数学思想方法. 引导学生理解和掌握以数学知识为载体的数学思想方法，是使学生提高思维水平，真正懂得数学的价值，建立科学的数学观念，从而发展数学、运用数学的保证，也是提高学生数学及其他素质的高效手段. 古人云："授之以鱼，不如授之以渔". 这句至理名言也道出了科学思想方法的重要性.

1.4.4 数学问题中的文化因素

很多数学问题及其解决过程中蕴含了丰富的数学文化因素,下面以点带面,只举两例说明.

1. 兔子问题与黄金分割

兔子问题:13 世纪,意大利数学家伦纳德提出下面一道有趣的问题:如果每对大兔每月生一对小兔,而每对小兔生长一个月就成为大兔,并且所有的兔子全部存活,那么有人养了初生的一对小兔,一年后共有多少对兔子?

可以按照这样的思路考虑:第一个月初,有 1 对兔子;第二个月初,仍有一对兔子;第三个月初,有 2 对兔子;第四个月初,有 3 对兔子;第五个月初,有 5 对兔子;第六个月初,有 8 对兔子…….

把这些对数顺序排列起来,可得到下面的数列:1,1,2,3,5,8,13,….

观察这一数列,可以看出:从第三个月起,每月兔子的对数都等于前两个月对数的和.根据这个规律,推算出第十三个月初的兔子对数,也就是一年后养兔人有兔子的总对数.

观察这一数列,还可以看出:从第二项起,每一项与后一项的比值越来越接近 0.618.这可以使人们自然想到黄金分割.

黄金分割又称黄金律,是指事物各部分间一定的数学比例关系,即将整体一分为二,较大部分与较小部分之比等于整体与较大部分之比,其比值为 1∶0.618 或 1.618∶1,即长段为全段的 0.618.0.618 被公认为最具有审美意义的比例数字.上述比例是最能引起人的美感的比例,因此被称为黄金分割.

黄金分割在我们的生活中处处可见.在我们生活环境中,门、窗、桌子、箱子、书本之类的物体,它们的长度与宽度之比近似 0.618,就连普通树叶的宽与长之比,蝴蝶身长与双翅展开后的长度之比也接近 0.618. 节目主持人报幕所占的最佳位置在舞台的 1/3 处,接近于 0.618. 姿态优美,身材苗条的时装模特和翩翩起舞的舞蹈演员,他们的腿和身材的比例也近似于 0.618 的比值.凡是具有这种比例的图样,看上去会感到和谐、平衡、舒适,有一种美的感觉.

2. 芝诺悖论与无限——从初等数学到高等数学

芝诺悖论:阿基里斯是希腊传说中跑得最快的人.一天他正在散步,忽然发现在他前面 100 米远的地方有一只大乌龟正在慢慢地向前爬. 乌龟说:“阿基里斯!谁说你跑得最快?你连我都追不上!”阿基里斯回答说:“胡说!我的速度比你快何止百倍!就算刚好是你的 10 倍,我也马上就可以超过你!”乌龟说:“就照你说的,我们来试一试吧!当你跑到我现在这个地方,我已经向前爬了 10 米.当你再向前跑过 10 米时,我又爬到前面去了.每次你追到我刚刚耽过的地方,我都又向前爬了一段距离.你只能离我越来越近,却永远也追不上我!”阿基里斯说:“哎呀!我明明知道能追上你,可你说的好像也有道理,这是怎么回事呢?”

这个有趣的悖论,是公元前5世纪古希腊哲学家芝诺提出来的,是芝诺悖论诸多版本之一.在2000多年的时间里,它使数学家和哲学家伤透了脑筋.如图1-8所示.

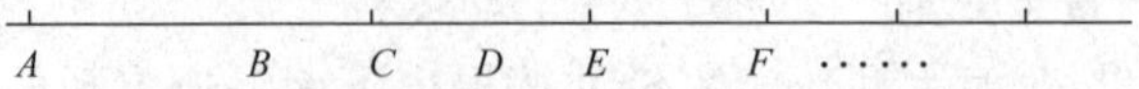

图 1-8

阿基里斯在 A 点时,乌龟在 B 点;他追到 B,它爬到 C;他追到 C,它爬到 D,……,我们看到,阿基里斯离乌龟越来越近,也就是,AB,BC,CD,……,这些线段越来越短,每个都只有前一个的1/10,但是每一个线段的长度都不会是0,这就是说,当阿基里斯按上面的过程去追乌龟时,在任何有限次之内他都追不上乌龟.那么,阿基里斯真的追不上乌龟了吗?当然不是.之所以会产生上述困难,是因为忽视了一个十分重要的因素:由于那些线段越来越短,阿基里斯跑完那些线段所用的时间也越来越短,下一次只相当于上一次的1/10.芝诺悖论的关键是使用了两种不同的时间测度.原来,我们用来测量时间的任何一种“钟”都是依靠一种周期性的过程作标准的.如太阳每天的东升西落,月亮的圆缺变化,一年四季的推移,钟摆的运动等等.人们正是利用它们循环或重复的次数作为时间的测量标准的.芝诺悖论中除了普通的钟以外,还有另一种很特别的“钟”,就是用阿基里斯每次到达上次乌龟到达的位置作为一个循环.

用这种重复性过程测得的时间称为“芝诺时”.例如,当阿基里斯在第 n 次到达乌龟在第 n 次的起始点时,芝诺时记为 n,这样,在芝诺时为有限的时刻,阿基里斯总是落在乌龟后面.但是在我们的钟表上,假如阿基里斯跑完 AB(即100米)用了1分钟,那么他跑完 BC 只需6秒钟,跑完 CD 只需0.6秒,实际上,他只需要1/9分钟.

因此,芝诺悖论的产生原因,是在于“芝诺时”不可能度量阿基里斯追上乌龟后的现象.在芝诺时达到无限后,正常计时仍可以进行,只不过芝诺的“钟”已经无法度量它们了.这个悖论实际上是反映时空并不是无限可分的,运动也不是连续的.这些方法现在可以用微积分(无限)的概念解释.

芝诺悖论揭示的是事物内部的稠密性和连续性之间的区别,是无限可分和有限长度之间的矛盾.芝诺的功绩在于引起了人们关于动和静的关系、无限和有限的关系、连续和离散的关系的讨论.奇妙的数学,从有限到无限,不可能也成了可能.

1.4.5 数学典故中的文化因素

很多数学典故中蕴含了丰富的数学文化因素,下面以点带面,只举两例说明.

1. 历史上的三次数学危机——数学的思想大解放

(1) 第一次危机——有理数与无理数的争论

第一次危机发生在公元前 580～公元前 568 年之间的古希腊，数学家毕达哥拉斯建立了毕达哥拉斯学派. 这个学派集宗教、科学和哲学于一体，该学派人数固定，知识保密，所有发明创造都归于学派领袖. 当时人们对有理数的认识还很有限，对于无理数的概念更是一无所知，毕达哥拉斯学派所说的数，原来是指整数，他们不把分数看成一种数，而仅看作两个整数之比，他们错误地认为，宇宙间的一切现象都归结为整数或整数之比. 该学派的成员希伯索斯根据勾股定理(西方称为毕达哥拉斯定理)通过逻辑推理发现，边长为 1 的正方形的对角线长度既不是整数，也不是整数的比所能表示. 希伯索斯的发现被认为是"荒谬"和违反常识的事. 它不仅严重地违背了毕达哥拉斯学派的信条，也冲击了当时希腊人的传统见解. 使当时希腊数学家们深感不安，相传希伯索斯因这一发现被投入海中淹死，这就是第一次数学危机.

最后，这场危机通过在几何学中引进不可通约量概念而得到解决. 两个几何线段，如果存在一个第三线段能同时量尽它们，就称这两个线段是可通约的，否则称为不可通约的. 正方形的一边与对角线，就不存在能同时量尽它们的第三线段，因此它们是不可通约的. 很显然，只要承认不可通约量的存在使几何量不再受整数的限制，所谓的数学危机也就不复存在了.

第一次危机最大意义在于导致了无理数地产生.

(2) 第二次数学危机——微积分中无穷小量的决定

第二次数学危机发生在 17 世纪. 17 世纪微积分诞生后，由于推敲微积分的理论基础问题，数学界出现混乱局面，即第二次数学危机. 微积分的主要创始人牛顿在一些典型的推导过程中，第一步用了无穷小量作分母进行除法，当然无穷小量不能为零；第二步牛顿又把无穷小量看作零，去掉那些包含它的项，从而得到所要的公式，在力学和几何学的应用中证明了这些公式是正确的，但它的数学推导过程却在逻辑上自相矛盾. 焦点是：无穷小量是零还是非零？如果是零，怎么能用它做除数？如果不是零，又怎么能把包含着无穷小量的那些项去掉呢？

直到 19 世纪，柯西详细而有系统地发展了极限理论. 柯西认为把无穷小量作为确定的量，即使是零，都说不过去，它会与极限的定义发生矛盾. 无穷小量应该是要怎样小就怎样小的量，因此本质上它是变量，而且是以零为极限的量，至此柯西澄清了前人的无穷小的概念，另外维尔斯特拉斯创立了极限理论，加上实数理论，集合论的建立，从而把无穷小量从形而上学的束缚中解放出来，第二次数学危机基本解决.

(3) 第三次数学危机——罗素悖论的产生

第三次数学危机发生在 1902 年，罗素悖论的产生震撼了整个数学界，号称天衣无缝，绝对正确的数学出现了自相矛盾. "理发师悖论"，就是一位理发师给不给自己理发的人理发.那么理发师该不该给自己理发呢？从数学上来说，这就是罗素悖论的一个具体例子.

从此，数学家们就开始为这场危机寻找解决的办法，其中之一是把集合论建立在一组公理之上，以回避悖论.首先进行这个工作的是德国数学家策梅罗，他提出七条公理，建立了一种不会产生悖论的集合论，又经过德国的另一位数学家弗芝克尔的改进，形成了一个无矛盾的集合论公理系统(即所谓 ZF 公理系统)，这场数学危机到此缓和下来.

三次数学危机实质上是西方数学发展过程中矛盾斗争的结果.从三次数学危机中可以看到，它们都是数学发展中的强大动力，使数学和任何事物一样在对问题的克服中向前大步迈进.

再者，这些危机的解决只是需要对数学的再认识，再理解，在数学内部用纯粹知识就可解决.但是它所折射出的社会文化现象是我们需要思考的，也能看出在西方社会，数学的文化精神已经进入到西方社会，是普通民众所具有的精神.一旦当数学上的问题与社会意识发生矛盾时，便会引起全社会的争论，进而产生了社会大危机.三次危机一方面促进了数学的发展，另一方面也展示了西方数学在西方社会的文化地位，以及对西方人思维意识的影响.

2.“韩信点兵”的故事与中国剩余定理

在中国数学史上，广泛流传着一个“韩信点兵”的故事：

韩信是汉高祖刘邦手下的大将，他英勇善战，智谋超群，为汉朝的建立了卓绝的功劳.据说韩信的数学水平也非常高超，他在点兵的时候，为了保住军事机密，不让敌人知道自己部队的实力，先令士兵从 1 至 3 报数，然后记下最后一个士兵所报之数；再令士兵从 1 至 5 报数，也记下最后一个士兵所报之数；最后令士兵从 1 至 7 报数，又记下最后一个士兵所报之数；这样，他很快就算出了自己部队士兵的总人数，而敌人则始终无法弄清他的部队究竟有多少名士兵.

这个故事中所说的韩信点兵的计算方法，就是现在被称为“中国剩余定理”的一次同余式解法.它是中国古代数学家的一项重大创造，在世界数学史上具有重要的地位.

最早提出并记叙这个数学问题的，是南北朝时期的数学著作《孙子算经》中的“物不知数”题目：“今有一些物不知其数量.如果三个三个地去数它，则最后还剩二个；如果五个五个地去数它，则最后还剩三个；如果七个七个地去数它，则最后也剩二个.问：这些物一共有多少?”

《孙子算经》给出了这道题目的解法和答案，后来的数学家把这种解法编成了如下的一首诗歌以便于记诵：

三人同行七十(70)稀，五树梅花二一(21)枝；

七子团圆正半月(15)，除百零五(105)便得知.

《孙子算经》的“物不知数”题虽然开创了一次同余式研究的先河，但由于题目比较简单，甚至用试猜的方法也能求得，所以尚没有上升到一套完整的计算程序和理论的高度. 真正从完整的计算程序和理论上解决这个问题的，是南宋时期的数学家秦九韶. 秦九韶在他的《数书九章》中提出了一个数学方法“大衍求一术”，系统地论述了一次同余式组解法的基本原理和一般程序(由于解法过于繁细，我们在这里就不展开叙述了，有兴趣的读者可进一步参阅有关书籍). 直到此时，由《孙子算经》“物不知数”题开创的一次同余式问题，才真正得到了一个普遍的解法，才真正上升到了“中国剩余定理”的高度.

从《孙子算经》到秦九韶《数书九章》对一次同余式问题的研究成果，在 19 世纪中期开始受到西方数学界的重视. 1852 年，英国传教士伟烈亚力向欧洲介绍了《孙子算经》的“物不知数”题和秦九韶的“大衍求一术”；1876 年，德国人马蒂生指出，中国的这一解法与西方 19 世纪高斯《算术探究》中关于一次同余式组的解法完全一致. 从此，中国古代数学的这一创造逐渐受到世界学者的瞩目，并在西方数学史著作中正式被称为“中国剩余定理”.

从以上论述来看，数学不仅是一种重要的“工具”，也是一种思维模式，即“数学方式的理性思维”；数学不仅是一门科学，也是一种文化，即“数学文化”；数学不仅是一些知识，也是一种素质，即“数学素质”. 数学为人类提供精密思维的模式；数学是其他科学的工具和语言——数学是科学的皇后，数学也是科学的女仆；数学是推动生产发展的重要因素.

§1.5　MATLAB 数学软件入门

1. MATLAB 的概况

MATLAB 是矩阵实验室(Matrix Laboratory)之意. 除具备卓越的数值计算能力外，它还提供了专业水平的符号计算，文字处理，可视化建模仿真和实时控制等功能. 它集数值分析、矩阵运算、信号处理和图形显示于一体，可方便地应用于数学计算、算法开发、数据采集、系统建模和仿真、数据分析和可视化、科学和工程绘图、应用软件开发等方面.

MATLAB 的基本数据单位是矩阵，它的指令表达式与数学，工程中常用的形式十分相似，故用 MATLAB 来解算问题要比用 C，FORTRAN 等语言完成相同的事情简捷得多.

2. MATLAB 的启动

安装完毕 MATLAB 软件后，在 Windows 桌面上会自动创建快捷方式图表. 由此启动软件，出现指令窗“MATLAB”，在提示符“》”之后，便可输入指令(程序).

3. MATLAB 的环境设置

MATLAB 的界面更加方便，运行界面称为 MATLAB 操作界面(MATLAB Desktop)，默认的操作界面如图 1-9 所示.

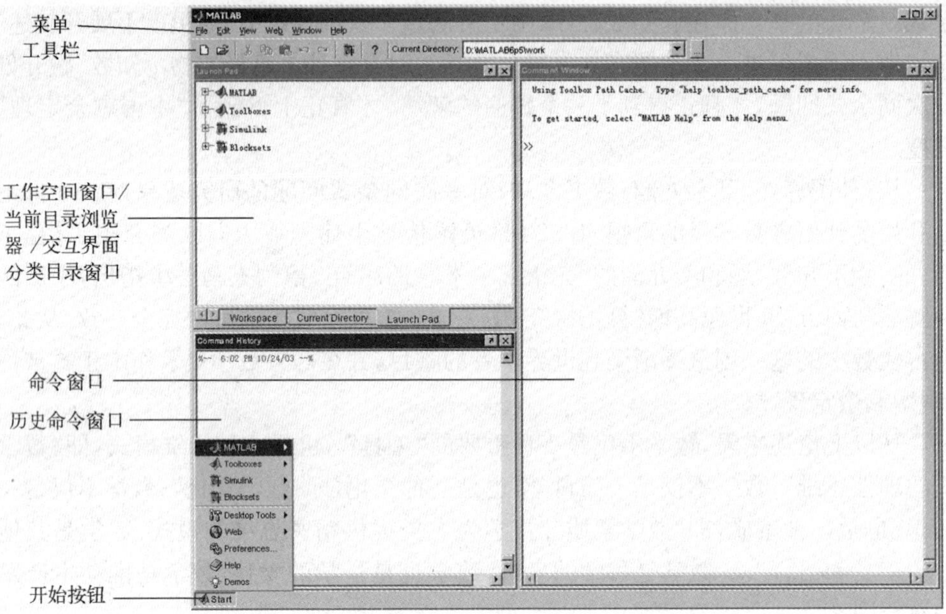

图 1-9　MATLAB 6.5 版的默认界面

MATLAB 的操作界面是一个高度集成的工作界面，它的通用操作界面包括九个常用的窗口，另外，MATLAB6.5 版还增加了“Start”开始按钮.

(1) 菜单栏

MATLAB 操作界面菜单提供了“File”“Edit”“View”“Web”“Window”和“Help”菜单.

1) File 菜单

File 菜单具有新建一个 M 文件、打开 M 文件编辑/调试器、新建一个图形窗口、打开已有文件、关闭历史命令窗口、页面设置、设置搜索路径等、打印、退出 MATLAB 等功能(见图 1-10).

2) Edit 菜单

Edit 菜单如图 1-11 所示，Edit 菜单的各菜单项与 Windows 的 Edit 菜单相似.

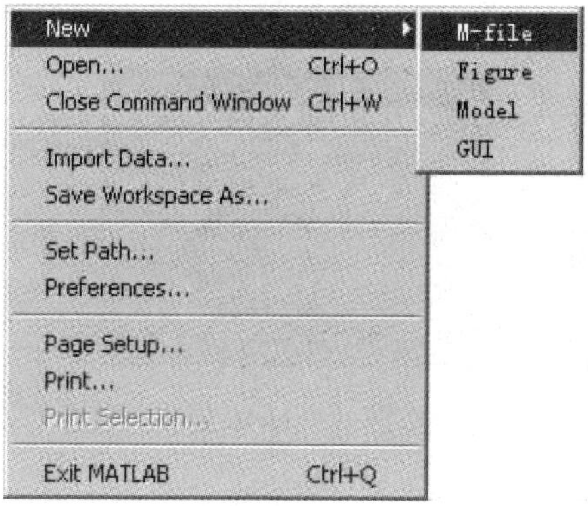

图 1-10　File 菜单

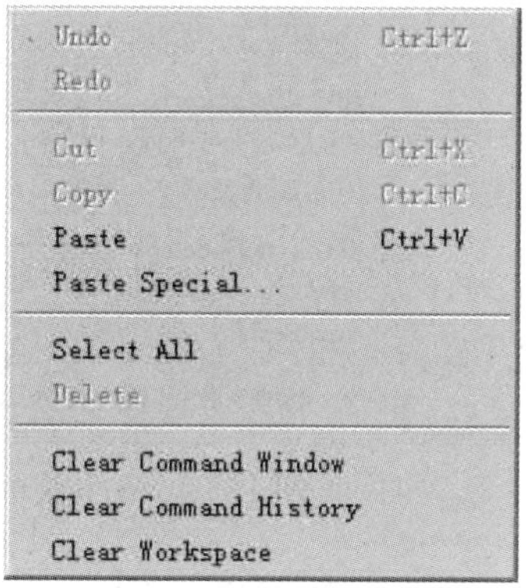

图 1-11　Edit 菜单

3) View 菜单

View 菜单具有打开命令窗口、与命令窗口分离、界面布局(可选择各种布局方式)等功能(见图 1-12).

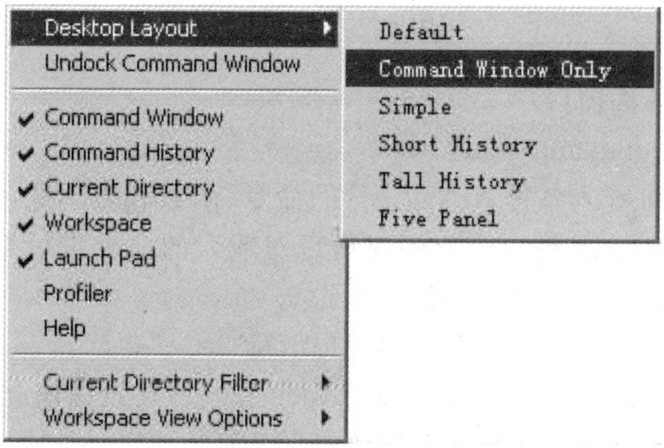

图 1-12　View 菜单

4) Web 菜单

Web 菜单提供了连接到 MathWorks 公司的主页、连接到 MATLAB Central、连接到 MATLAB Newsgroup Access、连接到 MATLAB File Exchange 等功能(见图 1-13).

5) Windows 菜单

Windows 菜单提供了在已打开的各窗口之间切换的功能.

6) Help 菜单

Help 菜单提供了进入各类帮助系统的方法(见图 1-14).

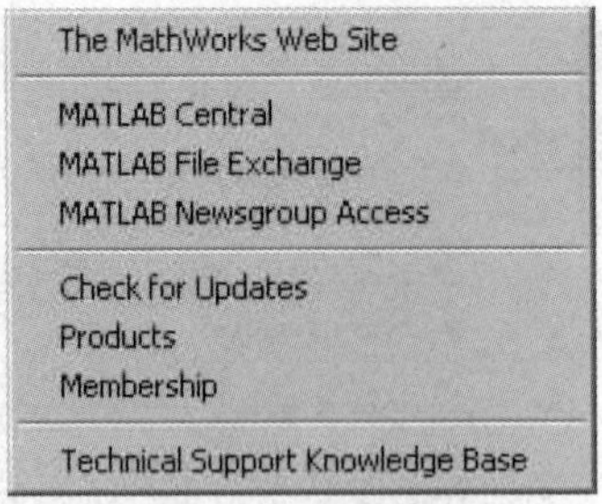

图 1-13　Web 菜单

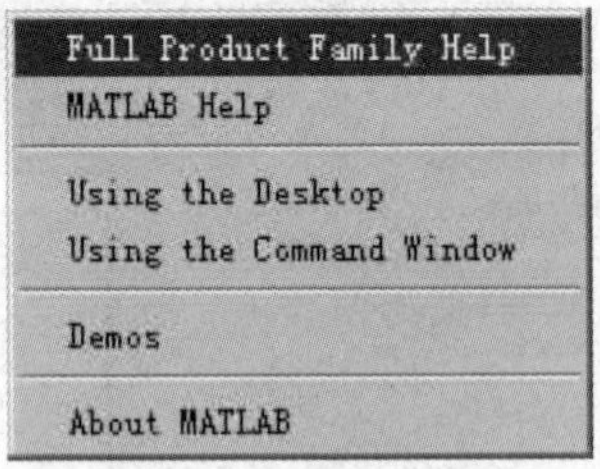

图 1-14　Help 菜单

(2) 工具栏(见图 1-15)

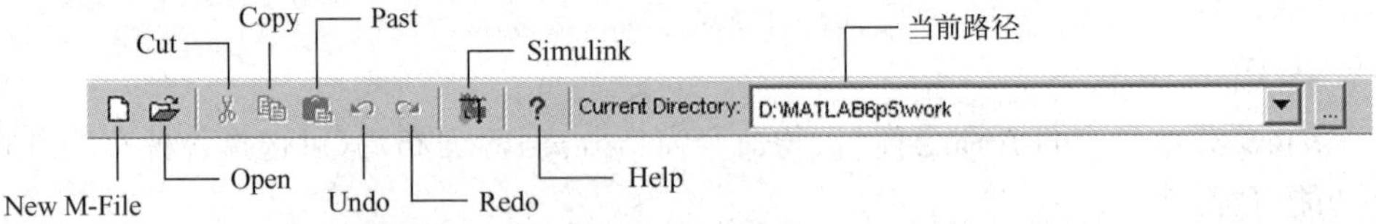

图 1-15　工具栏

(3) 通用操作界面窗口

1) 命令窗口(Command Window)

在命令窗口中可键入各种 MATLAB 的命令、函数和表达式,并显示除图形外的所有运算结果;MATLAB 命令窗口不仅可以对输入的命令进行编辑和运行,而且可以对已输入的命令进行回调、编辑和重运行.

- 命令窗口中的每个命令行前会出现提示符“>>”;
- 命令窗口内显示的字符和数值采用不同的颜色,在默认情况下,输入的命令、表达式以及计算结果等采用黑色字体;
- 字符串采用赭红色;“if”、“for”等关键词采用蓝色;

命令窗口中的标点符号有逗号(表示分隔命令)、单引号(构成字符串)、点号(为小数点)、[ ](表示构成矩阵)、分号(用来分隔行,空格用来分隔元素)、...(表示续行)等等,但这些符号一定要在英文状态下输入,因为 MATLAB 不能识别中文标点符号.

- 可直接在命令窗口中输入“format”命令来进行数值显示格式的设置. 数值计算结果默认显示格式为:当数值为整数,以整数显示;当数值为实数,以小数后 4 位的精度近似显示,即以“短(Short)”格式显示;如果数值的有效数字超出了这一范围,则以科学计数法显示结果;
- 命令窗口的常用控制命令:clc 用于清空命令窗口中的显示内容,more 在命令窗口中控制其后每页的显示内容行数.

2）历史命令窗口（Command History）

表 1-1　历史指令窗口主要功能的操作方法

应用功能	操作方法
单行或多行命令的复制（Copy）	选中单行或多行命令，按鼠标右键出现快捷菜单，再选择“Copy”菜单，就可以把它复制.
单行或多行命令的运行（Evaluate Selection）	选中单行或多行命令，按鼠标右键出现快捷菜单，再选择“Evaluate Selection”菜单，就可在命令窗口中运行，并得出相应结果. 或者双击选择的命令行也可运行.
把多行命令写成 M 文件（Create M—File）	选中单行或多行命令，按鼠标右键出现快捷菜单，选择“Create M-File”菜单，就可以打开写有这些命令的 M 文件编辑/调试器窗口.

3）当前目录浏览器窗口（Current Directory Browser）

- 当前目录的设置：如果是通过单击 Windows 桌面上的 MATLAB 图标启动，则启动后的默认当前目录是“matlab/work”；如果 MATLAB 的启动是由单击“matlab/bin/win32”目录下的“matlab. exe”，则默认当前目录是“matlab/bin/win32”；
- 显示 M 或 MAT 文件描述区：选择菜单“File”→“preferences”，在“Preferences”对话框中点击左侧的“Current Directory”选项，在对话框的右边“Brower Display Options”中选择“Show M-file Comments and MAT-file Comments”复选框，然后单击“OK”按钮.

4）工作空间浏览器窗口（Workspace Browser）

- 工作空间浏览器窗口用于显示所有 MATLAB 工作空间中的变量名、数据结构、类型、大小和字节数；可以对变量进行观察、编辑、提取和保存.

5）数组编辑器窗口（Array Editor）

- 打开选择数组编辑器窗口：“Open…”菜单或者双击该变量. 在“Numeric format”栏中改变变量的显示类型；在“Size”、“by”栏中改变数组的大小；逐格修改数组中的元素值.

6）交互界面分类目录窗口（Launch Pad）

- 双击应用条目“Import Wizard”、“Profiler”和“GUIDE”，就出现相应的界面窗口；
- 双击“Help”条目，就打开帮助文件出现帮助导航/浏览器窗口；
- 双击“Demos”条目，就出现帮助导航/浏览器窗口的 Demos 选项卡；
- 双击“Product Page (Web)”条目，就会上网连接支持网站的相应产品页面.

7）M 文件编辑/调试器窗口（Editor/Debugger）

启动 M 文件编辑/调试器窗口的方法：

- 单击 MATLAB 界面上的图标，或者单击菜单“File”→“New”→“M-file”，可打开空白的 M 文件编辑器；
- 单击 MATLAB 界面上的图标，或者单击菜单“File”→“Open”，在打开的“Open”对话框中填写所选文件名，单击“打开”按钮，就可出现相应的 M 文件编辑器；
- 用鼠标双击当前目录窗口中的 M 文件(扩展名为 . m)，可直接打开相应文件的 M 文件编辑器.

8) 帮助导航/浏览器窗口(Help Navigator/Browser)

单击工具栏的图标；或选择菜单“View”→“Help”；或选择菜单“Help”→“MATLAB Help”都能出现帮助导航/浏览器窗口.

4. MATLAB 的帮助

MATLAB 的帮助方式有很多种，用户可以通过快捷方便的帮助系统来迅速掌握 MATLAB 的强大功能.

(1) 帮助导航/浏览器窗口

帮助导航/浏览器窗口界面由左侧的 Help Navigator(帮助导航器)和右侧的 Help Browser(帮助浏览器)两部分组成.

1) Contents 选项窗口

- “Begin Here”是主要简介 MATLAB 的特点、内容和方法；
- “Release Notes For Release R13”是专门介绍版本升级的变化；
- Installation”是介绍各种环境下的安装方法等 .

2) Index 选项窗口

Index 选项窗口是 MATLAB 提供的术语索引表，可以查找命令、函数和专用术语等.

3) Search 选项窗口

Search 选项窗口是通过关键词来查找全文中与之匹配的章节条目.

4) Demos 选项窗口

Demos 选项窗口用来运行 MATLAB 提供了 Demo.

5) Favorites 选项窗口

Favorites 选项窗口罗列用户自己以前所做的读书标记(或称书签)，以供今后查阅方便.

(2) 通过命令实现帮助

- help :列出所有主要的帮助主题，每个帮助主题与 MATLAB 搜索路径的一个目录名相对应；

- lookfor：在所有的帮助条目中搜索关键字，常用来查找具有某种功能而不知道准确名字的命令；
- helpwin：打开并显示帮助导航/浏览器窗口.

(3) PDF 帮助

MATLAB 把帮助导航/浏览器中的部分内容制作成了 PDF 文件，PDF 文件被分类存放在"...\matlab\help\pdf-doc"文件夹中. 阅读这种文件需要 Adobe Acrobat Reader 软件支持.

(4) 其他帮助

1) Demos 演示

Demos 演示界面操作非常方便，为用户提供了图文并茂的演示实例. 演示程序是一个很好的学习过程，可以作为对 MATLAB 功能的浏览.

2) 通过 Web 查找帮助信息

MathWorks 公司提供了技术支持网站，通过该网站用户可以找到相关的 MATLAB 书籍介绍、MATLAB 使用建议、常见问题解答和其他 MATLAB 用户提供的应用程序等.

5. MATLAB 的退出

有三种方法可以结束 MATLAB：1)键入 exit ；2)键入 quit ；3)直接关闭 MATLAB 的命令视窗(Command window).

习 题 1

1. 请你谈谈对数学的理解.
2. 数学的美体现在哪些方面？你是怎样理解数学的美的？
3. 请谈谈读了"中国数学发展片断"，你有什么收获或感受。
4. 举例说明数学在社会科学中的应用.
5. 如果把"抢数游戏"中的 30 改为 40(规则不变)，应采用什么策略才能取胜？如果把规则改变，又如何取胜？规律又是什么？
6. 谈谈你对数学的文化价值的理解.

第 2 章　函数、极限与连续

函数是同一自然现象或技术过程中变量之间相互依赖关系的反映，它是高等数学中最重要的基本概念之一，同时函数（主要是连续函数）也是微积分学的主要研究对象. 而研究函数的方法是极限法. 极限概念是微积分中最基本的概念，极限理论和方法是微分学的理论基础 . 连续性则是函数的一种重要属性，它是沟通函数值与极限值的桥梁. 本章首先介绍函数的相关概念，在此基础上讨论函数的极限和函数的连续性 .

§2.1　初 等 函 数

人们从描写变量之间的关系入手，引导出函数的概念 .

2.1.1　问题的提出

17 世纪初，数学家首先在对天文、航海等运动问题的研究中引出函数的概念 . 之后的 200 多年里，函数概念在科学研究领域占据了中心位置.

例 1　某年北京月平均气温如表 2-1 所示.

表　2-1

月份	1	2	3	4	5	6	7	8	9	10	11	12
温度(℃)	−4.3	−1.9	5.1	13.6	20	24.2	25.9	24.6	19.6	12.7	4.3	−2.2

表 2-1 中温度与月份的关系是一种函数关系.

例 2　心理学研究表明，小学生对新概念的接受能力 G（即学习兴趣、注意力、理解力的某种度量）随学习时间 t 的变化规律为

$$G(t)=-0.1t^2+2.6t+43\ (t\in[0,30]).$$

这是由解析表达式表示的函数关系.

通过上述实例，可以将函数概念描述为：对给出的一组数通过某种变化法则得到对应的另一组数. 所给出的一组数称为**函数的定义域**，由变化法则产生另一组数称为**函数的值域**.

下面给出函数的精确定义.

2.1.2　函数的定义

定义 2.1　设 D 是一个非空集合，Y 是非空数集，f 是一个对应法则，若对 D 中的每个数 x，按对应法则 f，有 Y 中唯一元素 y 与之对应，就称对应法则 f 是 D 上的一个**函数**，记作

$$y=f(x)\ (x\in D).$$

D 称为函数 $f(x)$ 的**定义域**，集合 $\{y\mid y=f(x),x\in D\}$ 称为其**值域**（值域是 Y 的子集），x 称作**自变量**，y 称作**因变量**，习惯上也说 y 是 x 的函数.

关于函数的定义，有几点说明：

（1）对应法则和定义域是构成函数的两个要素，如果两个函数的定义域相同，对应法则也相同，那么这两个函数就是相同的，否则就是不同的.

（2）函数的定义域通常按以下两种情形来确定：一种是对有实际背景的函数，根据实际背景中变量的实际意义确定；一种是使函数解析表达式有意义.

例 3　求函数 $y=\dfrac{1}{x}-\sqrt{x^2-4}$ 的定义域.

解　要使函数有意义，必须 $x\neq 0$，且 $x^2-4\geqslant 0$. 解不等式得 $|x|\geqslant 2$.

所以函数的定义域为 $D=\{x\mid |x|\geqslant 2\}$，或 $D=(-\infty,-2]\cup[2,+\infty)$.

例 4　绝对值函数 $y=|x|=\begin{cases}x & \text{当 } x\geqslant 0\\ -x & \text{当 } x<0\end{cases}$ 的定义域为 $D=(-\infty,+\infty)$，值域为 $[0,+\infty)$，图形如图 2-1 所示.

例 5　符号函数 $y=\operatorname{sgn} x=\begin{cases}-1 & \text{当 } x<0\\ 0 & \text{当 } x=0\\ 1 & \text{当 } x>0\end{cases}$ 的定义域为 $D=(-\infty,+\infty)$，值域为 $\{-1,0,1\}$，其图形如图 2-2 所示.

对任意的 $x\in\mathbf{R}$，总有 $|x|=x\cdot\operatorname{sgn} x$.

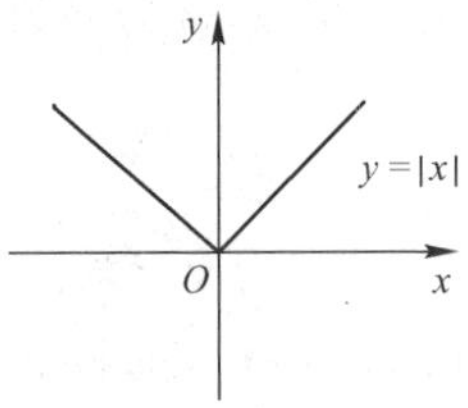

图　2-1

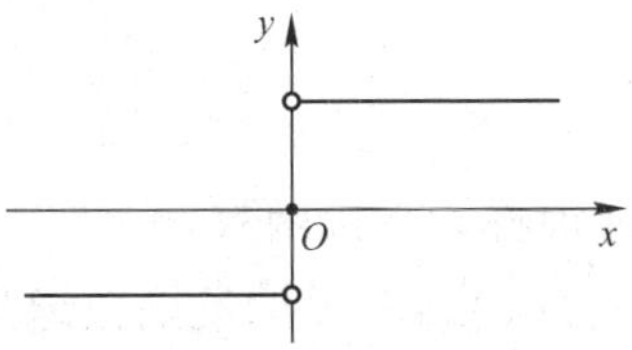

图　2-2

例 6　取整函数：设 x 为任意实数，不超过 x 的最大整数称为 x 的整数部分，记作 $[x]$：

$$y=[x]=n(n\leqslant x<n+1;n=0,\pm1,\pm2,\cdots).$$

此函数的定义域为 $D=(-\infty,+\infty)$，值域为 $\mathbf{Z}$，其图形如图 2-3 所示. 这个图形称为阶梯形曲线.

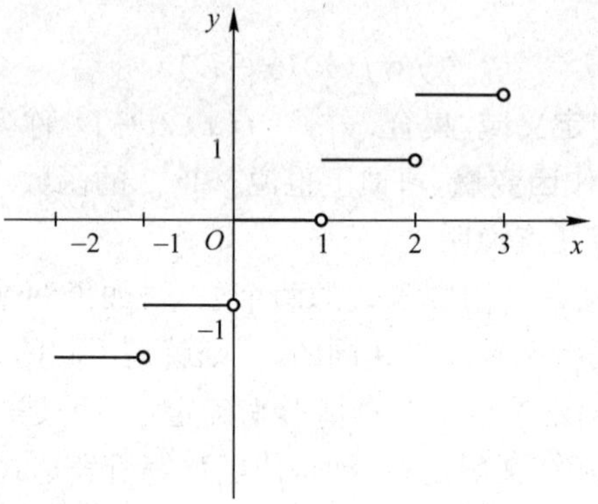

图　2-3

例 7　取余函数：对任意 $x\in\mathbf{R}$，对应的 $x-[x]$ 表示 x 的一个函数，记为 $\{x\}$. 如：

$$\{2.5\}=2.5-[2.5]=2.5-2=0.5;$$
$$\{7\}=7-[7]=7-7=0;$$
$$\{-3.14\}=-3.14-[-3.14]=-3.14-(-4)=0.86.$$

2.1.3　反函数与复合函数

1. 反函数

在函数关系 $y=f(x)$ 中，强调了自变量 x 的主动性，由 x 的变动带来 y 的变化. 而有时候，我们也需要分析由 y 变化引起的 x 的变化，即所谓的**反函数**.

定义 2.2　设 X 是函数 $y=f(x)$ 的定义域，$Y=f(X)$ 是它的值域，若对任意的 $y\in Y$，都存在唯一一个 $x\in X$，使 $f(x)=y$，则 x 也是 y 的函数，称为函数 $y=f(x)$ 的**反函数**，记为

$$x=f^{-1}(y).$$

函数 $y=f(x)$ 称为直接函数，$y=f(x)$ 与 $x=f^{-1}(y)$ 互为反函数.

一般地，$y=f(x)$，$x\in X$ 的反函数记为 $y=f^{-1}(x)$，$x\in Y$. 如：指数函数 $y=\mathrm{e}^x$ 的反函数为对数函数 $y=\ln x$；正弦函数 $y=\sin x$ 的反函数为反正弦函数 $y=\arcsin x$.

从图形上看，函数 $y=f(x)$ 与其反函数 $y=f^{-1}(x)$ 的图形关于直线 $y=x$ 对称.

2. 复合函数

一些客观事物，在质的方面存在着复合关系，在量的方面也存在复合关系. 如在教育领域，高师教育的质量影响着中小学教师的质量，而中小学教师的质量影响着中小学学生的质量，那么高师教育的质量与国民素质的高低就构成了复合关系.

定义 2.3　设函数 $y=f(u)$的定义域为U，而函数 $u=\varphi(x)$的定义域为 X，值域为 V，若 $U\cap V\neq\varnothing$，则称函数 $y=f(\varphi(x))$，$x\in X$ 为 x 的**复合函数**. 其中 x 称为**自变量**，y 称为**因变量**，u 称为**中间变量**.

如函数 $y=\sqrt{1-x^2}$ 是由 $y=\sqrt{u}$ 和 $u=1-x^2$ 复合而成. 函数 $y=\sqrt{u}$ 的定义域为 $[0,+\infty)$，函数 $u=1-x^2$ 的值域为$(-\infty,1]$，故当 $x\in[-1,1]$时，函数 $u=1-x^2$ 的值域即为函数 $y=\sqrt{u}$ 的定义域，即复合函数 $y=\sqrt{1-x^2}$ 的定义域为 $x\in[-1,1]$.

注意：并不是任何两个函数都可以构成一个复合函数，如 $y=\arcsin u$ 和 $u=2+x^2$ 就不能构成一个复合函数.

2.1.4　初等函数

在自然科学和工程技术中，最常见的函数是初等函数. 而六种基本初等函数(常数函数、指数函数、对数函数、幂函数、三角函数、反三角函数)则是构成初等函数的基础.

1. 基本初等函数

常数函数：$y=C$；

幂函数：$y=x^{\mu}(\mu\in\mathbf{R})$；

指数函数：$y=a^x(a>0,a\neq1)$；

对数函数：$y=\log_a x\ (a>0,a\neq1)$；

三角函数：$y=\sin x$、$y=\cos x$、$y=\tan x$、$y=\cot x$、$y=\sec x$、$y=\csc x$；

反三角函数：$y=\arcsin x$、$y=\arccos x$、$y=\arctan x$、$y=\text{arccot}\, x$.

2. 初等函数

由基本初等函数经过有限次的四则运算和复合运算所构成的，并可用一个式子表示的函数称为**初等函数**. 如：$y=\sqrt{1-x^2}$，$y=\sin^2 x$，$y=\sqrt{\cot\dfrac{x}{2}}$ 等都是初等函数.

非初等函数的例子有符号函数、取整函数、取余函数等.

2.1.5　应用实例

例 8(连续复利问题)　设某人有一笔存款 A_0 元，年利率为 x 元，则 5 年后的连续复利的本利和为多少？n 年后的连续复利的本利和为多少？

解 1年后的本利和为 $A_1=A_0+A_0x=A_0(1+x)$，

2年后的本利和为 $A_2=A_1(1+x)=A_0(1+x)^2$，

3年后的本利和为 $A_3=A_2(1+x)=A_0(1+x)^3$，

5年后的本利和为 $A_5=A_4(1+x)=A_0(1+x)^5$，

……

n 年后的本利和为 $A_n=A_0(1+x)^n$.

例 9(纳税问题) 根据《中华人民共和国个人所得税法》规定，个人工资、薪金所得应缴纳个人所得税，计算原则如表 2-2 所示(月收入额减除 1 600 元后的余额为月应缴纳所得税额)：

表 2-2

级数	月应缴纳所得税额(元)	税率(%)	速算扣除数(元)
1	不超过 500 元	5	0
2	超过 500 元到 2 000 元的部分	10	25
3	超过 2 000 元到 5 000 元的部分	15	125
4	超过 5 000 元到 20 000 元的部分	20	375
5	超过 20 000 元到 40 000 元的部分	25	1 375
6	超过 40 000 元到 60 000 元的部分	30	3 375
7	超过 60 000 元到 80 000 元的部分	35	6 375
8	超过 80 000 元到 100 000 元的部分	40	10 375
9	超过 100 000 元的部分	45	15 375

若某人月工资等所得为 x(元)，请给出他应缴纳的税款 y 与其所得 x 之间的函数关系.

解
$$y=\begin{cases}0 & \text{当 } 0\leqslant x\leqslant 1\,600\\(x-1\,600)5\% & \text{当 } 1\,600<x\leqslant 2\,100\\25+(x-2\,100)10\% & \text{当 } 2\,100<x\leqslant 3\,600\\25+150+(x-3\,600)15\% & \text{当 } 3\,600<x\leqslant 6\,600\\175+450+(x-6\,600)20\% & \text{当 } 6\,600<x\leqslant 21\,600\\625+3\,000+(x-21\,600)25\% & \text{当 } 21\,600<x\leqslant 41\,600\\3\,625+5\,000+(x-41\,600)30\% & \text{当 } 41\,600<x\leqslant 61\,600\\8\,625+6\,000+(x-61\,600)35\% & \text{当 } 61\,600<x\leqslant 81\,600\\14\,625+7\,000+(x-81\,600)40\% & \text{当 } 81\,600<x\leqslant 101\,600\\21\,625+8\,000+(x-101\,600)45\% & \text{当 } x>101\,600\end{cases}.$$

例 10　美国的高税收是世界闻名的，以工薪阶层的所得税为例，以年收入 17 850 美元为界，低于(含等于)这个数字的缴纳 15%所得税，高于这个数字的缴纳 28%的所得税. 问：

(1) 年收入 40 000 美元的公民应交多少所得税？

(2) 政府规定捐赠可以免税，即收入中捐赠部分在交税时可以扣除，一位年收入 20 000 美元的公民捐赠 2 200 美元，问他的实际收入有没有因为捐赠而减少？

解　(1)年收入 40 000 美元的公民应交所得税为 $40\,000\times 28\%=11\,200$.

(2) 当此公民没有捐赠时，他的实际收入为

$$20\,000\times(1-28\%)=14\,400,$$

当此公民捐赠 2 200 美元后，他的实际收入为

$$(20\,000-2\,200)\times(1-15\%)=15\,130,$$

故实际收入没有因为捐赠而减少.

例 11　若某厂生产某产品的固定成本为 1 万元，可变成本与产量的立方成正比. 已知产量为 20 t 时，总成本为 1.004 万元，且单位产品的收益为 150 元. 求总成本函数、收益函数与利润函数.

分析　这个问题的解决需要了解经济学中的成本函数、收益函数和利润函数：

成本函数 $C(q)$表示生产数量为 q 时某产品的总成本，包括固定成本和可变成本两部分.

收益函数 $R(q)$给出了由销售数量为变量的某种产品的总收益. 若产品的单价为 p，销量为 q，则

$$R(q)=pq.$$

显然，利润函数 $L(q)=R(q)-C(q)$.

解　由条件知总成本函数为 $C(q)=1+kq^3$. 将 $C(20)=1.004$ 代入上式，得 $k=5\times 10^{-7}$，则总成本函数为

$$C(q)=1+5\times 10^{-7}q^3.$$

收益函数为

$$R(q)=pq=150q.$$

利润函数为

$$L(q)=R(q)-C(q)=150q-5\times 10^{-7}q^3-1.$$

§2.2　函数的极限

极限概念是在求某些实际问题的精确解答过程中产生的，微积分学中几乎所有的概念，如：连续、导数、积分等都是用极限来定义的，极限方法贯穿微积分的始终.

2.2.1 问题的提出

例 1 我国魏晋时期(公元 3 世纪),杰出数学家刘徽的"割圆术"就含有朴素的极限思想.设有一圆,首先作内接正四边形,它的面积记为 A_1;再作内接正八边形,它的面积记为 A_2;再作内接正十六边形,它的面积记为 A_3;如此下去,每次边数加倍,一般把内接正 $8\times2^{n-2}(n=1,2,\cdots)$边形的面积记为 A_n.这样就得到一系列内接正多边形的面积:

$$A_1,A_2,\cdots,A_n,\cdots.$$

设想 n 无限增大(记为 $n\to\infty$, 读作 n 趋于穷大),即内接正多边形的边数无限增加,在这个过程中,内接正多边形无限接近于圆,同时 A_n 也无限接近于某一确定的数值,这个确定的数值就理解为圆的面积.

这个确定的数值在数学上称为上面有次序的数(数列)$A_1,A_2,\cdots,A_n,\cdots$当 $n\to\infty$ 时的极限.

例 2 春秋战国时期的哲学家庄子在《庄子·天下篇》中有句名言:"一尺之棰,日取其半,万世不竭."也就是说,一根长为一尺的棒头,每天截去一半,这样的过程可以一直进行下去.其中也蕴含了深刻的极限思想.若用 a_n 表示第 n 天截后剩下部分的长度,则 $a_n=\frac{1}{2^n}$.

不难看出,当 n 不断增大时,数列 a_n 无限地接近于 0.但是,不论 n 多么大,$a_n=\frac{1}{2^n}$ 总不等于 0(万世不竭).

由上述实例可以明显看到,对于一些数列$\{a_n\}$来说,当 n 无限增大时,a_n 与某常数可以无限接近,由此可以抽象出数列极限的概念.

2.2.2 数列的极限

在各种类型的极限中,数列极限是最基本的,也是最简单的.

定义 2.4 给定数列$\{a_n\}$,如果当 n 无限增大时,数列的一般项 a_n 无限地接近于某一确定的常数 a,则称常数 a 是数列$\{a_n\}$的**极限**,或称数列$\{a_n\}$**收敛**于 a.记为

$$\lim_{n\to\infty}a_n=a\ .$$

如果数列$\{a_n\}$没有极限,就称数列是发散的.

如:$\lim\limits_{n\to\infty}\frac{n}{n+1}=1,\lim\limits_{n\to\infty}\frac{1}{2^n}=0,\lim\limits_{n\to\infty}\frac{n+(-1)^{n-1}}{n}=1$.而数列$\{2^n\}$,$\{(-1)^n+1\}$是发散的.

例 3　下列数列是否收敛，若收敛，指出其极限.

(1)$\frac{1}{n}$；　(2)$\frac{n-1}{n}$；　(3)$\{(-1)^{n+1}\}$.

解　(1) 数列$\left\{\frac{1}{n}\right\}$即为 $1,\frac{1}{2},\frac{1}{3},\cdots,\frac{1}{n},\cdots$. 易见，当 n 无限增大时，$\frac{1}{n}$无限接近于 0. 故数列$\left\{\frac{1}{n}\right\}$是收敛的，且极限值为 0，即$\lim\limits_{n\to\infty}\frac{1}{n}=0$.

(2) 数列$\left\{\frac{n-1}{n}\right\}$即为 $0,\frac{1}{2},\frac{2}{3},\frac{3}{4},\cdots,\frac{n-1}{n},\cdots$. 易见，当 n 无限增大时，$\frac{n-1}{n}$无限接近于 1. 故数列$\left\{\frac{n-1}{n}\right\}$是收敛的，且极限值为 1，即$\lim\limits_{n\to\infty}\frac{n-1}{n}=1$.

(3) 数列$\{(-1)^{n+1}\}$即为 $1,-1,1,-1,\cdots,(-1)^{n+1},\cdots$. 易见，当 n 无限增大时，$(-1)^{n+1}$在-1 与 1 之间来回摆动，不与任何常数接近. 故数列$\{(-1)^{n+1}\}$是发散的.

经常用到的数列极限的结论有：

(1) 等比数列$\{q^n\}$：当 $n\to\infty$时，若公比$|q|<1$，则数列收敛于 0；若 $q=1$，则数列收敛于 1；若$|q|>1$ 或 $q=-1$，则数列是发散的.

(2) $\lim\limits_{n\to\infty}\left(1+\frac{1}{n}\right)^n=\mathrm{e}$.

(3) 数列$\left\{\frac{a_m n^m+a_{m-1}n^{m-1}+\cdots+a_1 n+a_0}{b_k n^k+b_{k-1}n^{k-1}+\cdots+b_1 n+b_0}\right\}$，其中 $a_m\neq 0,b_k\neq 0,m,k$ 为实数：

当 $k=m$ 时，$\lim\limits_{n\to\infty}\frac{a_m n^m+a_{m-1}n^{m-1}+\cdots+a_1 n+a_0}{b_k n^k+b_{k-1}n^{k-1}+\cdots+b_1 n+b_0}=\frac{a_m}{b_k}$；

当 $k>m$ 时，$\lim\limits_{n\to\infty}\frac{a_m n^m+a_{m-1}n^{m-1}+\cdots+a_1 n+a_0}{b_k n^k+b_{k-1}n^{k-1}+\cdots+b_1 n+b_0}=0$；

当 $k<m$ 时，数列发散.

2.2.3　函数的极限

与数列极限不同，在函数极限中，函数的自变量 x 是连续变化的，有多种形式的变化方式，而数列极限可以视为函数极限的特殊类型.

函数的自变量 x 有以下几种不同的变化趋势：

x 的绝对值$|x|$无限增大：$x\to\infty$；

x 小于零且绝对值$|x|$无限增大：$x\to-\infty$；

x 大于零且绝对值$|x|$无限增大：$x\to+\infty$；

x 无限接近 x_0：$x\to x_0$；

x 从 x_0 的左侧(即小于 x_0)无限接近 x_0：$x\to x_0^-$；

x 从 x_0 的右侧(即大于 x_0)无限接近 x_0：$x\to x_0^+$.

1. 自变量趋于无穷大时函数的极限

定义 2.5 如果当 x 的绝对值 $|x|$ 无限增大时，函数 $f(x)$ 的值无限接近于常数 A，则称当 $x\to\infty$ 时，$f(x)$ 以 A 为**极限**．记作

$$\lim_{x\to\infty}f(x)=A \text{ 或 } f(x)\to A \quad (x\to\infty).$$

如：$\lim\limits_{x\to\infty}\frac{1}{x}=0$；$\lim\limits_{x\to\infty}\left(1+\frac{1}{x}\right)=1$.

如果在定义 2.5 中，限制 x 只取正值或只取负值，则称 A 为函数 $f(x)$ 当 $x\to+\infty$ 或 $x\to-\infty$ 时的极限，记为

$$\lim_{x\to+\infty}f(x)=A \text{ 或 } \lim_{x\to-\infty}f(x)=A.$$

因为 $x\to\infty$ 意味着同时有 $x\to+\infty$ 与 $x\to-\infty$，故可以得到下面定理．

定理 2.1 $\lim\limits_{x\to\infty}f(x)=A$ 的充分必要条件为 $\lim\limits_{x\to-\infty}f(x)=\lim\limits_{x\to+\infty}f(x)=A$.

2. 自变量趋于有限值时函数的极限

定义 2.6 如果当 x 无限接近 x_0 时，函数 $f(x)$ 的值无限接近于常数 A，则称当 x 趋于 x_0 时，$f(x)$ 以 A 为极限．记作

$$\lim_{x\to x_0}f(x)=A \text{ 或 } f(x)\to A(x\to x_0).$$

如：$\lim\limits_{x\to x_0}c=c$；$\lim\limits_{x\to x_0}x=x_0$；$\lim\limits_{x\to 1}(2x-1)=1$；$\lim\limits_{x\to 1}\frac{x^2-1}{x-1}=2$.

说明：函数 $f(x)$ 在 x_0 处极限是否存在与函数在该点处有无定义无关，如：$f(x)=\frac{x^2-1}{x-1}$ 在 $x=1$ 处无定义，但不妨碍它当 $x\to 1$ 时存在极限 2.

如果在定义 2.6 中限制 x 只从 x_0 的左侧(即小于 x_0)或只从 x_0 的右侧(即大于 x_0)无限接近 x_0，则称 A 为函数 $f(x)$ 在 x_0 处的**左极限或右极限**，记为

$$\lim_{x\to x_0^-}f(x)=A \text{ 或 } \lim_{x\to x_0^+}f(x)=A.$$

左极限与右极限统称为**单侧极限**．

因为 $x\to x_0$ 意味着同时有 $x\to x_0^+$ 与 $x\to x_0^-$，故可以得到下面定理．

定理 2.2 $\lim\limits_{x\to x_0}f(x)=A$ 的充分必要条件为 $\lim\limits_{x\to x_0^+}f(x)=\lim\limits_{x\to x_0^-}f(x)=A$.

例 4 设 $f(x)=\begin{cases}x+1 & \text{当 } x\geqslant 0\\ -x+1 & \text{当 } x<0\end{cases}$，求 $\lim\limits_{x\to 0}f(x)$.

解 因为

$$\lim_{x\to 0^-} f(x)=\lim_{x\to 0^-}(-x+1)=1,\ \lim_{x\to 0^+} f(x)=\lim_{x\to 0^+}(x+1)=1,$$

即有

$$\lim_{x\to 0^-} f(x)=\lim_{x\to 0^+} f(x).$$

所以$\lim\limits_{x\to 0} f(x)$存在，且$\lim\limits_{x\to 0} f(x)=1$.

例 5　证明符号函数 $\operatorname{sgn} x$ 当 $x\to 0$ 时极限不存在.

证　因为

$$\lim_{x\to 0^-}\operatorname{sgn} x=\lim_{x\to 0^-}(-1)=-1,\ \lim_{x\to 0^+}\operatorname{sgn} x=\lim_{x\to 0^+}1=1.$$

即有

$$\lim_{x\to 0^-}\operatorname{sgn} x\neq\lim_{x\to 0^+}\operatorname{sgn} x.$$

所以符号函数 $\operatorname{sgn} x$ 当 $x\to 0$ 时极限不存在.

3. 函数极限的性质

利用函数极限的定义，可以得到函数极限的一些重要性质．下面以 $x\to x_0$ 为例，给出函数极限的性质(不证明).

性质 1(唯一性)　若极限$\lim\limits_{x\to x_0} f(x)$存在，则此极限是唯一的.

性质 2(局部有界性)　若$\lim\limits_{x\to x_0} f(x)$存在，则存在 x_0 的某去心邻域 $\overset{o}{U}(x_0)$，使得 $f(x)$在 $\overset{o}{U}(x_0)$内有界.

性质 3(局部保号性)　若$\lim\limits_{x\to x_0} f(x)>0$(或$<0$)，则对任意正数 r $(0<r<|A|)$，存在 x_0 的某去心邻域 $\overset{o}{U}(x_0)$，使对一切 $x\in\overset{o}{U}(x_0,\delta)$，总有 $f(x)>r>0$(或 $f(x)<-r<0$).

经常用到的两个重要极限：$\lim\limits_{x\to 0}\dfrac{\sin x}{x}=1$；$\lim\limits_{x\to\infty}\left(1+\dfrac{1}{x}\right)^x=\mathrm{e}$.

2.2.4　应用实例

例 6　某人为了积累养老金，每月定期到银行存储 100 元，假设银行的年利率为 2%，且可以任意分段按复利计算，试问此人 5 年后共积累了多少养老金？如果复利按日计算，则又有多少养老金？如何获得最多的养老金？

解　(1)按月计息时，每月的利息为$\dfrac{1}{12}\times\dfrac{2}{100}=\dfrac{1}{600}$，记 x_k 为第 k 月末时的养老金数，则

$$x_{60}=100\cdot\frac{1-\left(1+\frac{1}{600}\right)^{60}}{1-\left(1+\frac{1}{600}\right)}=60\ 000\left[\left(1+\frac{1}{600}\right)^{60}-1\right]\approx 6\ 629.9(\text{元}).$$

(2) 当复利按日计算时,类似可得养老金数为 6 641.68 元.

(3) 将 1 年分为 m 个相等的时间区间,则在每个时间区间中,存款为$\frac{1\ 200}{m}$,利息为$\frac{2}{100m}$,记第 k 个区间养老金的数目为 z_k,则 5 年后养老金为:

$$z_{5m}=\frac{1\ 200}{m}\cdot\frac{1-\left(1+\frac{2}{100m}\right)^{5m}}{1-\left(1+\frac{2}{100m}\right)}=60\ 000\left[\left(1+\frac{2}{100m}\right)^{5m}-1\right].$$

利用重要极限得

$$z=\lim_{m\to\infty}z_{5m}=60\ 000(e^{\frac{1}{10}}-1)\approx 6\ 642.08(\text{元}).$$

因为$\left(1+\frac{1}{50m}\right)^{5m}$是单调函数,所以按月计息时利润少于按年计息,计息间隔越小,则最终利润越大,但不会超过极限值.

§2.3　函数的连续性

2.3.1　问题的提出

与函数极限密切相关的一个基本概念是函数的连续性,它是函数的重要特性之一,反映了许多自然现象的共同特性.如:运动的质点,其位移是时间的函数,当时间产生微小的改变时,位移也做相应的微小变化,函数的这种特性称为函数的连续性.连续函数是刻画变量连续变化的数学模型,它不仅是微积分的主要研究对象,而且微积分中的主要概念、定理、公式、法则等,往往要求函数具有连续性.

日常生活中的许多现象,如:水的连续流动、气温的连续变化、生物的连续生长、体重的连续变化等,它们的数学描述都是函数的连续性.

2.3.2　函数的连续性

1. 连续函数的概念

定义 2.7　设函数 $f(x)$在点 x_0 的某一个邻域内有定义,如果有$\lim\limits_{x\to x_0}f(x)=$

$f(x_0)$，则称函数 $f(x)$ 在点 x_0 处**连续**．

例 1　证明函数 $f(x)=\begin{cases} x\sin\dfrac{1}{x} & 当\ x\neq 0 \\ 0 & 当\ x=0 \end{cases}$ 在 $x=0$ 处连续．

证　因为 $\lim\limits_{x\to 0} x\sin\dfrac{1}{x}=0$，且 $f(0)=0$，故有

$$\lim_{x\to 0} f(x)=f(0).$$

由定义知，函数 $f(x)$ 在 $x=0$ 处连续．

定义 2.8　如果函数 $f(x)$ 在区间 I 上每一点都连续，则称 $f(x)$ 在区间 I 上连续或称 $f(x)$ 是区间 I 上的**连续函数**．

定义 2.9　设函数 $f(x)$ 在点 x_0 的某一个邻域内有定义，如果函数 $f(x)$ 在 x_0 处不连续，则称 $f(x)$ 在 x_0 处**间断**，称点 x_0 为函数的**间断点**或**不连续点**.

由定义 2.7 知，若 x_0 是函数 $f(x)$ 的间断点，则有且仅有下列三种情况之一：

(1) $f(x)$ 在 x_0 处无定义；

(2) $f(x)$ 在 x_0 处有定义，但 $\lim\limits_{x\to x_0} f(x)$ 不存在；

(3) $f(x)$ 在 x_0 处有定义，且 $\lim\limits_{x\to x_0} f(x)$ 存在，但 $\lim\limits_{x\to x_0} f(x)\neq f(x_0)$.

如：函数 $f(x)=\dfrac{1}{x}$ 在点 $x=0$ 处没有定义，故 $x=0$ 是该函数的间断点．

连续函数的图形是一条连续而不间断的曲线，而不连续函数的曲线就会有间断点.

2. 初等函数的连续性

首先，由函数连续的定义可证，基本初等函数在其定义域内是连续的. 其次，由极限的运算法则可以得到下列定理：

定理 2.3　设函数 $f(x)$ 与 $g(x)$ 在点 x_0 连续，则 $f(x)\pm g(x)$，$f(x)g(x)$，$\dfrac{f(x)}{g(x)}(g(x_0)\neq 0)$ 均在点 x_0 连续.

定理 2.4(复合函数的连续性)　如果函数 $u=\varphi(x)$ 在点 x_0 连续，而 $y=f(u)$ 在点 $u_0=\varphi(x_0)$ 连续，则复合函数 $y=f(\varphi(x))$ 在点 x_0 连续.

从而由定理 2.4 及初等函数的定义可得

定理 2.5　一切初等函数在其定义区间内都是连续的.

所谓定义区间，就是包含在定义域内的区间．

连续函数的性质也为求函数极限提供了一种简便方法.

例 2 求极限$\lim\limits_{x\to 0}\sin\left(\pi\sqrt{\dfrac{1-2x}{4+3x}}\right)$.

解 因为初等函数 $f(x)=\sin\left(\pi\sqrt{\dfrac{1-2x}{4+3x}}\right)$在 $x=0$ 处有定义,且 $f(0)=1$,从而有

$$\lim_{x\to 0}\sin\left(\pi\sqrt{\frac{1-2x}{4+3x}}\right)=1.$$

例 3 求极限$\lim\limits_{x\to 0}\dfrac{\ln(1+x)}{x}$.

解 因为$\dfrac{\ln(1+x)}{x}=\ln(1+x)^{\frac{1}{x}}$,由$\lim\limits_{x\to 0}(1+x)^{\frac{1}{x}}=\mathrm{e}$及对数函数的连续性,就有

$$\lim_{x\to 0}\frac{\ln(1+x)}{x}=\lim_{x\to 0}\ln(1+x)^{\frac{1}{x}}=\ln\mathrm{e}=1.$$

3. 闭区间上连续函数的性质

闭区间上的连续函数具有许多整个区间上的特性,即整体性质. 这些性质对于开区间上的连续函数或闭区间上的非连续函数,一般是不成立的. 而且这些性质常常是分析问题的理论依据.

定理 2.6(最大值最小值定理) 若函数 $f(x)$在闭区间$[a,b]$上连续,则 $f(x)$在$[a,b]$上有最大值和最小值.

这就是说,在$[a,b]$上至少存在 x_1 及 x_2,使对一切 $x\in[a,b]$都有 $f(x_1)\leqslant f(x)\leqslant f(x_2)$,即 $f(x_1)$ 和 $f(x_2)$分别是 $f(x)$在$[a,b]$上的最小值和最大值(见图 2-4).

定理 2.7(有界性定理) 若 $f(x)$在$[a,b]$上连续,则 $f(x)$在$[a,b]$上有界.

定理 2.8(介值定理) 设 $f(x)$在$[a,b]$上连续,且 $f(a)\neq f(b)$,则对介于 $f(a)$与 $f(b)$之间的任何实数 c,在(a,b)内必至少存在一点 ξ,使 $f(\xi)=c$.

这就是说,对任何实数 c: $f(a)<c<f(b)$或 $f(b)<c<f(a)$,定义于(a,b)内的连续曲线弧 $y=f(x)$与水平直线 $y=c$ 必至少相交于一点(ξ,c)(见图 2-5).

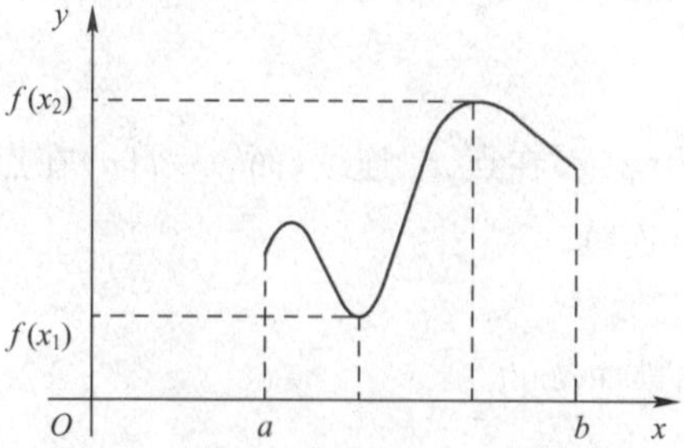

图 2-4

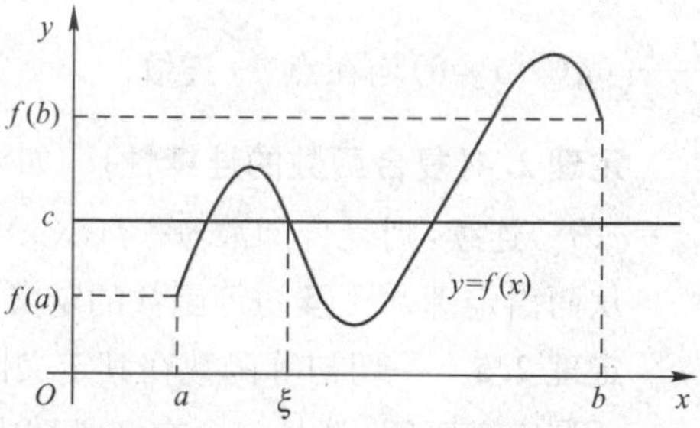

图 2-5

定理 2.9(根的存在性定理)　设 $f(x)$在闭区间$[a,b]$上连续，且 $f(a)$与 $f(b)$异号(即 $f(a)\cdot f(b)<0$)，则在(a,b)内至少存在一点 ξ，使 $f(\xi)=0$. 即方程 $f(x)=0$ 在(a,b)内至少存在一个实根．

这是介值定理的一种特殊情形．因为 $f(a)$与 $f(b)$异号，则 $c=0$ 必然是介于它们之间的一个值，所以结论成立．

例 4　设 $a>0,b>0$，证明方程 $x=a\sin x+b$ 至少有一个正根，并且它的值不超过 $a+b$.

证　令 $f(x)=x-a\sin x-b$，则 $f(x)$在闭区间$[0,a+b]$上连续，且

$$f(0)=-b<0,f(a+b)=a[1-\sin(a+b)]\geqslant 0.$$

若 $f(a+b)=0$，则 $x=a+b$ 就是方程 $x=a\sin x+b$ 的一个正根．

若 $f(a+b)>0$，则由 $f(0)\cdot f(a+b)<0$ 及根的存在性定理推知 $x=a\sin x+b$ 在$(0,a+b)$内至少有一个实根．

无论哪种情形，所述结论皆成立．

方程 $f(x)=0$ 的根也称函数 $f(x)$的零点，所以通常也把根的存在性定理称为零点定理．

2.3.3　应用实例

例 5(一刀剪问题)　任意画一个有限图形，是否一定可以一刀将其剪成面积相同的两块?

解　如图2-6所示，作一个矩形外切此图形，记图中阴影部分的面积为 $f(x)$，则 $f(a)=0$，$f(b)=S$，显然 $f(x)$是$[a,b]$上的连续函数，由连续函数的介值定理，必有一个点 x_0 使 $f(x_0)=\dfrac{S}{2}$，即沿着 $x=x_0$ 处的垂线剪开时，两块图形面积相等．

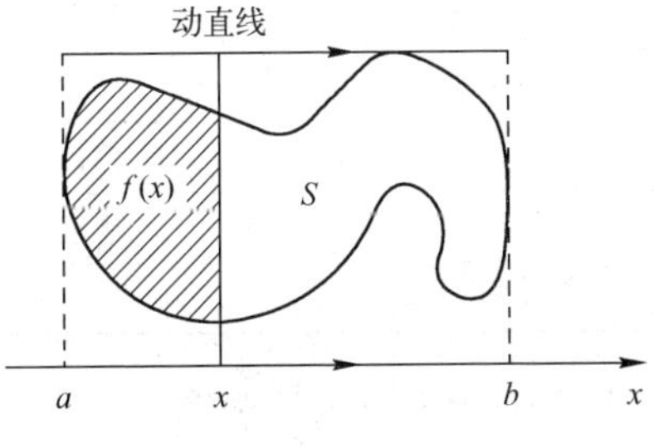

图　2-6

例 6(椅子的稳定性问题)　四条腿的家具，如:凳子、椅子、桌子等往往不能一次就平稳地放在不平的地面上，有时甚至很长时间也放不稳，只好在某一条腿下面垫一点东西．因此产生这样一个问题:四条腿家具是否一定能在地面上放稳?

解题思路　将四条腿与地面的距离和作为旋转角度的函数，则它是连续函数，利用连续函数的介值定理即可得到证明．

§2.4 MATLAB在极限理论中的应用

1. 绘制一元函数的图形

(1) 常用命令

MATLAB绘图命令比较多,我们选编一些常用命令,并简单说明其作用,这些命令的调用格式,可参阅例题及使用帮助 help 查找(见表 2-3 和表 2-4).

表 2-3 二维绘图函数

bar	条形图
hist	直方图
plot	简单的线性图形
polar	极坐标图形

表 2-4 基本线型和颜色

符号	颜色	符号	线型
y	黄色	.	点
m	紫红	0	圆圈
c	青色	x	x标记
r	红色	+	加号
g	绿色	*	星号
b	兰色	—	实线
w	白色	:	点线
k	黑色	—.	点划线
		——	虚线

(2) 绘制函数图形举例

例 1 画出 $y=\sin x$ 的图形.

解 首先建立点的坐标,然后用 plot 命令将这些点绘出并用直线连接起来,采用五点作图法,选取五点(0,0)、$\left(\frac{\pi}{2},1\right)$、(π,0)、$\left(\frac{3\pi}{2},-1\right)$、(2π,0).

输入命令:x=[0,pi/2,pi,3 * pi/2,2 * pi];y=sin(x);plot(x,y)

这里分号表示该命令执行结果不显示. 从图 2-7 上看,这是一条折线,与我们熟知的正弦曲线误差较大,这是由于点选取得太少的缘故. 可以想象,随着点数增加,图形越来越接近 $y=\sin x$ 的图象. 如:在 0 到 2π 之间取 30 个数据点,绘出的图形如

图 2-8所示与 $y=\sin x$ 的图象已经非常接近了.

```
x=linspace(0,2*pi,30);y=sin(x);plot(x,y).
```

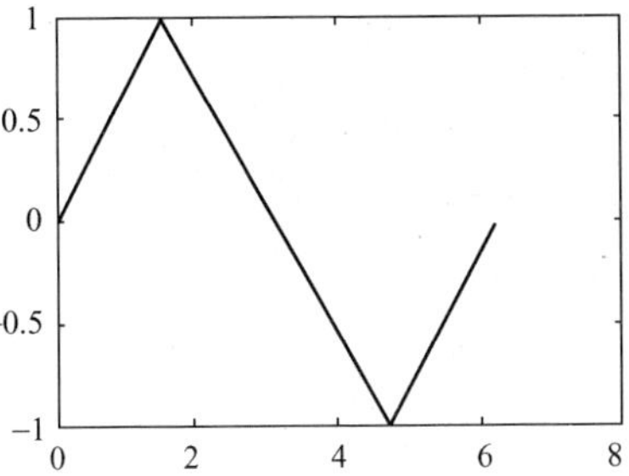

图　2-7

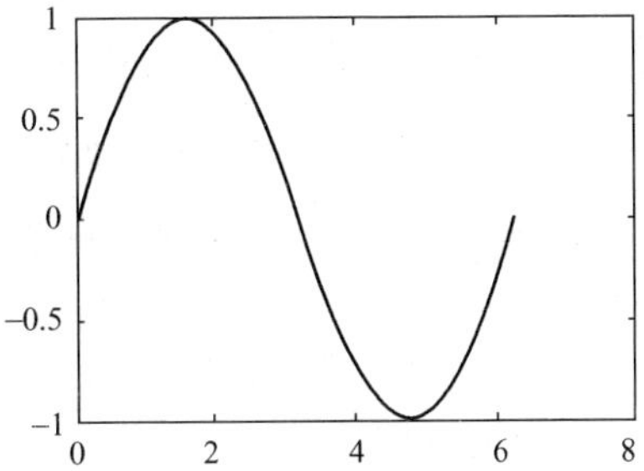

图　2-8

也可以输入如下命令建立该图形.

```
x=0:0.1:2*pi;y=sin(x);plot(x,y)
```

还可以给图形加标记、格栅线.

```
x=0:0.1:2*pi;
y=sin(x);
plot(x,y,'r--')
title('正弦曲线')
xlabel('自变量 x')
ylabel('函数 y=sin(x)')
text(5.5,0,'y=sin(x)')
grid
```

上述命令第三行选择了红色虚线,第四行给图加标题“正弦曲线”,第五行给 x 轴加标题“自变量 x”,第六行给 y 轴加标题“函数 $y=\sin x$”,第七行在点(5.5,0)处放置文本“$y=\sin x$”,第八行给图形加格栅线.

例 2　画出 $y=2^x$ 和 $y=(1/2)^x$ 的图象.

解　输入命令

```
x=-4:0.1:4;y1=2.^x;y2=(1/2).^x;plot(x,y1,x,y2);
axis([-4,4,0,8])
```

如果如图 2-9 所示. MATLAB 允许在一个图形中画多条曲线. plot(x1,y1,x2,y2,x3,y3)指令可绘制 $y_1=f(x_1)$, $y_2=f(x_2)$等多条曲线. MATLAB 自动给曲线加上不同颜色,如图 2-10 所示(图中用粗线表示).

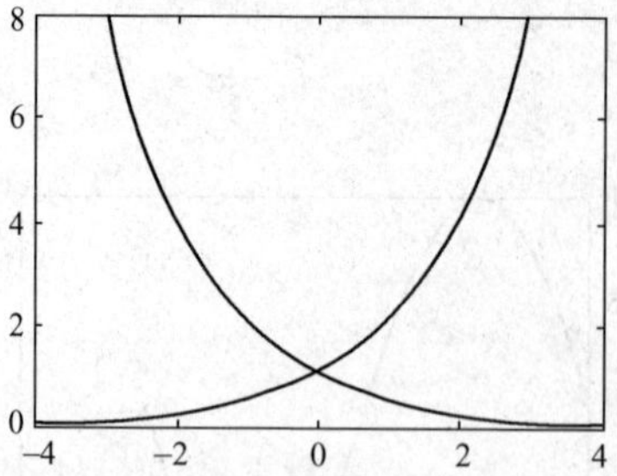

图 2-9

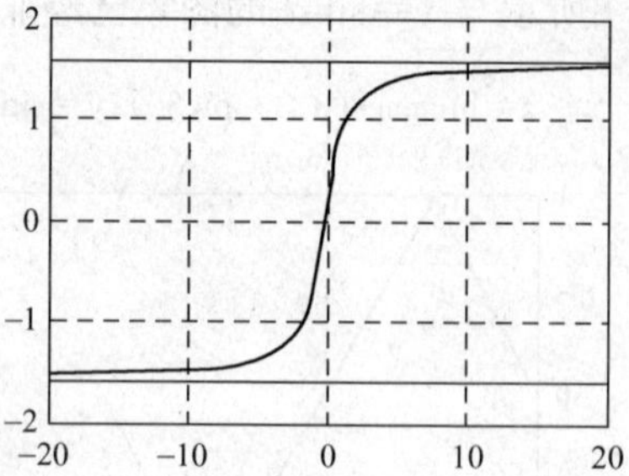

图 2-10

例 3 画出 $y=10^x-1$ 及 $y=\lg(x+1)$ 的图形.

解 输入命令

```
x1=-1:0.1:2;y1=10.^x1-1;x2=-0.99:0.1:2;y2=log10(x2+1);
plot(x1,y1,x2,y2)
```

如图 2-11 所示,这两条曲线与我们所知的图象相差很远,这是因为坐标轴长度单位不一样的缘故. $y=10^x-1$ 与 $y=\lg(x+1)$ 互为反函数,图象关于 $y=x$ 对称,为更清楚看出这一点,我们再画出 y=x 的图象,如图 2-12 所示.

```
hold on
x=-1:0.01:2;y=x;plot(x,y,'r')
axis([-1,2,-1,2])
axis square;hold off
```

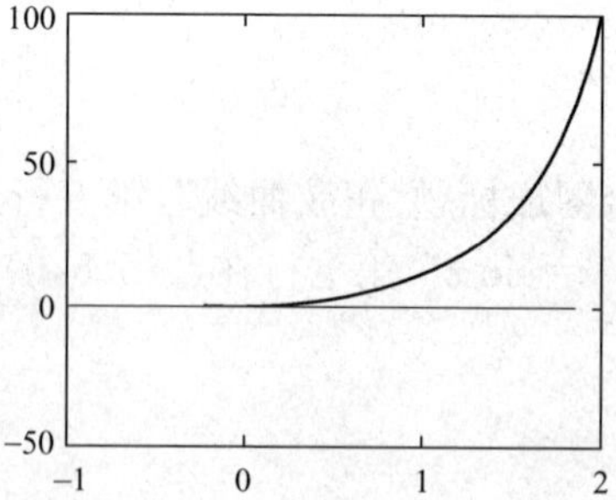

图 2-11

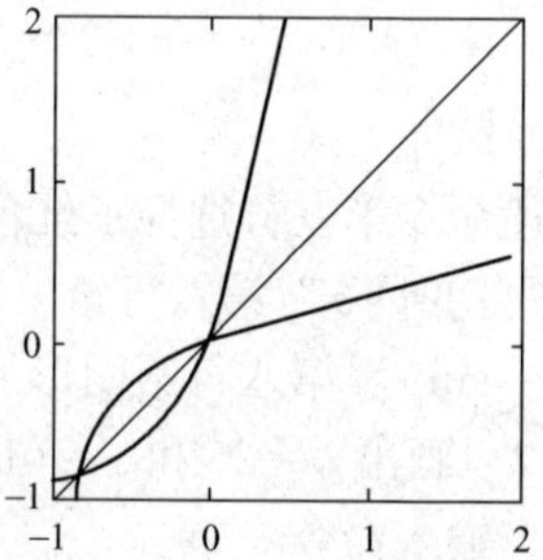

图 2-12

plot 语句清除当前图形并绘出新图形,hold on 语句保持当前图形.

2. 利用 MATLAB 求一元函数的极限

(1) 常用命令

MATLAB 求极限命令可见表 2-5.

表 2-5

数学运算	MATLAB 命令
$\lim_{x\to 0} f(x)$	limit(f)
$\lim_{x\to a} f(x)$	limit(f,x,a)或 limit(f,a)
$\lim_{x\to a^-} f(x)$	limit(f,x,a,'left')
$\lim_{x\to a^+} f(x)$	limit(f,x,a,'right')

(2) 理解极限概念

数列$\{x_n\}$收敛或有极限是指当 n 无限增大时，x_n 与某常数无限接近或 x_n 趋向于某一定值，就图形而言，也就是其点列以某一平行于 y 轴的直线为渐近线．

例 4 观察数列$\left\{\dfrac{n}{n+1}\right\}$当 $n\to\infty$时的变化趋势．

解 输入命令

```
n=1:100;xn=n/(n+1)
```

得到该数列的前 100 项，从这前 100 项看出，随 n 的增大，$\dfrac{n}{n+1}$与 1 非常接近，画出 x_n 的图形．

```
stem(n,xn)
```

由图 2-13 可看出，随 n 的增大，点列与直线 $y=1$ 无限接近，因此可得结论

$$\lim_{n\to\infty}\frac{n}{n+1}=1.$$

对函数的极限概念，也可用上述方法理解．

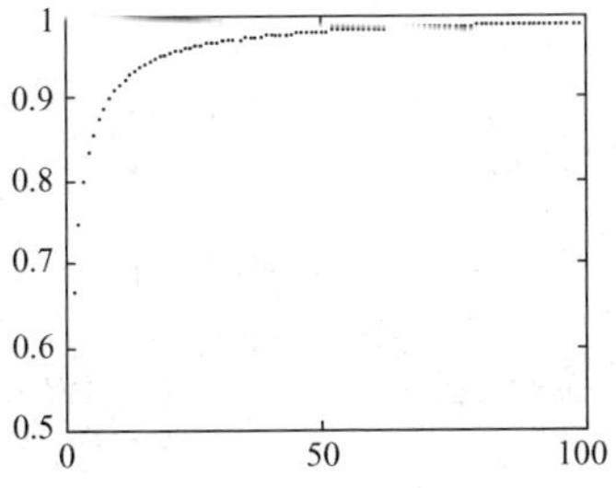

(a)

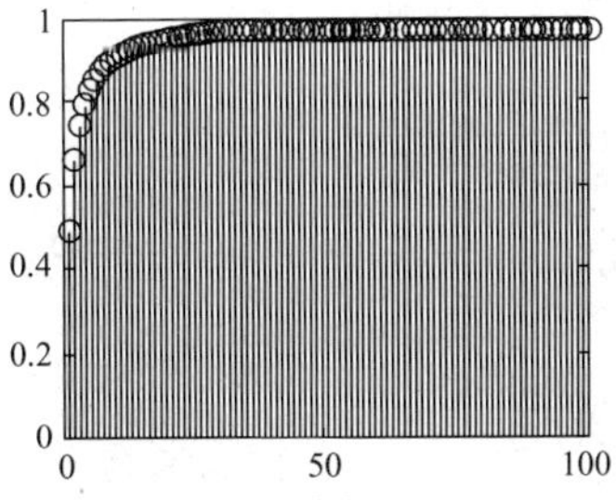

(b)

图 2-13

(3) 求函数极限

例 5 求 $\lim\limits_{x\to -1}\left(\dfrac{1}{x+1}-\dfrac{3}{x^3+1}\right)$.

解 输入命令

```
syms x;f=1/(x+1)-3/(x^3+1);limit(f,x,-1)
```

得结果 ans=−1.

例 6 求$\lim\limits_{x\to 0}\dfrac{\tan x-\sin x}{x^3}$.

解 输入命令

```
limit((tan(x)-sin(x))/x^3)
```

得结果 ans=1/2.

例 7 求$\lim\limits_{x\to\infty}\left(\dfrac{x+1}{x-1}\right)^x$.

解 输入命令

```
limit(((x+1)/(x-1))^x,inf)
```

得结果 ans=exp(2).

习 题 2

1. 求下列函数的定义域

(1) $y=\dfrac{1}{x}-\sqrt{1-x^2}$；　(2) $y=\sqrt{3-x}+\sin\dfrac{1}{x}$；　(3) $y=\dfrac{1}{1-x}+\ln x$.

2. 设 $y=f(x)=\dfrac{x}{1-x}$，求 $f(x-1)$，$f\left(\dfrac{1}{x}\right)$，$f(f(x))$.

3. 讨论函数 $f(x)=\dfrac{|x|}{x}$，当 $x\to 0$ 时的极限.

4. 计算下列极限

(1) $\lim\limits_{x\to 1}\dfrac{x^2-2x+1}{x^2-1}$；　(2) $\lim\limits_{x\to\pi/4}\dfrac{\sin 2x}{2\cos(\pi-x)}$；　(3) $\lim\limits_{x\to 1}\dfrac{\sqrt{5x-4}-\sqrt{x}}{x-1}$；

(4) $\lim\limits_{x\to+\infty}(\sqrt{x^2+x}-\sqrt{x^2-x})$；　(5) $\lim\limits_{x\to 0}(1-x)^{\frac{1}{x}}$；　(6) $\lim\limits_{x\to\infty}\left(\dfrac{1+x}{x}\right)^{3x}$；

(7) $\lim\limits_{x\to 0}\dfrac{\tan 2x}{x}$；　(8) $\lim\limits_{x\to 0}\dfrac{\tan x-\sin x}{x}$；　(9) $\lim\limits_{x\to\pi}\dfrac{\sin x}{\pi-x}$.

5. 设函数 $f(x)=\begin{cases}k & 当\ x=0\\ \dfrac{\sin 3x}{x} & 当\ x\neq 0\end{cases}$，问 k 取何值时，$f(x)$ 为连续函数？

6. 证明方程 $x^3-3x=1$ 在 1 和 2 之间至少存在一个实根.

第 3 章　导数与微分

为了准确描述曲线的切线和质点运动的速度等一类有关变化率的问题，人们引入了导数和微分的概念，导数和微分是两个重要的数学模型，导数是研究变量变化率的数学模型，微分是对变量的局部改变量做近似估计的数学模型．

§3.1　导　　数

15 世纪之后的欧洲，资本主义逐渐发展，遇到大量的实际问题，给数学提出前所未有的亟待解决的新课题，其中三类问题导致微分学的产生：一是求变速运动物体的瞬时速度；二是求曲线上某点处的切线；三是求极大值和极小值．这三类问题都可以归结为研究变量变化的快慢程度，即变化率问题．牛顿从第一个问题出发，莱布尼茨从第二个问题出发，分别给出了导数概念．

3.1.1　问题的提出

例 1　平面曲线的切线问题：在初等几何的研究中，人们对圆的性质研究的十分详尽，圆的切线定义为"与曲线只有一个交点的直线"，但这个定义对于其他曲线未必合适．如抛物线 $y=x^2$ 在原点 O 处的两个坐标轴都符合上述定义，但只有 x 轴是该曲线在点 O 处的切线．因此，有必要精确定义平面曲线的切线．

设有曲线 C 及 C 上的一点 M，在点 M 外另取 C 上一点 N，作割线 MN. 当点 N 沿曲线 C 趋于点 M 时，如果割线 MN 绕点 M 旋转而趋于极限位置 MT，直线 MT 就称为曲线 C 在点 M 处的切线．

下面讨论曲线 C 为函数 $y=f(x)$ 的图形时的切线问题．

设 $M(x_0,y_0)$ 为曲线 C 上一点（见图 3-1），在点 M 外另取 C 上一点 $N(x,y)$，于是割线 MN 的斜率为

$$\tan\varphi=\frac{y-y_0}{x-x_0}=\frac{f(x)-f(x_0)}{x-x_0},$$

其中 φ 为割线 MN 的倾角．点 N 沿曲线 C 趋于点 M，即 $x\to x_0$. 如果当 $x\to x_0$ 时，上式的极限存在，设为 k，即

$$k=\lim_{x\to x_0}\frac{f(x)-f(x_0)}{x-x_0}$$

存在，则此极限 k 是割线斜率的极限，也就是切线的斜率．这里 $k=\tan\alpha$，其中 α 是切线 MT 的倾角．于是过点 $M(x_0,y_0)$ 且以 k 为斜率的直线 MT 便是曲线 C 在点 M 处的切线．

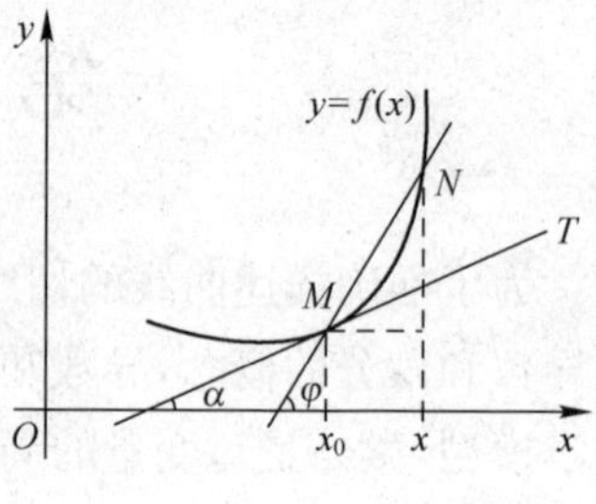

图 3-1

例 2 变速直线运动的瞬时速度问题：考察作变速直线运动的质点，假定它的运动规律(以运动距离作为时间的函数表示)为 $s=s(t)$，求其在时刻 t_0 的瞬时速度．

解 取一段小的时间间隔 Δt，在 t_0 到 $t_0+\Delta t$ 这一段时间内，质点走的距离为

$$\Delta s=s(t_0+\Delta t)-s(t_0),$$

于是在这段时间内质点的平均速度就是

$$\bar{v}_{t_0t}=\frac{\Delta s}{\Delta t}=\frac{s(t_0+\Delta t)-s(t_0)}{\Delta t},$$

显然，Δt 越小，这个平均速度就越接近质点在时刻 t_0 的瞬时速度．因此，t_0 时刻瞬时速度

$$v_{t_0}=\lim_{\Delta t\to 0}\frac{\Delta s}{\Delta t}=\lim_{\Delta t\to 0}\frac{s(t_0+\Delta t)-s(t_0)}{\Delta t}.$$

以上两个实例虽然背景不同，但从纯数学的角度来考虑，所要解决的数学问题却是相同的，都是求函数改变量与自变量改变量之比当自变量改变量趋于零时的极限，这个特定的极限就称为导数．

在自然科学与工程技术中，还有许多类似问题，如：电流、角速度、线密度等，都可归结为导数问题．

3.1.2 函数的导数

1. 导数的定义

定义 3.1 设函数 $y=f(x)$ 在点 x_0 的某个邻域内有定义，如果当 $\Delta x\to 0$ 时，Δy 与 Δx 之比的极限存在，则称函数 $y=f(x)$ 在点 x_0 处可导，并称这个极限为函数 $y=f(x)$ 在点 x_0 处的**导数**，记为 $f'(x_0)$，即

$$f'(x_0)=\lim_{\Delta x\to 0}\frac{\Delta y}{\Delta x}=\lim_{\Delta x\to 0}\frac{f(x_0+\Delta x)-f(x_0)}{\Delta x},$$

也可记为 $y'|_{x=x_0}$，$\left.\frac{\mathrm{d}y}{\mathrm{d}x}\right|_{x=x_0}$ 或 $\left.\frac{\mathrm{d}f(x)}{\mathrm{d}x}\right|_{x=x_0}$．

函数 $f(x)$ 在点 x_0 处可导有时也说成 $f(x)$ 在点 x_0 处具有导数或导数存在．

如果极限 $\lim\limits_{\Delta x\to 0}\frac{f(x_0+\Delta x)-f(x_0)}{\Delta x}$ 不存在，就说函数 $y=f(x)$ 在点 x_0 处不可导．

如果不可导的原因是由于 $\lim\limits_{\Delta x\to 0}\dfrac{f(x_0+\Delta x)-f(x_0)}{\Delta x}=\infty$，也往往说函数 $y=f(x)$ 在点 x_0 处的导数为无穷大．

导数的定义式也可取不同的形式，常见的有

$$f'(x_0)=\lim_{h\to 0}\frac{f(x_0+h)-f(x_0)}{h},\quad f'(x_0)=\lim_{x\to x_0}\frac{f(x)-f(x_0)}{x-x_0}.$$

在实际应用中，需要讨论各种具有不同意义变量的变化“快慢”问题，在数学上就是所谓函数的变化率问题．导数概念就是函数变化率这一概念的精确描述．

从例 1 的讨论可知，如果函数 $y=f(x)$ 在点 x_0 可导，则 $f'(x_0)$ 就是曲线 $y=f(x)$ 在点 $M(x_0,y_0)$ 处的切线的斜率，即

$$k=f'(x_0),$$

此即导数的几何意义．从而曲线 $y=f(x)$ 在点 $M(x_0,y_0)$ 处的切线方程为

$$y-y_0=f'(x_0)(x-x_0).$$

曲线 $y=f(x)$ 在点 $M(x_0,y_0)$ 处的法线方程为

$$y-y_0=-\frac{1}{f'(x_0)}(x-x_0).$$

例 2 中物体在时刻 $t=t_0$ 的瞬时速度便是路程 s 关于时间 t 的导数 $v=s'(t_0)$，即为导数的物理意义．

定义 3.2　如果函数 $y=f(x)$ 在区间 I 内的每点都可导，则称函数 $f(x)$ 在区间 I 内**可导**．

此时，对任一 $x\in(a,b)$，都有唯一导数值 $f'(x)$ 与之对应，这构成了 (a,b) 内的一个函数，称为 $y=f(x)$ 的**导函数**，简称**导数**，记为 $f'(x)$ 或 $\dfrac{dy}{dx}$.

$f'(x_0)$ 与 $f'(x)$ 之间的关系：函数 $f(x)$ 在点 x_0 处的导数 $f'(x_0)$ 就是导函数 $f'(x)$ 在点 $x=x_0$ 处的函数值，即

$$f'(x_0)=f'(x)\big|_{x=x_0}.$$

2. 函数的求导法则与基本导数公式

由导数的定义，可以得到以下函数和、差、积、商的求导法则：设 $u(x)$，$v(x)$ 都可导，则

(1) $[u(x)\pm v(x)]'=u'(x)\pm v'(x)$；

(2) $[u(x)v(x)]'=u'(x)v(x)+u(x)v'(x)$；

(3) $\left[\dfrac{u(x)}{v(x)}\right]'=\dfrac{u'(x)v(x)-u(x)v'(x)}{v^2(x)}$.

利用导数定义和上述函数的求导法则，可以证明得到基本初等函数的导数公式，列举如下：

(1) $(C)'=0$;

(2) $(x^{\mu})'=\mu x^{\mu-1}(\mu\in\mathbf{R})$;

(3) $(\sin x)'=\cos x,(\cos x)'=-\sin x$,

$(\tan x)'=\sec^2 x,(\cot x)'=-\csc^2 x$,

$(\sec x)'=\sec x\tan x,(\csc x)'=-\csc x\cot x$;

(4) $(a^x)'=a^x\ln a$,特别地,$(\mathrm{e}^x)'=\mathrm{e}^x$;

(5) $(\log_a x)'=\dfrac{1}{x\ln a}$,特别地,$(\ln x)'=\dfrac{1}{x}$;

(6) $(\arcsin x)'=\dfrac{1}{\sqrt{1-x^2}},(\arccos x)'=-\dfrac{1}{\sqrt{1-x^2}}$,

$(\arctan x)'=\dfrac{1}{1+x^2},(\operatorname{arccot} x)'=-\dfrac{1}{1+x^2}$.

例 3 $y=\sqrt{x}-\dfrac{1}{x}+x^2-\cos x+\ln x+\sin 2$,求 y'.

解 $y'=\left(\sqrt{x}-\dfrac{1}{x}+x^2-\cos x+\ln x+\sin 2\right)'$

$$=(\sqrt{x})'-\left(\frac{1}{x}\right)'+(x^2)'-(\cos x)'+(\ln x)'+(\sin 2)'$$

$$=\frac{1}{2\sqrt{x}}-\left(-\frac{1}{x^2}\right)+2x-(-\sin x)+\frac{1}{x}+0$$

$$=\frac{1}{2\sqrt{x}}+\frac{1}{x^2}+2x+\sin x+\frac{1}{x}.$$

例 4 $y=\mathrm{e}^x\sin x-2a^x$,求 y'.

解 $y'=(\mathrm{e}^x)'\sin x+\mathrm{e}^x(\sin x)'-(2a^x)'$

$$=\mathrm{e}^x\sin x+\mathrm{e}^x\cos x-2a^x\ln a.$$

例 5 求曲线 $y=x^3$ 在点(2,8)处的切线方程与法线方程.

解 由导数几何意义知,所求曲线的切线斜率为

$$k_1=y'|_{x=2}=(x^3)'|_{x=2}=3x^2|_{x=2}=12,$$

从而所求切线方程为 $y-8=12(x-2)$,即

$$12x-y-16=0.$$

所求法线的斜率为 $k_2=-\dfrac{1}{k_1}=-\dfrac{1}{12}$,从而所求法线方程为 $y-8=-\dfrac{1}{12}(x-2)$,即

$$x+12y-98=0.$$

对于更为复杂一些的函数的导数,如:反函数的导数、复合函数的导数、隐函数的导数等不再一一赘述. 另外,在实际应用中,还可以借助数学软件(Mathematica,

MATLAB 等)进行计算,相关内容见 § 3.5.

3. 函数的连续性与可导性之间的关系

初等函数在其定义区间上都是连续的,那么函数的连续性与可导性有什么关系?

定理 3.1　若 $y=f(x)$在 x 处可导,则 $y=f(x)$在 x 处连续.

证　因为

$$\lim_{\Delta x\to 0}\Delta y=\lim_{\Delta x\to 0}\frac{\Delta y}{\Delta x}\cdot\Delta x=\lim_{\Delta x\to 0}\frac{\Delta y}{\Delta x}\cdot\lim_{\Delta x\to 0}\Delta x=f'(x)\cdot 0=0,$$

所以 $y=f(x)$在 x 处连续.

该定理可以简述为:可导则连续.

值得注意的是,定理的逆命题并不成立. 如 $y=|x|$ 在点 $x=0$ 处连续,但它在 $x=0$处不可导.

在微积分理论尚不完善的时候,人们普遍认为连续函数除个别点外都是可导的. 1872 年德国数学家魏尔斯特拉斯构造出一个处处连续但处处不可导函数的例子,这与人们基于直观的普遍认识大相径庭,从而震惊了整个数学界. 这就促使人们在微积分的研究中从依赖直观转向理性思维,大大促进了微积分逻辑基础的创建工作.

4. 高阶导数

定义 3.3　若函数 $y=f(x)$的导数 $f'(x)$仍然是 x 的函数,则称 $f'(x)$的导数为函数$f(x)$的**二阶导数**,记作 y'',$f''(x)$或$\frac{\mathrm{d}^2y}{\mathrm{d}x^2}$.

相应地,把 $f(x)$的导数 $f'(x)$称为函数 $f(x)$的一阶导数.

类似地,$f(x)$二阶导数的导数称为 $f(x)$的三阶导数,$f(x)$三阶导数的导数称为 $f(x)$的四阶导数,…,$f(x)$的$(n-1)$阶导数的导数称为 $f(x)$的 n 阶导数,分别记作

$$y''',y^{(4)},\cdots,y^{(n)}\text{或}\frac{\mathrm{d}^3y}{\mathrm{d}x^3},\frac{\mathrm{d}^4y}{\mathrm{d}x^4},\cdots,\frac{\mathrm{d}^ny}{\mathrm{d}x^n}.$$

二阶及二阶以上的导数统称高阶导数.

那么,如何求函数的高阶导数呢?

例 6　$y=ax+b$,求 y''.

解　$y'=a$,所以 $y''=(y')'=(a)'=0$.

例 7　$y=\sin x$,求 y''.

解　$y'=\cos x$,$y''=-\sin x$.

3.1.3　应用实例

导数在经济学中的应用——边际分析:在经济学中,函数 $y=f(x)$的边际概念是表示当 x 在某一给定值附近有微小变化时 y 的瞬时变化. 根据导数的定义,导数

$f'(x_0)$表示 $f(x)$在点 $x=x_0$ 处的变化率,因此自然想到用导数表示边际概念.

常见的边际函数有:

(1) 成本函数 $C=C(Q)$的边际成本函数为 $C'(Q)$,边际成本值 $C'(Q_0)$的意义是:当产量达到 Q_0 时,再多生产一个单位产品所增加的成本.

(2) 收入函数 $R=R(Q)$的边际收入函数为 $R'(Q)$,边际收入值 $R'(Q_0)$的意义是:当销售 Q_0 单位产品后,再多销售一个单位产品所增加的收入.

(3) 利润函数 $L=L(Q)$的边际利润函数为 $L'(Q)$,边际利润值 $L'(Q_0)$的意义是:销售 Q_0 单位产品后,再多销售一个单位产品所增加的利润.

(4) 需求函数 $Q=f(P)$的边际需求函数为 $Q'(P)$,边际需求值 $Q'(P_0)$的意义是:当价格在 P_0 时,再上涨(或下降)一个单位所减少(或增加)的需求量.

例 8 设某产品日产量为 Q 件时,付出的总成本为 $C(Q)=\frac{1}{100}Q^2+20Q+1600$,求(1)日产量为 500 件的总成本和平均成本;(2)日产量为 500 件的边际成本,并解释其经济意义.

解 (1) 日产量为 500 件的总成本为

$$C(500)=\frac{1}{100}\times500^2+20\times500+1\,600=14\,100(\text{元}),$$

平均成本为$\overline{C}(500)=\frac{14\,100}{500}=28.2(\text{元})$.

(2) 因成本函数为 $C(Q)=\frac{1}{100}Q^2+20Q+1\,600$,故边际成本函数为 $C'(Q)=\frac{1}{50}Q+20$.

因此日产量为 500 件的边际成本为 $C'(500)=30(\text{元})$. 其经济意义为:当日产量为 500 件时,每增产(或减产)1 件产品,将增加(或减少)成本 30 元.

§ 3.2 微分中值定理

3.2.1 问题的提出

导数作为函数的变化率,在研究函数变化的性态中有十分重要的意义,在自然科学、工程技术以及社会科学领域中得到广泛的应用.

中值定理既是用微分学知识解决应用问题的理论基础,又是解决微分学自身问题的一种理论性数学模型. 中值定理揭示了函数在某区间上的整体性质与函数在该区间内某一点的导数之间的关系,因而称为中值定理,它是沟通导数与函数关系的桥梁,是导数应用的基础.

3.2.2　罗尔定理

如图 3-2 所示，设函数 $y=f(x)$ 在区间 $[a,b]$ 上的图形是一条连续光滑曲线弧，这条曲线在区间 (a,b) 内的每一点都存在不垂直于 x 轴的切线，且在区间 $[a,b]$ 的两个端点的函数值相等，即 $f(a)=f(b)$，则可以发现在曲线弧的最高点或最低点处，曲线有水平切线，即有 $f'(\xi)=0$. 用数学语言来描述这种几何现象，就得到下面的罗尔定理.

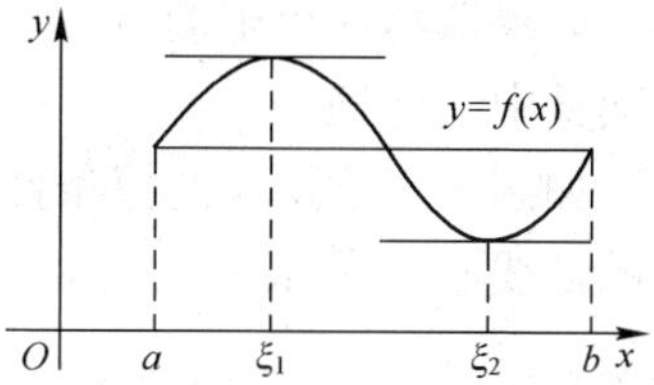

图　3-2

定理 3.2(罗尔定理)　设 $f(x)$ 在闭区间 $[a,b]$ 上连续，在开区间 (a,b) 内可导，并满足 $f(a)=f(b)$，则至少存在一点 $\xi\in(a,b)$，使得 $f'(\xi)=0$.

关于定理的几点说明：

(1) 罗尔定理的几何意义：在每一点都可导的一段连续曲线上，除端点外处处具有不垂直于 x 轴的切线. 如果曲线的两端点高度相等，则至少存在一条水平切线.

(2) 习惯上把结论中的 ξ 称为中值，ξ 值不一定唯一，且定理的三个条件是充分而非必要的，若缺少其中任何一个条件，定理的结论将不一定成立(见图 3-3).

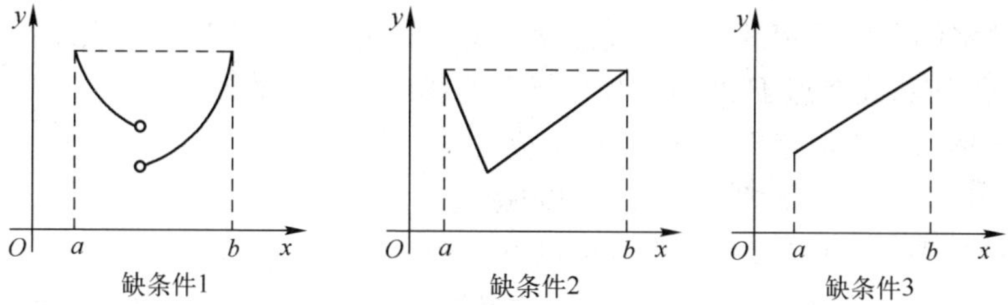

图　3-3

(3) 定理表明：对于可导函数 $f(x)$，在方程 $f(x)=0$ 的两个实根之间至少存在方程 $f'(x)=0$ 的一个实根.

例 1　试证明方程 $x^3-3x^2+7=0$ 不可能有两个小于 1 的正根.

证　反证法：假设方程有两个小于 1 的正根 x_1,x_2，不妨设 $x_1<x_2$，令 $f(x)=x^3-3x^2+7$，则有 $f(x_1)=f(x_2)$. 所以函数 $f(x)$ 在区间 $[x_1,x_2]$ 上满足罗尔定理的条件，于是存在 $\xi\in(x_1,x_2)\subset(0,1)$，使得 $f'(\xi)=3\xi^2-6\xi=0$.

但方程 $f'(\xi)=0$ 的两个根 $\xi_1=0$，$\xi_2=2\notin(0,1)$，由此得到矛盾，从而方程 $x^3-3x^2+7=0$ 不可能有两个小于 1 的正根.

3.2.3 拉格朗日中值定理

罗尔定理中,$f(a)=f(b)$这个条件是相当特殊的,它使罗尔定理的应用受到了限制. 如果取消这个限制,仍保留其余两个条件,则可得到微分学中具有重要地位的拉格朗日中值定理.

如图 3-4 所示,去掉条件 $f(a)=f(b)$后,点 P 处的切线不再是水平的,但是它与弦 AB 相互平行的关系并没有改变,而弦 AB 的斜率为$\frac{f(b)-f(a)}{b-a}$,于是有

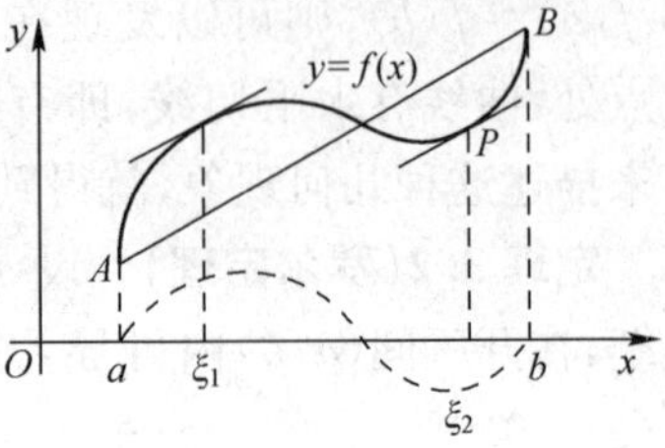

图 3-4

定理 3.3(拉格朗日中值定理) 设 $f(x)$在闭区间$[a,b]$上连续,在开区间(a,b)内可导,则至少存在一点 $\xi\in(a,b)$,使得

$$f'(\xi)=\frac{f(b)-f(a)}{b-a}.$$

上式称为拉格朗日中值公式,也可变形为 $f(b)-f(a)=f'(\xi)(b-a)$.

关于定理的几点说明:

(1) 拉格朗日中值定理的几何意义是:在满足定理的条件下,曲线 $y=f(x)$上至少有一点 P,使曲线在点 P 处的切线平行于曲线两个端点的连线 AB.

(2) 拉格朗日中值定理对 $b<a$ 也是成立的.

(3) 罗尔定理是拉格朗日中值定理的特例.

利用拉格朗日中值定理,可以得到以下推论:

推论 1 如果函数 $f(x)$在区间 I 上的导数恒为零,那么 $f(x)$在区间 I 上是一个常数.

推论 1 表明,导数为零的函数就是常数函数,这一结论今后在积分学中将会用到.

推论 2 如果函数 $f(x)$和 $g(x)$在区间 I 上恒有 $f'(x)=g'(x)$,则在区间 I 上有

$$f(x)=g(x)+C\quad(C\text{为常数}).$$

例 2 证明当 $x>0$ 时,有$\frac{x}{1+x}<\ln(1+x)<x$.

证 设 $f(x)=\ln(1+x)$,显然 $f(x)$在$[0,x]$上满足拉格朗日中值定理的条件,所以有

$$f(x)-f(0)=f'(\xi)(x-0)\quad(0<\xi<x).$$

因为 $f(0)=0$,$f'(x)=\frac{1}{1+x}$,故上式即为

$$\ln(1+x)=\frac{x}{1+\xi}.$$

由于 $0<\xi<x$，所以 $\frac{x}{1+x}<\frac{x}{1+\xi}<x$，即 $\frac{x}{1+x}<\ln(1+x)<x$.

3.2.4　应用实例

利用中值定理，可以证明中学数学中关于三角函数的一些结论．

例 3　证明恒等式 $\arcsin x+\arccos x\equiv\frac{\pi}{2}(-1\leqslant x\leqslant 1)$.

证　设 $f(x)=\arcsin x+\arccos x$，则 $f'(x)=\frac{1}{\sqrt{1-x^2}}-\frac{1}{\sqrt{1-x^2}}=0$，所以由推论1，有

$$f(x)\equiv C.$$

由于 $f(0)=\frac{\pi}{2}$，所以 $C=\frac{\pi}{2}$，即

$$\arcsin x+\arccos x\equiv\frac{\pi}{2}\quad(-1\leqslant x\leqslant 1).$$

§3.3　导数的应用

3.3.1　问题的提出

一直以来，导数作为函数的变化率，在研究函数变化的性态中有着十分重要的意义，因而在自然科学、工程技术以及社会科学等领域中得到广泛的应用．

如求炮弹从炮筒里射出后运行的水平距离（即射程）时，依赖于炮筒对地面的倾斜角（即发射角）；又如天文学中，求行星离开太阳的最远和最近距离时会用到函数的导数；还有利用导数为工具，研究函数的单调性、极值和最值等问题时既简便又具有一般性．

因此，本节将利用导数进一步研究函数的性态．

3.3.2　函数的单调性

函数的单调性是函数的一个重要特性．如果函数 $y=f(x)$ 在 $[a,b]$ 上单调增加或单调减少，那么它的图形是一条沿 x 轴向上升或向下降的曲线，如图 3-5 所示．曲线上各点的切线的斜率是非负的或是非正的，即 $y'=f'(x)>0$（或 $y'=f'(x)<0$）.

由此可见，函数的单调性和函数的导数的符号有密切关系．反之，我们是否可以利用函数导数的符号来判断函数的单调性呢？有如下判定方法．

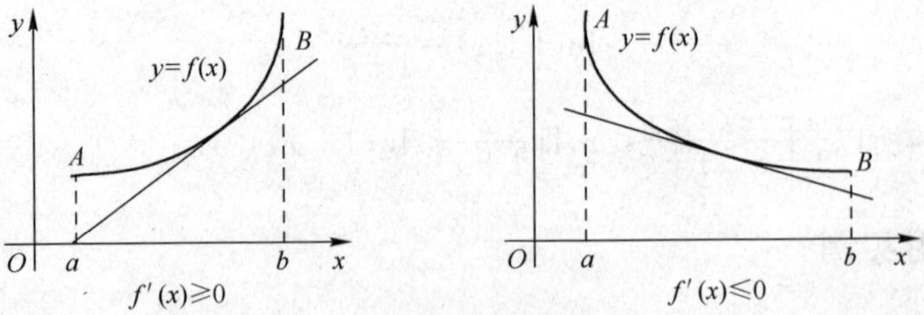

图 3-5

定理 3.4 设 $f(x)$在闭区间$[a,b]$上连续，且在开区间(a,b)内可导，则在(a,b)内，当 $f'(x)>0$(或 $f'(x)<0$)时，$f(x)$在$[a,b]$上单调增加(或减少).

证 $f'(x)>0$(或 $f'(x)<0$)，$\forall x_1,x_2\in[a,b]$，设 $x_1<x_2$，由拉格朗日中值定理，存在介于 x_1 和 x_2 之间的 ξ，满足

$$f(x_2)-f(x_1)=f'(\xi)(x_2-x_1),$$

从而有

$$f(x_2)-f(x_1)>0(\text{或 } f(x_2)-f(x_1)<0).$$

这表明函数 $f(x)$在$[a,b]$上单调增加(或减少).

说明:将此定理中的闭区间换成其他各种区间(包括无穷区间)，结论仍然成立.

一般地，我们常常用使导数 $f'(x)$为 0 的点(称为函数的驻点或稳定点)将区间(a,b)分为几个子区间，在这些子区间上依据导数的符号判定函数的单调性.

例 1 讨论函数 $f(x)=(x-1)^2-4$ 的单调区间.

解 函数 $f(x)$的定义域为$(-\infty,+\infty)$，由 $f'(x)=2(x-1)=0$ 可得驻点 $x=1$，这个驻点将 $f(x)$的定义域分为 2 个区间$(-\infty,1)$，$(1,+\infty)$. 列表 3-1 如下：

表 3-1

x	$(-\infty,1)$	$(1,+\infty)$
$f'(x)$	<0	>0

由表可知，$(-\infty,1]$为函数的单调减少区间，$[1,+\infty)$为函数的单调增加区间.

例 2 设 $f(x)=x^3-x$，讨论它的单调区间.

解 函数 $f(x)$的定义域为$(-\infty,+\infty)$，由 $f'(x)=3x^2-1=(\sqrt{3}x+1)(\sqrt{3}x-1)=0$ 可得驻点

$$x_1=-\frac{1}{\sqrt{3}},\quad x_2=\frac{1}{\sqrt{3}},$$

这 2 个驻点将 $f(x)$的定义域分为 3 个区间$\left(-\infty,-\frac{1}{\sqrt{3}}\right)$，$\left(-\frac{1}{\sqrt{3}},\frac{1}{\sqrt{3}}\right)$，$\left(\frac{1}{\sqrt{3}},+\infty\right)$. 列表 3-2 如下：

表 3-2

x	$\left(-\infty,-\frac{1}{\sqrt{3}}\right)$	$\left(-\frac{1}{\sqrt{3}},\frac{1}{\sqrt{3}}\right)$	$\left(\frac{1}{\sqrt{3}},+\infty\right)$
$f'(x)$	>0	<0	>0

由表可知，$\left[-\frac{1}{\sqrt{3}},\frac{1}{\sqrt{3}}\right]$为函数的单调减少区间，$\left(-\infty,-\frac{1}{\sqrt{3}}\right]\cup\left[\frac{1}{\sqrt{3}},+\infty\right)$为函数的单调增加区间．

3.3.3　函数的凹凸性

由导数 $f'(x)$的符号，可知函数 $f(x)$的单调性，但仅凭函数的单调性并不能完整、精确地反映函数的几何特征．如：函数 $y=x^3$ 与 $y=\sqrt{x}$ 在区间$(0,+\infty)$内都是单调增加的，但增加的方式却不同，$y=x^3$ 是上弯的，而 $y=\sqrt{x}$是下弯的（见图 3-6)，显然它们的性态相差太远．为此，给出下面的定义．

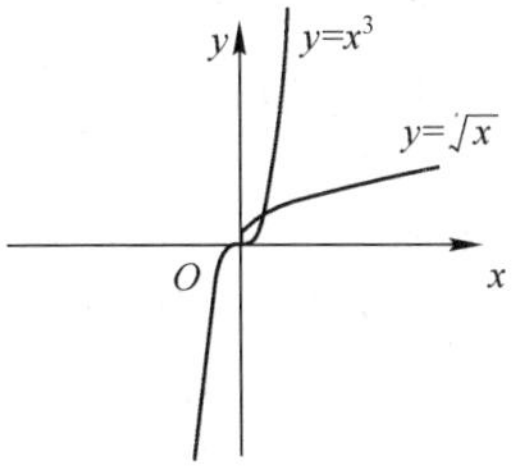

图　3-6

定义 3.4　设函数 $f(x)$在$[a,b]$上连续，且在开区间(a,b)内可导．

(1) 如果曲线弧 $f(x)$上任意一点处的切线总位于曲线弧的下方，则称该曲线弧在$[a,b]$上是向上凹的(或凹弧)；

(2) 如果曲线弧 $f(x)$上任意一点处的切线总位于曲线弧的上方，则称该曲线弧在$[a,b]$上是向上凸的(或凸弧).

如图 3-7 所示函数 $f(x)$在$[a,b]$上是凹的，如图 3-8 所示函数 $f(x)$在$[a,b]$上是凸的．

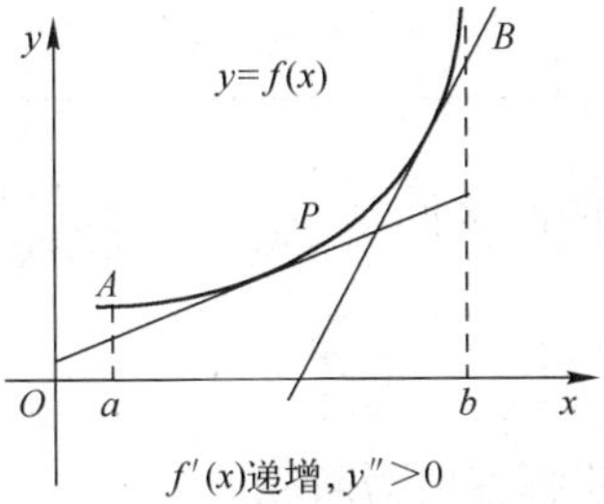

图　3-7

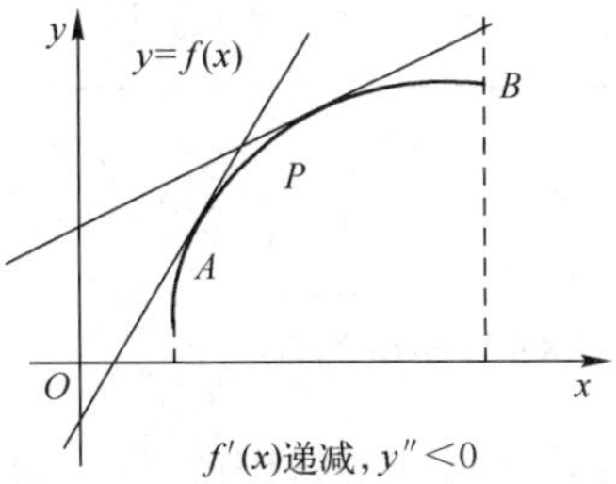

图　3-8

如果函数 $f(x)$在区间$[a,b]$内具有二阶导数，则可利用二阶导数的符号来判定曲线的凹凸性．

定理 3.5　设函数 $f(x)$在区间$[a,b]$内有二阶导数，则在(a,b)内，当

$f''(x)>0$(或 $f''(x)<0$)时,曲线 $f(x)$ 在区间$[a,b]$上是凹的(或凸的).

证 利用定理 3.2,结论是显然的.

定义 3.5 连续曲线 $y=f(x)$ 上凹弧与凸弧的分界点,称为这条曲线的**拐点**.

定理 3.6 设函数 $f(x)$ 有二阶导数,如果点$(x_0,f(x_0))$是曲线 $f(x)$ 的一个拐点,则必有

$$f''(x_0)=0.$$

证明从略.

例 3 判断曲线 $y=x\ln x$ 的凹凸性.

解 函数 $f(x)$ 的定义域为$(0,+\infty)$,$y'=\ln x+1$,$y''=\dfrac{1}{x}$,

由于在$(0,+\infty)$内 $y''>0$,故曲线弧 $f(x)$ 在$(0,+\infty)$内为凹弧.

例 4 确定函数 $f(x)=xe^{-x^2}$ 的凹凸区间和拐点.

解 $f(x)$ 的定义域为$(-\infty,+\infty)$,解得

$$f'(x)=e^{-x^2}(1-2x^2),\quad f''(x)=2x(2x^2-3)e^{-x^2}.$$

令 $f''(x)=0$,得 $x_1=-\sqrt{\dfrac{3}{2}}$,$x_2=0$,$x_3=\sqrt{\dfrac{3}{2}}$.

列表 3-3 如下:

表 3-3

x	$\left(-\infty,-\sqrt{\frac{3}{2}}\right)$	$-\sqrt{\frac{3}{2}}$	$\left(-\sqrt{\frac{3}{2}},0\right)$	0	$\left(0,\sqrt{\frac{3}{2}}\right)$	$\sqrt{\frac{3}{2}}$	$\left(\sqrt{\frac{3}{2}},+\infty\right)$
$f''(x)$	$-$	0	$+$	0	$-$	0	$+$
$f(x)$	凸	拐点 $\left(-\sqrt{\frac{3}{2}},-\sqrt{\frac{3}{2}}e^{-\frac{3}{2}}\right)$	凹	拐点 (0,0)	凸	拐点 $\left(\sqrt{\frac{3}{2}},\sqrt{\frac{3}{2}}e^{\frac{3}{2}}\right)$	凹

所以,区间$\left(-\infty,-\sqrt{\dfrac{3}{2}}\right)$,$\left(0,\sqrt{\dfrac{3}{2}}\right)$是函数的凸区间,$\left(-\sqrt{\dfrac{3}{2}},0\right)$,$\left(\sqrt{\dfrac{3}{2}},+\infty\right)$是函数的凹区间,拐点为$\left(-\sqrt{\dfrac{3}{2}},-\sqrt{\dfrac{3}{2}}e^{\frac{3}{2}}\right)$,$(0,0)$,$\left(\sqrt{\dfrac{3}{2}},\sqrt{\dfrac{3}{2}}e^{\frac{3}{2}}\right)$.

说明:若注意到本题中的 $f(x)$ 是奇函数,可使解答更为简捷.

3.3.4 函数在闭区间上的最值

在生产实践中经常要考虑在一定条件下使材料最省,燃料最少,功率最大等问题,这类"最省""最少""最大""最小"等问题,在数学上称作**最大值问题**和**最小值问题**.

设函数 $f(x)$ 在闭区间 $[a,b]$ 上连续，根据闭区间上连续函数的性质可知，$f(x)$ 在 $[a,b]$ 上一定有最大值 M 和最小值 m. 那么，如何求出函数的最大值与最小值呢？

先看三个函数的图象：

由图 3-9 看出，函数的最大最小值可能发生在驻点处，不可导点处，也可能发生在区间的端点处．因此，函数的最大最小值点应从驻点，不可导点，区间端点中去寻找．

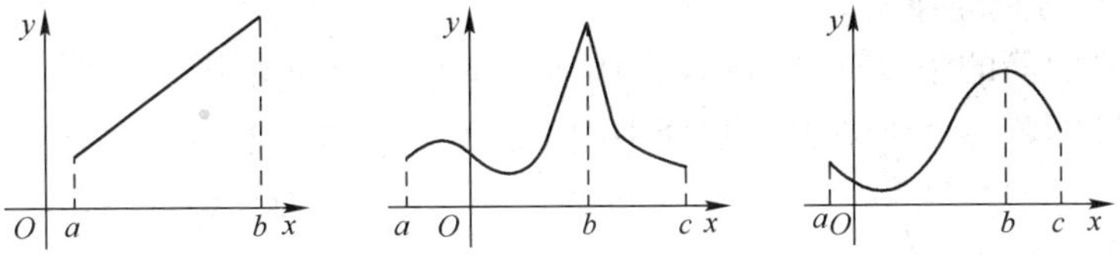

图　3-9

通常可按下列步骤求出最大值和最小值：

(1) 求出 $f(x)$ 在 (a,b) 内的所有驻点和不可导点；

(2) 求以上点的函数值和 $f(a)$，$f(b)$，将这些值相比较，其中最大者就是最大值，最小者就是最小值．

例 5　求函数 $f(x)=\dfrac{x^2-5x+6}{x^2+1}$ 在区间 $[-1,3]$ 上的最大值与最小值．

解　$f'(x)=\dfrac{5(x^2-2x-1)}{(x^2+1)^2}=0$，即 $x^2-2x-1=0$，得到 2 个驻点 $x_1=1-\sqrt{2}$，$x_2=1+\sqrt{2}$. 比较函数值 $f(x_1)=7.04$，$f(x_2)=-0.03$，$f(-1)=6$，$f(3)=0$.

所以，$f(x)$ 在点 $x_1=1-\sqrt{2}$ 处取到最大值 $f(x_1)=7.04$，在点 $x_2=1+\sqrt{2}$ 处取到最小值 $f(x_2)=-0.03$.

例 6　求 $f(x)=\sqrt[3]{(x-1)^2\,(x+4)^3}$ 在 $[0,2]$ 上的最大值和最小值．

解　$f'(x)=\dfrac{5(x+1)}{3\sqrt[3]{x-1}}=0$，得到驻点 $x_1=-1$，而 $x_2=1$ 为不可导点．

但 $x_1=-1\notin[0,2]$，由 $f(1)=0$，$f(0)=4$，$f(2)=6$ 可知：

$f(x)$ 在 $[0,2]$ 上的最大值为 $f(2)=6$，最小值为 $f(1)=0$.

3.3.5　应用实例

例 7　在第 2 章第 1 节例 2 中给出了小学生对新概念的接受能力函数 G 为

$$G(t)=-0.1t^2+2.6t+43\,(t\in[0,30]),$$

问 t 为何值时学生学习兴趣增加或减退？何值时学习兴趣最大？

解 此问题可归结为讨论函数 $G(t)$ 的单调性与最值问题．

$$G'(t)=-0.2t+2.6=-0.2(t-13),$$

令 $G'(t)=0$ 得驻点 $t=13$.

当 $t<13$ 时，$G'(t)>0$，$G(t)$ 单调增加；当 $t>13$ 时，$G'(t)<0$，$G(t)$ 单调减少，且

$$G(0)=43,\quad G(13)=59.9,\quad G(30)=31.$$

所以，讲课开始后 13 min 时小学生的兴趣最大，在此时刻之前学习兴趣递增，在此时刻之后学习兴趣递减．

例 8 麻醉药的浓度问题：注入人体血液的麻醉药浓度随注入时间的长短而变化，依据临床观测，麻醉药在某人血液中的浓度 C 与时间 t 的关系为

$$C(t)=0.29483t+0.04253t^2-0.00035t^3\ (t\in[0,+\infty)).$$

其中，C 的单位是 mg，时间 t 的单位是 s. 试问：这种麻醉药从注入人体开始，过多长时间其血液含麻醉药的浓度最大？

解 问题是求函数 $C(t)$ 当 $t>0$ 时的最大值．

$$C'(t)=0.29483+0.08506t-0.00105t^2,$$

令 $C'(t)=0$ 得 $t_1=84.34$，$t_2=-3.33$(舍).

该实际问题只有一个驻点，而从麻醉药注入人体开始，血液含麻醉药的浓度一定会在某一时刻达到最大值，所以 $t_1=84.34$ 就是所求点，即当麻醉药注入患者体内 84.34 s 时，其血液里麻醉药的浓度最大．

例 9 最速降线问题：确定一个连接两定点 A，B 的曲线，使质点在这条曲线上用最短的时间由 A 点滑至 B 点(不计摩擦力和阻力).

这是一个许多数学大师研究过的问题，1696 年伯努利提出了这个著名的问题作为向其他科学家的挑战．伽利略曾错误地认为最速降线是圆弧线，牛顿、莱布尼茨、洛必达、伯努利等人在 1697 年成功地解决了这个问题，其答案是旋轮线(摆线).

解题思路是将泛函极值问题转化为函数极值问题．

§3.4 微　分

微分与导数的关系十分密切，它在研究当自变量发生微小变化而引起函数变化的近似计算问题中起着重要作用．微分是在微小局部用线性函数来近似代替非线性函数，这是数学中非常重要的思想方法．

3.4.1 问题的提出

在理论研究和实际应用中，常常会遇到这样的问题：当自变量 x 有微小变化 Δx

时，求函数 $f(x)$的微小改变量．看似只要做减法即可，但对于较复杂的函数$f(x)$，差值 $\Delta y=f(x+\Delta x)-f(x)$是一个更复杂的表达式，不易求得其值．

如考虑一个非匀速运动物体的路程函数 $s=f(t)$，问在 t 时刻经过 Δt 之后，相应的路程 Δs 是多少．显然，

$$\Delta s=f(t+\Delta t)-f(t).$$

按公式计算比较麻烦．设想当 Δt 较小时，不妨把运动看作是匀速的，于是

$$\Delta s\approx\bar{v}\Delta t=f'(t)\Delta t.$$

这样，就将 Δs 表示成 Δt 的线性函数，即线性化，从而把复杂问题化为简单问题．微分就是实现这种线性化的数学模型．

3.4.2　函数的微分

定义 3.6　设函数 $y=f(x)$在点 x_0 的某领域内有定义，且点 x_0 处有增量 Δx，若相应的函数增量 Δy 可表示为

$$\Delta y=A\Delta x+o(\Delta x)\ (\Delta x\to 0),$$

其中 A 与 Δx 无关，则称 $y=f(x)$在点 x_0 **可微**，且称 $A\Delta x$ 为 $f(x)$在点 x_0 的**微分**，记作

$$\mathrm{d}y|_{x=x_0}\ 或\ \mathrm{d}f|_{x=x_0}.$$

即

$$\mathrm{d}y|_{x=x_0}=A\Delta x.$$

那么，可微与可导有什么关系呢？我们可以证明下述结论（证明从略）：

定理 3.7　函数 $y=f(x)$在点 x_0 可微的充要条件是 $f(x)$在点 x_0 可导．且当 $f(x)$在点 x_0 可微时

$$\mathrm{d}y|_{x=x_0}=f'(x_0)\Delta x.$$

定理 3.7 表明，函数的可导性与可微性是等价的．

若函数 $y=f(x)$在区间 I 内每一点都可微，则称 $f(x)$在 I 内可微，或称 $f(x)$是 I 内的可微函数．函数 $f(x)$在 I 内的微分记作

$$\mathrm{d}y=f'(x)\Delta x,$$

它不仅依赖于 Δx，而且也依赖于 x.

特别地，对于函数 $y=x$ 来说，由于 $x'=1$，则

$$\mathrm{d}x=x'\Delta x=\Delta x.$$

这表示自变量的微分等于自变量的增量．于是，函数 $y=f(x)$的微分可以写成

$$\mathrm{d}y=f'(x)\mathrm{d}x.$$

从而有

$$\frac{\mathrm{d}y}{\mathrm{d}x}=f'(x).$$

即函数的微分与自变量的微分之商等于函数的导数，因此导数又有**微商**之称．

由导数与微分的关系式可知，只要知道函数的导数，就能立刻写出它的微分．如：

$$\mathrm{d}(x^{\mu})=\mu x^{\mu-1}\mathrm{d}x,$$

$$\mathrm{d}(\mathrm{e}^{x})=\mathrm{e}^{x}\mathrm{d}x,$$

$$\mathrm{d}(\sin x)=\cos x\mathrm{d}x.$$

我们也不难从导数的运算法则得到微分的运算法则：

(1) $\mathrm{d}[cu(x)]=c\mathrm{d}u(x)$（$c$ 为常数）；

(2) $\mathrm{d}[u(x)\pm v(x)]=\mathrm{d}u(x)\pm \mathrm{d}v(x)$；

(3) $\mathrm{d}[u(x)v(x)]=v(x)\mathrm{d}u(x)+u(x)\mathrm{d}v(x)$；

(4) $\mathrm{d}\left[\dfrac{u(x)}{v(x)}\right]=\dfrac{v(x)\mathrm{d}u(x)-u(x)\mathrm{d}v(x)}{v^2(x)}$.

这里 $u(x)$ 与 $v(x)$ 都是可微函数．

例 1 求 $y=x+\cos x$ 的微分．

解 $\mathrm{d}y=(x+\cos x)'\mathrm{d}x=(1-\sin x)\mathrm{d}x.$

例 2 求 $y=\ln(1+x^2)$ 的微分．

解 $\mathrm{d}y=\dfrac{1}{1+x^2}\mathrm{d}(1+x^2)=\dfrac{2x}{1+x^2}\mathrm{d}x.$

3.4.3 应用实例

微分在近似计算中的应用：计算函数的增量是科学技术和工程中经常遇到的问题，有时由于函数比较复杂，计算增量往往感到困难，对于可微函数，通常利用微分去近似替代增量，当 $|\Delta x|$ 很小时我们有

$$\Delta y\approx \mathrm{d}y=f'(x_0)\Delta x,$$

或

$$f(x_0+\Delta x)\approx f(x_0)+f'(x_0)\Delta x.$$

一般地说，要计算 $f(x)$ 的值，可找一邻近于 x 的值 x_0，使 $f(x_0)$ 与 $f'(x_0)$ 易于计算，然后以 x 代换上式中的 $x_0+\Delta x$ 就得到 $f(x)$ 的近似值为 $f(x_0)+f'(x_0)\Delta x$，其中 $\Delta x=x-x_0$.

例 3 求 $\sin 30°30'$ 的近似值．

解 令 $f(x)=\sin x$，则 $f'(x)=\cos x$，取 $x_0=30°=\dfrac{\pi}{6}$，$\Delta x=30'=\dfrac{\pi}{360}$，有

$$\sin 30°30'=\sin\left(\frac{\pi}{6}+\frac{\pi}{360}\right)\approx \sin\frac{\pi}{6}+\cos\frac{\pi}{6}\times\frac{\pi}{360}$$

$$=\frac{1}{2}+\frac{\sqrt{3}}{2}\times\frac{\pi}{360}\approx 0.5076.$$

例 4　半径为 10 cm 的金属圆片加热后，半径伸长了 0.05 cm，问面积增大了多少？

解　设圆片的半径为 r，则面积函数 $S=\pi r^2$.

现在 $r=10$，$\Delta r=0.05$，由于 Δr 较小，所以面积的增量可用它的微分近似.

$$\Delta S\approx dS=2\pi r\Delta r=2\pi\times 10\times 0.05=\pi(\mathrm{cm}^2).$$

故面积大约增大了 $\pi(\mathrm{cm}^2)$（读者可计算其精确值，进行比较）.

§3.5　MATLAB 在微分学中的应用

1. 常用命令

建立符号变量命令 sym 和 syms 调用格式：

x=sym('x')：建立符号变量 x；

syms x y z：建立多个符号变量 x,y,z.

MATLAB 求导命令 diff 调用格式：

diff(函数 f(x))：求 $f(x)$的一阶导数 $f'(x)$；

diff(函数 f(x),n)：求 $f(x)$的 n 阶导数 $f^{(n)}(x)$（n 是整数）.

2. 求一元函数的导数

例 1　求 $y=\frac{\sin x}{x}$的导数.

解　打开 MATLAB 指令窗口，输入指令

```
dy_dx=diff(sin(x)/x).
```

得结果 dy_dx=cos(x)/x-sin(x)/x^2.

MATLAB 的函数名允许使用字母、空格、下画线及数字，不允许使用其他字符，在这里我们用 dy_dx 表示 y'_x.

例 2　求 $y=\ln(\sin x)$的导数.

解　MATLAB 输入命令

```
dy_dx=diff(log(sin(x))).
```

得结果 dy_dx=cos(x)/sin(x).

在 MATLAB 中，函数 $\ln x$ 用 log(x)表示，而 log10(x)表示 $\lg x$.

例 3　求 $y=(x^2+2x)^{20}$的导数.

解 输入命令

dy_dx=diff((x^2+2 * x)^20).

得结果 dy_dx=20 * (x^2+2 * x)^19 * (2 * x+2).

注意 $2x$ 输入时应为 $2*x$.

3. 求高阶导数

例 4 设 $f(x)=x^2\mathrm{e}^{2x}$,求 $f^{(20)}(x)$.

解 输入命令

diff(x^2 * exp(2 * x),x,20).

得结果 ans =99614720 * exp(2 * x)+20971520 * x * exp(2 * x)+1048576 * x^2 * exp(2 * x).

习 题 3

1. 求下列函数的导数

(1) $y=\sqrt[6]{x^5}$; (2) $y=5x^2-3^x+2\mathrm{e}^x$; (3) $y=\sin x+\ln x+2$;

(4) $y=x^2\ln x$; (5) $y=\sin x\cos x$; (6) $y=\dfrac{\ln x}{x}$;

(7) $y=\dfrac{x}{1+x^2}$; (8) $y=\ln 3x+\arcsin x$; (9) $y=x\sin x\ln x$.

2. 求下列函数的二阶导数

(1) $y=\sqrt{x}$; (2) $y=\tan x$; (3) $y=x^5-4x^3+2x$.

3. (1) 求曲线 $y=x^2+2x+3$ 在点(2,11)处的切线方程与法线方程;

(2) 求曲线 $y=\ln x$ 在点(1,0)处的切线与 y 轴的交点.

4. 求下列函数的微分

(1) $y=a^x(x^2+1)(a>0,a\neq1)$; (2) $y=\cos x+\ln x+2x$.

5. 已知一平面圆环的内径为 10 cm,外径为 10.1 cm,求:

(1) 圆环面积的精确值; (2) 圆环面积的近似值.

6. 据测定,某种细菌的个数 y 随时间 t(天)的繁殖规律为 $y=400\mathrm{e}^{0.17t}$,求:

(1) 开始时的细菌个数;

(2) 第五天的繁殖速度.

7. 证明恒等式 $\arctan x+\operatorname{arccot} x\equiv\dfrac{\pi}{2}$.

8. 求下列函数的单调区间

(1) $y=x-e^x$；(2) $y=\frac{1}{3}x^3-x^2-3x+1$；(3) $y=2x^2-\ln x$.

9. 求下列曲线的凹凸区间和拐点

(1) $y=1-\sqrt[3]{x-2}$；(2) $y=3x^4-4x^3+1$.

10. 某厂生产某种产品 Q 件所需要的成本为 $C(Q)=5Q+200$(元)，销售后得到的总收入为 $R(Q)=10Q-0.01Q^2$(元)，问该厂生产多少件产品才能使利润 $L(Q)=R(Q)-C(Q)$ 最大？

第4章　积　分　学

积分学是微积分的另一重要组成部分．由求曲线的切线、物体运动的瞬时速度和极值等问题产生了导数和微分，构成了微积分学的微分学部分；同时由已知切线求曲线、已知速度求路程以及求平面区域面积、立体体积等问题，产生了不定积分与定积分的概念，构成了微积分学的积分学问题．

§4.1　不 定 积 分

4.1.1　问题的提出

前面已经介绍过已知函数求导数的问题，现考虑其反问题：已知导数求其函数，即求一个未知函数，使其导数恰好是某一已知函数．这种由导数或微分求原来函数的逆运算称为不定积分．

例1　一曲线通过点(1,2)，且在该曲线上任意一点$M(x,y)$处切线的斜率为$2x$，求此曲线方程．

解　设所求曲线为$y=f(x)$，则由已知条件得到

$$\frac{\mathrm{d}y}{\mathrm{d}x}=2x,$$

其中$x=1$时，$y=2$.

题目要求出满足条件的曲线$f(x)$，但依据已知条件得到的是$f'(x)$，这就是已知导数求其函数问题．可以通过以下方法解决：

两边积分即可得$y=x^2+C$，代入初始条件可求出$C=1$. 从而所求曲线方程为

$$y=x^2+1.$$

4.1.2　不定积分的概念

定义4.1　如果区间I上的可导函数$F(x)$的导函数为$f(x)$，即对任一$x\in I$，都有

$$F'(x)=f(x)(x\in I).$$

则称函数$F(x)$为$f(x)$(或$f(x)\mathrm{d}x$)在区间I上的一个原函数．

如 $\sin x$ 是 $\cos x$ 的一个原函数，$\sin x+1$ 也是 $\cos x$ 的一个原函数，$\sqrt{x}$ 是 $\frac{1}{2\sqrt{x}}$ 的一个原函数．

例 1 就是求函数 $2x$ 的满足条件"$x=1$ 时，$y=2$"的一个原函数．

关于原函数，首先要问：$f(x)$ 满足什么条件时，它的原函数一定存在？即原函数的存在性问题，对此，有如下结论(下节证明)：

定理 4.1(原函数存在定理)　如果函数 $f(x)$ 在区间 I 上连续，则它在区间 I 上的原函数一定存在．

简单地说就是连续函数一定有原函数．因为初等函数在其定义区间内连续，所以初等函数在其定义区间内一定有原函数．

显然，若 $F(x)$ 为 $f(x)$ 在区间 I 上的一个原函数，则函数 $F(x)+C$(C 为任意常数)也是 $f(x)$ 的原函数．这说明，若 $f(x)$ 存在原函数，则其原函数有无穷多个．那么，这些原函数有什么关系呢？

可以证明：函数 $f(x)$ 的任意两个原函数之间相差一个常数．故若 $F(x)$ 为 $f(x)$ 在区间 I 上的一个原函数，则函数 $f(x)$ 的全体原函数为 $F(x)+C$(C 为任意常数)．由此可得不定积分的概念．

定义 4.2　函数 $f(x)$ 在区间 I 上的全体原函数称为 $f(x)$(或 $f(x)\mathrm{d}x$)在区间 I 上的不定积分，记作 $\int f(x)\mathrm{d}x$.

其中称 $\int$ **为积分号**，$f(x)$ 为**被积函数**，$f(x)\mathrm{d}x$ 为**被积表达式**，x 为**积分变量**．

由定义知，求函数 $f(x)$ 的不定积分，就是求 $f(x)$ 的全体原函数，故求不定积分的运算实质上就是求微分运算的逆运算．

根据定义 4.2，如果 $F(x)$ 是 $f(x)$ 在区间 I 上的一个原函数，那么 $F(x)+C$ 就是 $f(x)$ 的不定积分，即

$$\int f(x)\mathrm{d}x = F(x) + C.$$

例 2　求 $\int \cos x\mathrm{d}x$．

解　因为 $(\sin x)'=\cos x$，即 $\sin x$ 是 $\cos x$ 的一个原函数，所以

$$\int \cos x\mathrm{d}x = \sin x + C.$$

例 3　求 $\int \frac{1}{2\sqrt{x}}\mathrm{d}x$.

解　因为 $(\sqrt{x})'=\frac{1}{2\sqrt{x}}$，即 $\sqrt{x}$ 是 $\frac{1}{2\sqrt{x}}$ 的一个原函数，所以

$$\int \frac{1}{2\sqrt{x}}\mathrm{d}x = \sqrt{x} + C.$$

4.1.3 不定积分的性质与积分公式

1. 不定积分的性质

根据不定积分的定义,即可得下述性质:

性质 1 $\frac{\mathrm{d}}{\mathrm{d}x}\left[\int f(x)\mathrm{d}x\right] = f(x)$ 或 $\mathrm{d}\left[\int f(x)\mathrm{d}x\right] = f(x)\mathrm{d}x$.

性质 2 $\int F'(x)\mathrm{d}x = F(x) + C$ 或 $\int \mathrm{d}F(x) = F(x) + C$.

由此可见,微分运算(以记号 d 表示)与求不定积分的运算(简称积分运算,以记号 $\int$ 表示)是互逆的. 当记号 $\int$ 与 d 连在一起时,或者抵消,或者抵消后差一个常数.

利用微分运算法则和不定积分的定义,即可得下列不定积分的运算性质:

性质 3(线性性质) $\int [\alpha f(x) + \beta g(x)]\mathrm{d}x = \alpha\int f(x)\mathrm{d}x + \beta\int g(x)\mathrm{d}x$,其中 α,β 为任意常数.

2. 基本积分公式

根据不定积分的定义,由导数或微分的基本公式,即可得到不定积分的基本公式.

(1) $\int \mathrm{d}x = x + C$.

(2) $\int x^{\alpha}\mathrm{d}x = \frac{1}{\alpha+1}x^{\alpha+1} + C(\alpha \neq -1)$,$\int \frac{\mathrm{d}x}{x} = \ln|x| + C$.

(3) $\int \sin x\mathrm{d}x = -\cos x + C$,$\int \cos x\mathrm{d}x = \sin x + C$,$\int \sec^2 x\mathrm{d}x = \tan x + C$,$\int \sec x\tan x\mathrm{d}x = \sec x + C$,$\int \csc^2 x\mathrm{d}x = -\cot x + C$,$\int \csc x\cot x\mathrm{d}x = -\csc x + C$.

(4) $\int a^x\mathrm{d}x = \frac{1}{\ln a}a^x + C(a > 0, a \neq 1)$,$\int \mathrm{e}^x\mathrm{d}x = \mathrm{e}^x + C$.

(5) $\int \frac{\mathrm{d}x}{\sqrt{1-x^2}} = \arcsin x + C = -\arccos x + C$,

$\int \frac{\mathrm{d}x}{1+x^2} = \arctan x + C = -\mathrm{arccot}\, x + C$.

(6) $\int \frac{\mathrm{d}x}{\sqrt{x^2+1}} = \ln|x + \sqrt{x^2+1}| + C$,$\int \frac{\mathrm{d}x}{\sqrt{x^2-1}} = \ln|x + \sqrt{x^2-1}| + C$.

(7) $\int \frac{\mathrm{d}x}{1-x^2} = \frac{1}{2}\ln\left|\frac{1+x}{1-x}\right| + C$.

例 4　求$\int \frac{1}{x^3}\mathrm{d}x$.

解　$\int \frac{1}{x^3}\mathrm{d}x = \int x^{-3}\mathrm{d}x = \frac{1}{-3+1}x^{-3+1} + C = -\frac{1}{2x^2} + C.$

例 5　求$\int x^2\sqrt{x}\,\mathrm{d}x$.

解　$\int x^2\sqrt{x}\,\mathrm{d}x = \int x^{\frac{5}{2}}\mathrm{d}x = \frac{1}{\frac{5}{2}+1}x^{\frac{5}{2}+1} + C = \frac{2}{7}x^{\frac{7}{2}} + C.$

例 6　求$\int \frac{\cos 2x}{\sin x - \cos x}\mathrm{d}x$.

解　利用三角恒等式得到

$$\frac{\cos 2x}{\sin x - \cos x} = \frac{\cos^2 x - \sin^2 x}{\sin x - \cos x} = -(\sin x + \cos x),$$

所以

$$\int \frac{\cos 2x}{\sin x - \cos x}\mathrm{d}x = -\int \sin x\mathrm{d}x - \int \cos x\mathrm{d}x = \cos x - \sin x + C.$$

对于更为复杂一些函数的不定积分，可以通过换元积分法、分部积分法等方法，结合不定积分的运算性质求出．

还有一点必须指出的是：初等函数在其定义区间上的不定积分虽然存在，但不一定能够用初等函数表示出来，如$\int \mathrm{e}^{-x^2}\mathrm{d}x$，$\int \frac{\sin x}{x}\mathrm{d}x$等．另外，在实际应用中，可以借助其他工具来拓展计算积分的方法．如人们常常将一些典型的积分公式汇集成“积分表”供查用，或使用数学软件包（Mathema-tica，MATLAB 等）进行计算，相关内容见本章§4.4.

4.1.4　应用实例

利用函数的不定积分，可以讨论微分方程的初等解法．

1. 微分方程的基本概念

微积分研究的对象是函数关系，但在实际问题中，往往不能直接找到所需要的函数关系，却比较容易建立这些变量与它们的导数或微分之间的联系，从而得到一个关于未知函数的导数或微分的等式，这样的等式称为微分方程，求满足该方程的未知函数就是解微分方程．

现实生活中的许多实际问题都可以抽象为微分方程问题，如：动物种群数量、药物在人体内的含量、物体的冷却、人口的增加、电磁波的传播等等，都可以归结为微分方程问题．因此，微分方程是数学联系实际，并应用于实际的重要途径和桥梁，是许多学科进行科学研究的有力工具．

定义 4.3 含有未知函数及未知函数的导数（或微分）的等式叫做**微分方程**．微分方程中出现的未知函数的最高阶导数的阶数，称为**微分方程的阶**．

如$\frac{dy}{dx}=4x^2-y$是一阶微分方程，$\frac{d^2y}{dx^2}+\frac{dy}{dx}-3x=0$是二阶微分方程．

定义 4.4 如果把某个函数 $y=f(x)$代入微分方程，能使方程成为恒等式，那么这个函数就称为**该方程的解**．

若一阶微分方程的解中含有任意常数，这样的解称为**微分方程的通解**．

若一阶微分方程的解中不含有任意常数，则称为该方程的一个**特解**．

如：函数 $y=x^2+C$ 是微分方程$\frac{dy}{dx}=2x$ 的通解，而函数 $y=x^2+1$ 则是它的一个特解．

定义 4.5 条件 $y|_{x=x_0}=y_0$（或 $x=x_0$ 时，$y=y_0$）称为**一阶微分方程的初始条件**．微分方程连同它的初始条件一起称为**初值问题**．

如：$\begin{cases}\frac{dy}{dx}=2x\\ y|_{x=0}=1\end{cases}$ 就是一个初值问题，$y=x^2+1$ 就是满足初始条件 $y|_{x=0}=1$ 的一个特解．

一般地，将初始条件 $y|_{x=x_0}=y_0$ 代入微分方程通解中确定任意常数 C，即可求出方程满足初始条件 $y|_{x=x_0}=y_0$ 的特解．

2. 简单的微分方程及解法

(1) 可分离变量微分方程：形如$\frac{dy}{dx}=f(x)g(y)$的微分方程称为可分离变量的微分方程．其特点是方程的右端是只含有 x 的函数和只含有 y 的函数的乘积．其中 $f(x)$和 $g(y)$都是连续函数，且 $g(y)\neq 0$.

根据方程的特点，可以将两个不同变量的函数与微分分离到方程的两端，通过积分来求解．

分离变量，得

$$\frac{dy}{g(y)}=f(x)dx.$$

两边各自积分，有

$$\int\frac{dy}{g(y)}=\int f(x)dx.$$

设$\int\frac{dy}{g(y)}=G(y)+C_1$，$\int f(x)dx=F(x)+C_2$，则方程的通解为

$$G(y)=F(x)+C(C \text{为任意常数}).$$

上述求解可分离变量方程的方法称为分离变量法．

例 7　求微分方程$\frac{\mathrm{d}y}{\mathrm{d}x}=\frac{2x}{y}$的通解．

解　题中方程是可分离变量方程，分离变量，得

$$y\mathrm{d}y=2x\mathrm{d}x,$$

两边积分，得

$$\int y\mathrm{d}y=\int 2x\mathrm{d}x,$$

计算，得

$$\frac{1}{2}y^2=x^2+C_1,$$

记 $C=2C_1$，则方程有通解

$$y^2=2x^2+C(C \text{为任意常数}).$$

例 8　求微分方程$\frac{\mathrm{d}y}{\mathrm{d}x}+P(x)y=0$ 的通解，其中 $P(x)$为 x 的连续函数．

解　分离变量，得

$$\frac{\mathrm{d}y}{y}=-P(x)\mathrm{d}x, y\neq 0,$$

两边积分，得

$$\ln|y|=-\int P(x)\mathrm{d}x+C_1.$$

所以 $y=\pm \mathrm{e}^{C_1}\mathrm{e}^{-\int P(x)\mathrm{d}x}$，令 $C=\pm \mathrm{e}^{C_1}$，则 $y=C\mathrm{e}^{-\int P(x)\mathrm{d}x}(C\neq 0)$．

因为 $y=0$ 也是方程的解，故方程的通解为 $y=C\mathrm{e}^{-\int P(x)\mathrm{d}x}$($C$ 为任意常数)．

(2) 一阶线性微分方程：形如$\frac{\mathrm{d}y}{\mathrm{d}x}+P(x)y=Q(x)$的微分方程称为**一阶线性微分方程**．其特点是方程左端为 y 及$\frac{\mathrm{d}y}{\mathrm{d}x}$的一次有理整式，其中 $P(x)$，$Q(x)$都是已知函数．"线性"两字的含义即是指方程中未知函数和它的导数都是一次的．

当 $Q(x)\neq 0$ 时，方程称为**一阶非齐次线性微分方程**．

如 $3y'+2y=x^2$，$y'+\frac{1}{x}y=\frac{\sin x}{x}$，它们都是一阶非齐次线性微分方程．

当 $Q(x)\equiv 0$ 时，方程变为

$$\frac{\mathrm{d}y}{\mathrm{d}x}+P(x)y=0,$$

称为**一阶齐次线性微分方程**．

如：$y'+y\cos x=0$ 是一阶齐次线性方程．

一阶齐次线性方程也是可分离变量微分方程，由例 8，使用分离变量法求出其通解为

$$y=Ce^{-\int P(x)\mathrm{d}x}(C\text{ 为任意常数}).$$

对于一阶非齐次线性微分方程，常采用常数变易法求其通解：即在求出对应齐次线性方程的通解后，将齐次线性方程的通解 $y=Ce^{-\int P(x)\mathrm{d}x}$ 中的任意常数C变易为待定函数 $u(x)$，就可能得到非齐次线性微分方程的解的形式，进而求出函数 $u(x)$，便可求出非齐次线性方程的通解．

设非齐次线性微分方程的通解为 $y=u(x)e^{-\int P(x)\mathrm{d}x}$，代入非齐次线性微分方程，得

$$u'(x)e^{-\int P(x)\mathrm{d}x}-u(x)P(x)e^{-\int P(x)\mathrm{d}x}+u(x)P(x)e^{-\int P(x)\mathrm{d}x}=Q(x),$$

整理后，得

$$u(x)=\int Q(x)e^{\int P(x)\mathrm{d}x}\mathrm{d}x+C.$$

所以一阶非齐次线性微分方程的通解为：

$$y=e^{-\int P(x)\mathrm{d}x}\left[\int Q(x)e^{\int P(x)\mathrm{d}x}\mathrm{d}x+C\right].$$

例 9　求微分方程 $y'+\dfrac{y}{x}=2$ 的通解．

解　这是一阶线性非齐次微分方程，利用常数变易法求解．

对应齐次方程为

$$y'+\frac{y}{x}=0,$$

其通解为 $y=\dfrac{C}{x}$.

设非齐次方程通解为 $y=\dfrac{u(x)}{x}$，则 $y'=\dfrac{u'(x)x-u(x)}{x^2}$，代入方程并化简，得

$$u(x)=\int 2x\mathrm{d}x=x^2+C.$$

所以原方程的通解为

$$y=\frac{x^2+C}{x}.$$

或直接代入公式求出方程的通解．

这里 $P(x)=\dfrac{1}{x}$，$Q(x)=2$，由一阶非齐次线性微分方程的通解公式，得

$$y = e^{-\int \frac{1}{x}dx}\left[\int 2e^{\int \frac{1}{x}dx}dx + C\right] = \frac{1}{x}(x^2 + C).$$

例 10　求方程 $\cos x dy + (y\sin x - 1)dx = 0$ 满足初始条件 $y|_{x=\frac{\pi}{4}} = \sqrt{2}$ 的特解．

解　将原方程改写为

$$\frac{dy}{dx} + \frac{\sin x}{\cos x}y = \frac{1}{\cos x},$$

这是一阶非齐次线性微分方程，$P(x) = \frac{\sin x}{\cos x}$，$Q(x) = \frac{1}{\cos x}$，由一阶非齐次线性微分方程的通解公式，得

$$y = e^{-\int \frac{\sin x}{\cos x}dx}\left[\int \frac{1}{\cos x}e^{\int \frac{\sin x}{\cos x}dx}dx + C\right] = \cos x(\tan x + C).$$

将初始条件 $y|_{x=\frac{\pi}{4}} = \sqrt{2}$ 代入，求得 $C=1$，故所求方程的特解为

$$y = \cos x + \sin x.$$

3. 微分方程应用实例

利用微分方程解决实际问题的一般步骤是：

(1) 分析问题，设定所求未知函数，建立微分方程，确定初始条件；

(2) 求出微分方程的通解；

(3) 根据初始条件，求出微分方程相应的特解．

例 11（物质的衰变模型）　放射性元素铀由于不断地有原子放射出微粒子而变成其他元素，导致铀的含量不断减少，这种现象叫做衰变．由原子物理学知道，铀的衰变速度与当时未衰变的原子的含量 M 成正比．已知 $t=0$ 时铀的含量为 M_0，求在衰变过程中铀含量 $M(t)$ 随时间 t 变化的规律．

解　铀的衰变速度就是 $M(t)$ 对时间 t 的导数 $\frac{dM}{dt}$．由于铀的衰变速度与其含量成正比，故得微分方程

$$\frac{dM}{dt} = -\lambda M.$$

其中 $\lambda(\lambda > 0)$ 是常数，叫做衰变系数．λ 前面的负号是由于当 t 增加时 M 单调减少，即 $\frac{dM}{dt} < 0$ 的缘故．

按题意，初始条件为 $M|_{t=0} = M_0$．解方程得通解为 $M = Ce^{-\lambda t}$．代入初始条件，得

$$M_0 = Ce^0 = C,$$

所以

$$M = M_0 e^{-\lambda t}.$$

这就是所求铀的衰变规律．由此可见，铀的含量随时间的增加而按指数规律衰减．

说明：物理学中，称放射性物质从最初的质量到衰变为该质量自身的一半所花费的时间为半衰期，不同物质的半衰期差别极大．如：铀的普通同位素（^{238}U）的半衰期为50亿年，通常的镭（^{226}Ra）的半衰期为1 600年，而镭的另一同位素^{230}Ra的半衰期仅为1小时．半衰期是放射性物质的特征，正是这种事实构成了确定考古发现日期时使用的著名的碳－14方法的基础．

例12（衰变模型的应用） 碳14是放射性物质，碳12是非放射性物质．活性人体因吸纳食物和空气，恰好补偿碳14衰减损失量而保持碳14和碳12含量不变，因而所含碳14与碳12之比为常数．已知一古墓中遗体所含碳14的数量为原有碳14数量的80%，试确定遗体的死亡年代．

解 由例11知，放射性物质的含量按指数规律变化．设遗体当初死亡时碳14的含量为M_0，t时刻的含量为$M(t)$，则$M=M_0\mathrm{e}^{-\lambda t}$.

常数λ可以这样确定：碳14的半衰期为5 730年，故有

$$\frac{M_0}{2}=M_0\mathrm{e}^{-5\,730\lambda},$$

两边取自然对数，可求出λ的近似值为$\lambda\approx0.000\,120\,9$.

于是，根据题设条件，有

$$0.8M_0=M_0\mathrm{e}^{-0.000\,120\,9t},$$

所以$t=\dfrac{\ln0.8}{-0.000\,120\,9}\approx1\,846$. 由此推知，遗体的大约死亡时间为1 846年．

例13（物体冷却模型的应用） 当谋杀案发生后，尸体的温度从原来的37℃按照牛顿冷却定律开始下降．假设两个小时后尸体温度变为35℃，并且假定周围空气的温度保持20℃不变，试求尸体温度T随时间t的变化规律．又如果尸体被发现时的温度是30℃，时间是下午4点整，那么谋杀是何时发生的？

解 根据物体冷却模型，有

$$\begin{cases}\dfrac{\mathrm{d}T}{\mathrm{d}t}=-k(T-20),\\ T(0)=37\end{cases}$$

其中$k>0$为常数．

利用分离变量法可求出此初值问题的解为$T=20+17\mathrm{e}^{-kt}$．再根据两小时后尸体温度为35℃这一条件，可确定出$k\approx0.063$，于是温度函数为

$$T=20+17\mathrm{e}^{-0.063t}.$$

将$T=30$代入，求出$t\approx8.4$（小时）．于是可以判定谋杀发生在下午4点尸体被发现前的8.4个小时，即谋杀是在上午7点36分发生的．

§4.2 定　积　分

不定积分是微分逆运算的一个侧面，定积分则是它的另一个侧面，两者既有区别，又有联系．

4.2.1　问题的提出

1. 曲边梯形的面积

定积分起源于求图形的面积和体积等实际问题．在中学，我们学过矩形、三角形等以直线为边的图形的面积公式，但在实际应用中，往往需要求以曲线为边的图形（曲边形）的面积．

如图 4-1 所示，设 $y=f(x)$ 在区间 $[a,b]$ 上非负、连续，由曲线 $y=f(x)$，直线 $x=a$，$x=b$ 及 x 轴所围成的图形称为曲边梯形，其中曲线弧称为曲边．

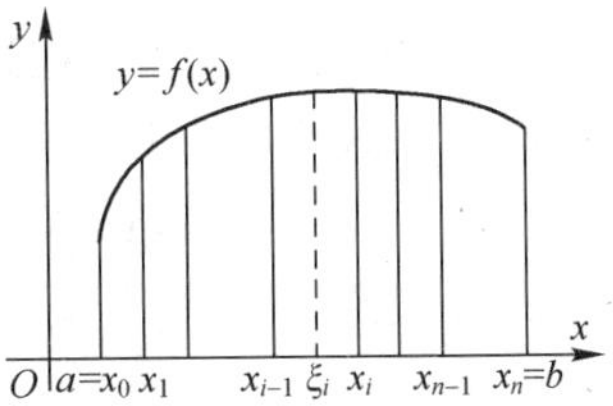

图　4-1

由于任何一个曲边形总可以分成多个曲边梯形来考虑，因此，求曲边形面积问题就可以转化为求曲边梯形面积的问题．那么，如何求曲边梯形的面积呢？

我们知道，矩形的面积＝底×高，而曲边梯形在底边上各点的高 $f(x)$ 在区间 $[a,b]$ 上是变化的，故它的面积不能直接按矩形的面积公式计算．但由于 $f(x)$ 在 $[a,b]$ 上是连续变化的，所以在很小的一段区间上它的变化也很小，于是当区间足够小时，$f(x)$ 近似于不变．因此，若把区间 $[a,b]$ 划分为许多小区间，在每个小区间上用其中一点处的高来近似代替同一个小区间上的小曲边梯形的高，则每个小曲边梯形就可以近似看成小矩形，我们把所有这些小矩形的面积之和作为曲边梯形面积的近似值．当把区间 $[a,b]$ 无限细分，使得每个小区间的长度趋于零时，所有小矩形面积之和的极限就可以定义为曲边梯形的面积．这个定义同时也给出了计算曲边梯形面积的方法：

（1）分割：在区间 $[a,b]$ 中任意插入 $n-1$ 个分点

$$a=x_0<x_1<\cdots<x_n=b,$$

将 $[a,b]$ 分割为 n 个子区间 $[x_{i-1},x_i]$ $(i=1,2,\cdots,n)$，长度分别为 $\Delta x_i=x_i-x_{i-1}$ $(i=1,2,\cdots,n)$．过每一个分点，作平行于 y 轴的直线段，将曲边梯形分成 n 个小曲边梯形．

（2）近似：在每个小区间 $[x_{i-1},x_i]$ 上任取一点 ξ_i，将第 i 个小曲边梯形近似看成是以小区间 $[x_{i-1},x_i]$ 为底，$f(\xi_i)$ 为高的矩形，于是第 i 个小曲边梯形的面积近似为 $f(\xi_i)\cdot\Delta x_i$．

(3) 求和:设 A 表示曲边梯形的面积,则

$$A \approx \sum_{i=1}^{n} f(\xi_i) \cdot \Delta x_i.$$

(4) 取极限:记 $\lambda=\max\{\Delta x_i\}$,则当 $\lambda \to 0$ 时(这时小区间的个数 n 无限增多,即 $n \to \infty$),取上述和式的极限,便得曲边梯形的面积,即

$$A = \lim_{\lambda \to 0} \sum_{i=1}^{n} f(\xi_i) \cdot \Delta x_i.$$

2. 变速直线运动的路程

在初等物理中,我们知道,匀速直线运动的路程=速度×时间. 现在考虑变速直线运动:设质点作变速直线运动,其速度函数 $v=v(t)$,$v(t)$ 在时段 $[0,T]$ 上连续,求在这段时间内质点经过的路程 s.

在这个问题中,速度随时间 t 变化,故不能直接按匀速直线运动的公式来计算,但由于 $v(t)$ 是连续变化的,在很短一段时间内,其速度的变化也很小,可以近似看成匀速的情形. 因此,若把时间间隔划分为许多小时间段,在每个小时间段内,以匀速运动代替变速运动,则可以计算出每个小时间段内路程的近似值,再求和,就可以得到整个路程的近似值. 显然,若对时间区间无限细分,使得每个小区间的长度都趋于零,则路程近似值之和的极限就是质点经过的路程的精确值. 具体作法如下:

(1) 分割:在时间段 $[0,T]$ 中任意插入 $n-1$ 个分点

$$0=t_0<t_1<\cdots<t_n=T,$$

将 $[0,T]$ 分割为若干个小时间段 $[t_{i-1},t_i]$ $(i=1,2,\cdots,n)$,长度分别为 $\Delta t_i=t_i-t_{i-1}$ $(i=1,2,\cdots,n)$. 各小时间段内质点经过的路程为 Δs_i $(i=1,2,\cdots,n)$.

(2) 近似:在每个小时间段 $[t_{i-1},t_i]$ 内任取一点 ξ_i,则

$$\Delta s_i \approx v(\xi_i) \cdot \Delta t_i.$$

(3) 求和:$s = \sum_{i=1}^{n} \Delta s_i \approx \sum_{i=1}^{n} v(\xi_i) \cdot \Delta t_i.$

(4) 取极限:记 $\lambda=\max\{\Delta t_i\}$,则当 $\lambda \to 0$ 时,取上述和式的极限,便得质点在这段时间内所经过的路程,即

$$s = \lim_{\lambda \to 0} \sum_{i=1}^{n} v(\xi_i) \cdot \Delta t_i.$$

4.2.2 定积分的概念与性质

从上述问题我们看到,无论是曲边梯形面积问题还是变速直线运动路程问题,尽管实际背景不同,但在数量关系上具有共同的本质和特性,都可归结为处理形如 $\sum_{i=1}^{n} f(\xi_i) \cdot \Delta x_i$ 的和式的极限问题. 由此可抽象出定积分的定义.

1. 定积分的概念

定义 4.6 设函数 $f(x)$在$[a,b]$上有界，在$[a,b]$中任意插入$(n-1)$个分点

$$a=x_0<x_1<\cdots<x_n=b,$$

将$[a,b]$分割为 n 个子区间$[x_{i-1},x_i]$$(i=1,2,\cdots,n)$，长度分别为 $\Delta x_i=x_i-x_{i-1}$$(i=1,2,\cdots,n)$. 在每个小区间$[x_{i-1},x_i]$上任取一点 ξ_i，作和式

$$S=\sum_{i=1}^{n}f(\xi_i)\cdot\Delta x_i.$$

令 $\lambda=\max\{\Delta x_i\}$，若不论对区间$[a,b]$怎样分割，也不论在小区间$[x_{i-1},x_i]$上点 ξ_i 怎样取法，极限$\lim\limits_{\lambda\to 0}\sum\limits_{i=1}^{n}f(\xi_i)\cdot\Delta x_i$ 都存在，则称 $f(x)$ 在$[a,b]$上**可积**，该极限称为 $f(x)$ 在$[a,b]$上的**定积分**，记为$\int_a^b f(x)\mathrm{d}x$，即

$$\int_a^b f(x)\mathrm{d}x=\lim_{\lambda\to 0}\sum_{i=1}^{n}f(\xi_i)\Delta x_i.$$

其中 $f(x)$称作**被积函数**，$f(x)\mathrm{d}x$ 称作**被积表达式**，x 称作**积分变量**，a 称作**积分下限**，b 称作**积分上限**，$[a,b]$称作**积分区间**，S 称作**积分和**.

根据定积分的定义，曲边梯形的面积用定积分可以表示为 $A=\int_a^b f(x)\mathrm{d}x$；作变速直线运动的质点经过的路程为 $s=\int_0^T v(t)\mathrm{d}t$. 求曲边梯形的面积和求变速直线运动的路程步骤中的“分割”与“求和”，是初等数学方法的体现，也是初等数学方法中形式逻辑思维的体现，只有“取极限”这种蕴含于变量数学中的丰富的辩证逻辑思维，才使微积分巧妙地、有效地解决了初等数学不能解决的问题.

关于定积分的定义，需要作几点说明：

(1) 定积分的值只与被积函数及积分区间有关，而与积分变量的记法无关，即

$$\int_a^b f(x)\mathrm{d}x=\int_a^b f(t)\mathrm{d}t=\int_a^b f(u)\mathrm{d}u.$$

(2) 定义中 $\lambda\to 0$ 不能用 $n\to\infty$ 代替.

(3) 约定$\int_a^b f(x)\mathrm{d}x=-\int_b^a f(x)\mathrm{d}x$，$\int_a^a f(x)\mathrm{d}x=0$.

那么，$f(x)$必须满足什么条件才在$[a,b]$上可积呢？我们不加证明地给出 $f(x)$ 在$[a,b]$上可积的必要条件和充分条件.

定理 4.2(可积的必要条件) 若函数 $f(x)$在$[a,b]$上可积，则 $f(x)$在$[a,b]$上有界.

定理 4.3(可积的充分条件) 若函数 $f(x)$在$[a,b]$上连续或在$[a,b]$上有界，且只有有限个间断点，则 $f(x)$在$[a,b]$上可积.

所以，初等函数在其定义区间上都是可积的.

2. 定积分的性质

由定积分的定义以及极限的运算法则与性质，可以得到定积分的性质．这里假定被积函数是可积的，且对定积分上、下限的大小无限制．

性质 1　函数的和(差)的定积分等于它们的定积分的和(差)，即

$$\int_a^b [f(x) \pm g(x)]\mathrm{d}x = \int_a^b f(x)\mathrm{d}x \pm \int_a^b g(x)\mathrm{d}x.$$

性质 2　被积函数的常数因子可以提到积分号外面，即

$$\int_a^b kf(x)\mathrm{d}x = k\int_a^b f(x)\mathrm{d}x.$$

性质 3　无论 a,b,c 的相对位置如何，有

$$\int_a^b f(x)\mathrm{d}x = \int_a^c f(x)\mathrm{d}x + \int_c^b f(x)\mathrm{d}x.$$

这个性质表明定积分对于积分区间具有可加性．

性质 4　如果在区间$[a,b]$上，$f(x)\equiv 1$，则

$$\int_a^b 1 \cdot \mathrm{d}x = \int_a^b \mathrm{d}x = b-a.$$

性质 5　如果在区间$[a,b]$上，$f(x)\leqslant g(x)$，则

$$\int_a^b f(x)\mathrm{d}x \leqslant \int_a^b g(x)\mathrm{d}x.$$

性质 6(定积分中值定理)　如果函数 $f(x)$在$[a,b]$上连续，则在$[a,b]$上至少存在一个点 ξ，使

$$\int_a^b f(x)\mathrm{d}x = f(\xi)(b-a).$$

这个公式叫做**积分中值公式**．

积分中值公式的几何解释：当 $f(x)\geqslant 0$ 时，以$[a,b]$为底边，以曲线 $y=f(x)$为曲边的曲边梯形的面积等于同一底边而高为 $f(\xi)$的一个矩形的面积(见图 4-2)．

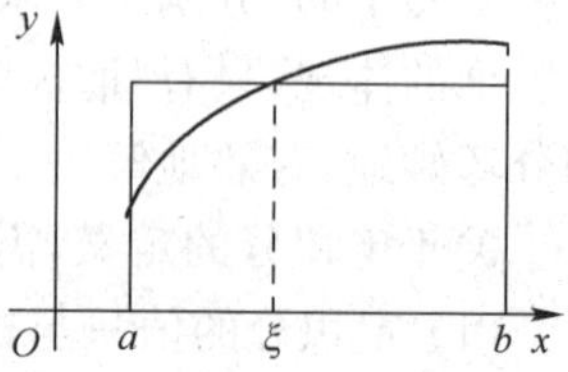

图　4-2

数值 $f(\xi)=\dfrac{\int_a^b f(x)\mathrm{d}x}{b-a}$ 称为函数 $f(x)$ 在$[a,b]$上的积分平均值，这一概念是对有限个数的平均值的推广．

4.2.3　定积分的计算

按照定积分的定义计算定积分是十分困难的，因此要寻求计算定积分的有效方法．

不定积分作为原函数的概念与定积分作为积分和极限的概念是两个完全不同的概念，但是，牛顿和莱布尼茨不仅发现而且找到了这两个概念之间的关系，即所谓的

“微积分基本定理”，并由此开辟了计算定积分的新途径，即牛顿—莱布尼茨公式，从而使微分学与积分学一起构成变量数学的基础学科：微积分学．

1. 积分上限函数

定义 4.7　设 $f(x)$ 在 $[a,b]$ 上连续，x 是 $[a,b]$ 上任一点，则由 $F(x)=\int_a^x f(t)\mathrm{d}t$ 定义的函数称为**积分上限函数**或**变上限定积分**．

定理 4.4　若 $f(x)$ 在 $[a,b]$ 上连续，则积分上限函数

$$F(x)=\int_a^x f(t)\mathrm{d}t \quad (a\leqslant x\leqslant b)$$

在 $[a,b]$ 上可导，且

$$\forall x\in[a,b], F'(x)=\frac{\mathrm{d}}{\mathrm{d}x}\int_a^x f(t)\mathrm{d}t=f(x).$$

证　$\forall x\in[a,b]$，有

$$\begin{aligned}F'(x)&=\lim_{\Delta x\to 0}\frac{F(x+\Delta x)-F(x)}{\Delta x}\\&=\lim_{\Delta x\to 0}\frac{1}{\Delta x}\left[\int_a^{x+\Delta x}f(t)\mathrm{d}t-\int_a^x f(x)\mathrm{d}x\right]\\&=\lim_{\Delta x\to 0}\frac{1}{\Delta x}\int_x^{x+\Delta x}f(t)\mathrm{d}t.\end{aligned}$$

因为 $f(x)$ 在 $[x,x+\Delta x]$ 连续，由积分中值定理，存在 $\xi\in[x,x+\Delta x]$，使

$$\int_x^{x+\Delta x}f(t)\mathrm{d}t=f(\xi)\Delta x \quad (x<\xi<x+\Delta x).$$

所以

$$F'(x)=\lim_{\Delta x\to 0}\frac{1}{\Delta x}\int_x^{x+\Delta x}f(t)\mathrm{d}t=\lim_{\Delta x\to 0}f(\xi)=f(x).$$

关于定理 4.4 的几点说明：

(1) 定理揭示了微分(导数)与定积分之间的内在联系，因而称为微积分基本定理．

(2) 由定理知 $F(x)=\int_a^x f(t)\mathrm{d}t$ 在区间 $[a,b]$ 上是 $f(x)$ 的一个原函数，故该定理也称为原函数存在定理，同时也证明了前节中的原函数的存在性．

2. 牛顿—莱布尼茨公式

有了微积分基本定理，就可以通过原函数来计算定积分．

定理 4.5　如果函数 $F(x)$ 是连续函数 $f(x)$ 在 $[a,b]$ 上的一个原函数，则

$$\int_a^b f(x)\mathrm{d}x=F(b)-F(a).$$

此公式称为**牛顿—莱布尼茨公式**，也称为**微积分基本公式**．该公式也常记作

$$\int_a^b f(x)\mathrm{d}x = [F(x)]_a^b = F(b) - F(a).$$

进一步揭示了定积分与被积函数的原函数或不定积分之间的联系.

例 1 计算$\int_0^1 x^2 \mathrm{d}x$.

解 由于$\frac{1}{3}x^3$ 是 x^2 的一个原函数,所以

$$\int_0^1 x^2 \mathrm{d}x = \left[\frac{1}{3}x^3\right]_0^1 = \frac{1}{3}\cdot 1^3 - \frac{1}{3}\cdot 0^3 = \frac{1}{3}.$$

例 2 计算$\int_{-1}^{\sqrt{3}} \frac{\mathrm{d}x}{1+x^2}$.

解 由于 $\arctan x$ 是$\frac{1}{1+x^2}$的一个原函数,所以

$$\int_{-1}^{\sqrt{3}} \frac{\mathrm{d}x}{1+x^2} = [\arctan x]_{-1}^{\sqrt{3}} = \arctan\sqrt{3} - \arctan(-1) = \frac{\pi}{3} - \left(-\frac{\pi}{4}\right) = \frac{7}{12}\pi.$$

例 3 计算$\int_{-2}^{-1} \frac{1}{x}\mathrm{d}x$.

解 $\int_{-2}^{-1} \frac{1}{x}\mathrm{d}x = [\ln|x|]_{-2}^{-1} = \ln 1 - \ln 2 = -\ln 2.$

4.2.4 应用实例

定积分是求一类非均匀分布的量的数学模型,它在几何学、物理学、经济学、社会学等方面都有广泛的应用. 下面只简单介绍其在几何学与经济学中的应用

1. 定积分在几何上的应用

(1) 平面图形的面积:为简化求曲边梯形面积的过程,可以采用微元法,它是利用定积分解决实际问题的基本思想和方法. 具体作法如下:

在$[a,b]$上任取一小区间$[x,x+\mathrm{d}x]$(称为区间微元,长度为 $\mathrm{d}x$),则$[x,x+\mathrm{d}x]$上的小曲边梯形的面积 ΔA 可以近似表示为 $\Delta A \approx f(x)\mathrm{d}x$(称为面积微元,记为 $\mathrm{d}A$),从而有

$$A = \int_a^b \mathrm{d}A = \int_a^b f(x)\mathrm{d}x.$$

一般地,若平面图形由连续曲线 $y=f(x)$, $y=g(x)$与直线 $x=a$, $x=b$ 所围成(见图 4-3),则由微元法,这个图形的面积为

$$A = \int_a^b [f(x) - g(x)]\mathrm{d}x.$$

例 4 计算由抛物线 $y=x^2$, $y=\sqrt{x}$所围成的图形面积.

解 如图 4-4 所示,两曲线的交点为(0,0),(1,1),所以

$$A=\int_0^1(\sqrt{x}-x^2)\mathrm{d}x=\left[\frac{2}{3}x^{\frac{3}{2}}-\frac{x^3}{3}\right]_0^1=\frac{1}{3}.$$

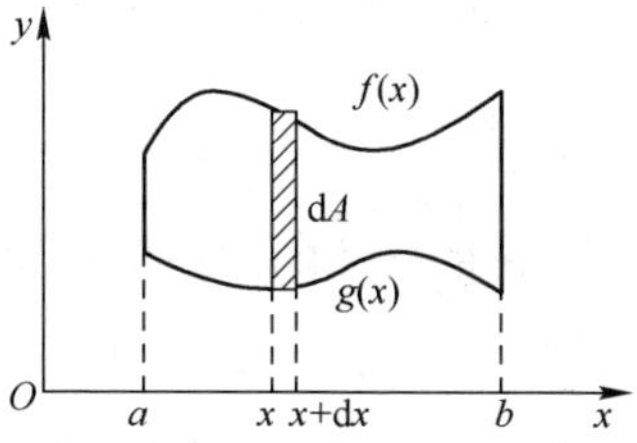

图　4-3

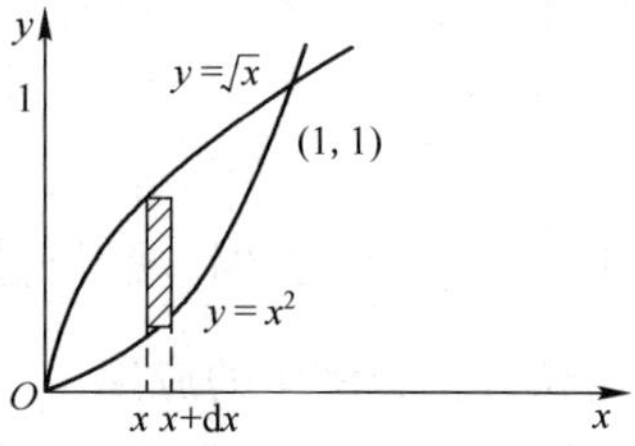

图　4-4

例 5　求椭圆 $\frac{x^2}{a^2}+\frac{y^2}{b^2}=1$ 所围图形的面积 .

解　由对称性,只需计算在第一象限内的面积然后乘以 4 即可 . 因此椭圆面积为

$$A=4\int_0^a\frac{b}{a}\sqrt{a^2-x^2}\,\mathrm{d}x=4\frac{b}{a}\int_0^{\frac{\pi}{2}}a^2\cos^2t\mathrm{d}t=4ab\int_0^{\frac{\pi}{2}}\frac{1+\cos 2t}{2}\mathrm{d}t$$

$$=4ab\left[\frac{t}{2}+\frac{1}{4}\sin 2t\right]_0^{\frac{\pi}{2}}=\pi ab.$$

特别地,当 $a=b=R$ 时,就得到我们熟悉的半径等于 R 的圆的面积公式为 πR^2.

(2) 旋转体的体积:旋转体就是由一个平面图形绕这平面内一条直线旋转一周而成的立体,其特点是垂直于这条直线的平行截面均为圆,这条直线称为旋转轴 . 常见的旋转体有圆柱、圆锥、圆台、球体等 .

设有 xOy 平面上的曲边梯形 $0\leqslant y\leqslant f(x)$,$a\leqslant x\leqslant b$绕 x 轴旋转一周,求所得旋转体的体积(见图 4-5).

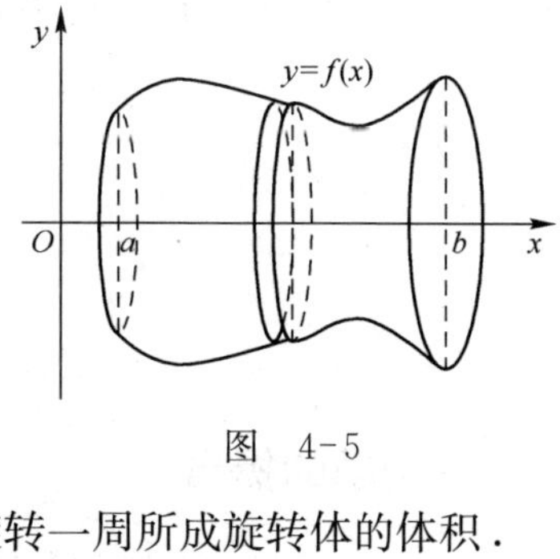

图　4-5

由微元法,设 x 为积分变量,在区间$[a,b]$中任一个区间$[x,x+\mathrm{d}x]$上的体积元素 $\mathrm{d}V=\pi[f(x)]^2\mathrm{d}x$,因此有

$$V=\int_a^b\pi[f(x)]^2\mathrm{d}x.$$

例 6　计算由抛物线 $y^2=2x$,$x\in[0,1]$绕 x 轴旋转一周所成旋转体的体积 .

解　由旋转体体积公式,所求立体体积为

$$V=\int_0^1\pi 2x\mathrm{d}x=2\pi\left[\frac{x^2}{2}\right]_0^1=\pi.$$

例 7　计算由椭圆$\frac{x^2}{a^2}+\frac{y^2}{b^2}=1$ 所围图形绕 x 轴旋转一周所成旋转体的体积 .

解 这个旋转体可以看作由半个椭圆

$$y=\frac{b}{a}\sqrt{a^2-x^2}$$

及 x 轴所围成的图形绕 x 轴旋转一周所成的立体．于是所求旋转椭球体的体积为

$$V=\int_{-a}^{a}\pi\frac{b^2}{a^2}(a^2-x^2)\mathrm{d}x=\frac{4}{3}\pi ab^2.$$

特别地，当 $a=b=R$ 时，就得到我们熟悉的半径等于 R 的球体的体积公式为 $\frac{4}{3}\pi R^3$．

2. 定积分在经济中的应用

销售收入函数 $R(x)$、总成本函数 $C(x)$、利润函数 $L(x)$ 在产量 x 的变动区间 $[a,b]$ 上的增量就是它们各自的边际函数（即 $R'(x)$、$C'(x)$、$L'(x)$）在区间 $[a,b]$ 上的定积分．

$$R(b)-R(a)=\int_a^b R'(x)\mathrm{d}x, C(b)-C(a)=\int_a^b C'(x)\mathrm{d}x, L(b)-L(a)=\int_a^b L'(x)\mathrm{d}x.$$

例 8 设某商品每天生产 x 单位时的固定成本为 20 元，边际成本函数为 $C'(x)=0.4x+2$（元/单位），求总成本函数 $C(x)$．

解 由所给条件知：$C(x)-C(0)=\int_0^x C'(x)\mathrm{d}x$，$C(0)=20$，所以

$$C(x)=\int_0^x(0.4t+2)\mathrm{d}t+C(0)=\int_0^x(0.4t+2)\mathrm{d}t+20=0.2x^2+2x+20.$$

例 9 若某银行的利息可以连续计算，利息率是时间 t（年）的函数：$r(t)=0.08+0.015\sqrt{t}$，求它在开始 2 年内的平均利息率 r．

解 因为在时间间隔为 $[0,2]$ 上的平均利息率为利息率函数中此区间上的积分平均值，所以开始 2 年内的平均利息率为

$$r=\frac{\int_0^2 r(t)\mathrm{d}t}{2-0}=\frac{\int_0^2(0.08+0.015\sqrt{t})\mathrm{d}t}{2-0}=0.08+0.01\sqrt{2}\approx 0.094.$$

§4.3 反常积分

4.3.1 问题的提出

定积分有两个最基本的约束条件：积分区间的有限性和被积函数的有界性．但在实际应用中，往往需要突破这些约束，如研究开口曲边梯形的面积、第二宇宙速度、向空间发射探测器等问题时，就会出现积分区间为无穷区间或被积函数为无界函数的积分．因此，需要研究无穷区间上的积分和无界函数的积分，这两类积分通称为反常积分或广义积分，相应的，定积分则称为正常积分或常义积分．

例 1　求由曲线 $y=\frac{1}{x^2}$ 和直线 $x=1$ 及 x 轴所围成的开口曲边梯形的面积 S.

解　因为区间 $[1,u]$ 上的曲边梯形的面积为 $\int_1^u \frac{1}{x^2}\mathrm{d}x$，故所求面积 S 可记作 $S=\int_1^{+\infty}\frac{1}{x^2}\mathrm{d}x$，其含义理解为

$$S=\lim_{u\to+\infty}\int_1^u\frac{1}{x^2}\mathrm{d}x=\lim_{u\to+\infty}\left(-\frac{1}{x}\right)\Big|_1^u==\lim_{u\to+\infty}\left(1-\frac{1}{u}\right)=1.$$

例 2　有一圆柱形小桶，内壁高为 h，内半径为 R，桶底有一小洞，半径为 r，试问从盛满水开始打开小孔直至流完桶中的水，问需多长时间？

解　由物理学知识知道，在不计摩擦情况下，桶里水位高度为 $(h-x)$ 时，水从小孔里流出的速度为 $v=\sqrt{2g(h-x)}$. 设在很短一段时间 $\mathrm{d}t$ 内，桶里水面降低的高度为 $\mathrm{d}x$，则有 $\pi R^2\mathrm{d}x=v\pi r^2\mathrm{d}t$，由此得

$$\mathrm{d}t=\frac{R^2}{r^2\sqrt{2g(h-x)}}\mathrm{d}x(x\in[0,h]),$$

所以流完一桶水所需的时间应为

$$T=\int_0^h\frac{R^2}{r^2\sqrt{2g(h-x)}}\mathrm{d}x.$$

但是，被积函数在 $x\in[0,h]$ 上是无界函数，所以我们取

$$T=\int_0^h\frac{R^2}{r^2\sqrt{2g(h-x)}}\mathrm{d}x=\lim_{u\to h^-}\int_0^u\frac{R^2}{r^2\sqrt{2g(h-x)}}\mathrm{d}x=\sqrt{\frac{2h}{g}}\frac{R^2}{r^2}.$$

以上是两种反常积分的实例，抛开其实际意义，可以抽象出它们的严格定义.

4.3.2　反常积分的定义

1. 无穷限反常积分的定义

定义 4.8　设函数 $f(x)$ 定义在无穷区间 $[a,+\infty)$ 上，且在任何有限区间 $[a,u]$ 上可积，如果极限

$$\lim_{u\to+\infty}\int_a^u f(x)\mathrm{d}x$$

存在，则称此极限为函数 $f(x)$ 在 $[a,+\infty)$ 上的**无穷限反常积分**，简称**无穷积分**，记作 $\int_a^{+\infty}f(x)\mathrm{d}x$，即

$$\int_a^{+\infty}f(x)\mathrm{d}x=\lim_{u\to+\infty}\int_a^u f(x)\mathrm{d}x.$$

这时也称无穷积分 $\int_a^{+\infty}f(x)\mathrm{d}x$ **收敛**. 如果极限 $\lim\limits_{u\to+\infty}\int_a^u f(x)\mathrm{d}x$ 不存在，则称无穷积分

$\int_a^{+\infty} f(x)\mathrm{d}x$ **发散**.

类似地,可定义在无穷区间$(-\infty,b)$上的无穷积分

$$\int_{-\infty}^{b} f(x)\mathrm{d}x = \lim_{v\to-\infty}\int_v^b f(x)\mathrm{d}x.$$

定义 4.9 函数 $f(x)$在无穷区间$(-\infty,+\infty)$上的无穷积分定义为

$$\int_{-\infty}^{+\infty} f(x)\mathrm{d}x = \int_{-\infty}^{a} f(x)\mathrm{d}x + \int_a^{+\infty} f(x)\mathrm{d}x.$$

其中 a 为任意常数,当右端两个无穷积分都收敛时,称无穷积分$\int_{-\infty}^{+\infty} f(x)\mathrm{d}x$是**收敛**的,否则,称无穷积分$\int_{-\infty}^{+\infty} f(x)\mathrm{d}x$是**发散**的.

上述积分统称为无穷积分.

例 1 中所求开口曲边梯形的面积即为函数$\frac{1}{x^2}$在区间$[1,+\infty)$上的无穷积分$\int_1^{+\infty}\frac{1}{x^2}\mathrm{d}x$. 无穷积分$\int_a^{+\infty} f(x)\mathrm{d}x$的几何意义可以描述为:若 $f(x)$ 在$[a,+\infty)$上非负,则无穷积分$\int_a^{+\infty} f(x)\mathrm{d}x$表示介于 $y=f(x)$,$x=a$,x 轴之间部分向右方无限延伸的阴影部分的面积(见图 4-6).

类似于定积分的牛顿—莱布尼茨公式,无穷积分也有相应公式:若 $F(x)$ 是 $f(x)$ 的一个原函数,记 $F(+\infty)=\lim\limits_{x\to+\infty}F(x)$, $F(-\infty)=\lim\limits_{x\to-\infty}F(x)$,则有(如果极限存在)

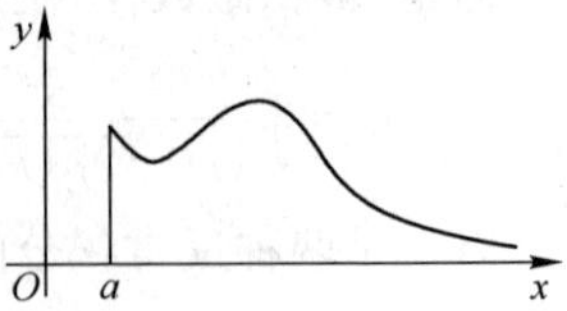

图 4-6

$$\int_a^{+\infty} f(x)\mathrm{d}x = F(x)\Big|_a^{+\infty} = F(+\infty) - F(a);$$

$$\int_{-\infty}^{b} f(x)\mathrm{d}x = F(x)\Big|_{-\infty}^{b} = F(b) - F(-\infty);$$

$$\int_{-\infty}^{+\infty} f(x)\mathrm{d}x = F(x)\Big|_{-\infty}^{+\infty} = F(+\infty) - F(-\infty).$$

例 3 计算无穷积分$\int_0^{+\infty}\mathrm{e}^{-x}\mathrm{d}x$.

解 对任意的 $u>0$,有

$$\int_0^u \mathrm{e}^{-x}\mathrm{d}x = -\mathrm{e}^{-x}\Big|_0^u = -\mathrm{e}^{-u} - (-1) = 1 - \mathrm{e}^{-u}.$$

于是

$$\int_0^{+\infty}\mathrm{e}^{-x}\mathrm{d}x = \lim_{u\to+\infty}\int_0^u \mathrm{e}^{-x}\mathrm{d}x = \lim_{u\to+\infty}(1-\mathrm{e}^{-u}) = 1 - 0 = 0.$$

或由无穷积分的牛顿—莱布尼茨公式，上述求解过程可以简写为

$$\int_0^{+\infty} \mathrm{e}^{-x}\mathrm{d}x = -\mathrm{e}^{-x}\Big|_0^{+\infty} = 0-(-1) = 1.$$

例 4　计算无穷积分 $\int_{-\infty}^{+\infty} \frac{\mathrm{d}x}{1+x^2}$.

解　$\int_{-\infty}^{+\infty} \frac{\mathrm{d}x}{1+x^2} = \arctan x\Big|_{-\infty}^{+\infty} = \frac{\pi}{2} - \left(-\frac{\pi}{2}\right) = \pi.$

例 5　讨论 p 积分 $\int_1^{+\infty} \frac{\mathrm{d}x}{x^p}$ 的敛散性.

解　当 $p\neq1$ 时，有

$$\int_1^{+\infty} \frac{\mathrm{d}x}{x^p} = \frac{x^{1-p}}{1-p}\Bigg|_1^{+\infty} = \begin{cases} +\infty & \text{当 } p<1 \\ \dfrac{1}{p-1} & \text{当 } p>1 \end{cases};$$

当 $p=1$ 时，有

$$\int_1^{+\infty} \frac{\mathrm{d}x}{x^p} = \int_1^{+\infty} \frac{\mathrm{d}x}{x} = \ln x\Big|_1^{+\infty} = +\infty.$$

因此，当 $p>1$ 时，p 积分收敛，其值为 $\frac{1}{p-1}$；当 $p\leqslant1$ 时，p 积分发散.

2. 瑕积分的定义

定义 4.10　设 $f(x)$ 在区间 $(a,b]$ 上有定义，在点 a 的任一右邻域内无界，但在任何内闭区间 $[u,b]\subset(a,b]$ 有界且可积，如果极限

$$\lim_{u\to a^+}\int_u^b f(x)\mathrm{d}x$$

存在，则称此极限为无界函数 $f(x)$ 在 $(a,b]$ 上的**反常积分**，记作 $\int_a^b f(x)\mathrm{d}x$，即

$$\int_a^b f(x)\mathrm{d}x = \lim_{u\to a^+}\int_u^b f(x)\mathrm{d}x.$$

这时也称反常积分 $\int_a^b f(x)\mathrm{d}x$ **收敛**. 如果极限 $\lim_{u\to a^+}\int_u^b f(x)\mathrm{d}x$ 不存在，则称反常积分 $\int_a^b f(x)\mathrm{d}x$ **发散**.

在定义 4.10 中，被积函数 $f(x)$ 在点 a 的近旁是无界的，这时 a 称为 $f(x)$ 的**瑕点**，无界函数 $f(x)$ 的反常积分 $\int_a^b f(x)\mathrm{d}x$ 又称为**瑕积分**.

类似地可定义 $b\in[a,b)$ 是 $f(x)$ 的瑕点；$c\in(a,b)$ 是 $f(x)$ 的瑕点；或 a,b 是 $f(x)$ 的瑕点的瑕积分 $\int_a^b f(x)\mathrm{d}x$.

例 6 计算瑕积分$\int_0^1 \frac{dx}{\sqrt{1-x^2}}$.

解 $x=1$为被积函数$\frac{1}{\sqrt{1-x^2}}$的瑕点,所以

$$\int_0^1 \frac{dx}{\sqrt{1-x^2}} = \lim_{u\to 1^-}\int_0^u \frac{1}{\sqrt{1-x^2}}dx = \lim_{u\to 1^-}\arcsin x\Big|_0^u = \lim_{u\to 1^-}(\arcsin u - 0) = \frac{\pi}{2}.$$

4.3.3 应用实例

例 7(第二宇宙速度问题) 在地球表面垂直发射火箭,要使火箭克服地球引力无限远离地球,问初速度v_0至少多大?

解 设地球半径为R,火箭质量为m,地面重力加速度为g,由万有引力定理,在距地心x处火箭受到的引力为

$$F=\frac{mgR^2}{x^2}.$$

于是火箭从地面上升到距地心为$r(>R)$处需要做的功为

$$\int_R^r \frac{mgR^2}{x^2}dx = mgR^2\left(\frac{1}{R}-\frac{1}{r}\right).$$

当$r\to+\infty$时,其极限mgR就是火箭无限远离地球需要作的功$\int_R^{+\infty}\frac{mgR^2}{x^2}dx = mgR$.

再由机械能守恒定律,可求得初速度v_0至少应使

$$\frac{1}{2}mv_0^2=mgR.$$

用$g=9.81(\text{m/s}^2)$,$R=6.371\times10^6(\text{m})$代入,得

$$v_0=\sqrt{2gR}\approx 11.2(\text{km/s}).$$

例 8 工程师们预计一个新开发的天然气新井在开采后的第t年的产量为

$$P(t)=0.084\,9te^{-t}\times10^6(\text{m}^3).$$

试估计该新井的总产量.

解 在$[t,t+\Delta t]$时间段内天然气的产量(产量微元)为$dP=P(t)dt$,所以总产量为

$$P=\int_0^{+\infty}P(t)dt=\int_0^{+\infty}0.084\,9\times10^6te^{-t}dt=0.084\,9\times10^6(\text{m}^3).$$

所以天然气井不可能无限地开采,产量最多达到$0.084\,9\times10^6(\text{m}^3)$.

§4.4　MATLAB 在积分学中的应用

1　一元函数积分的计算

(1) 常用命令

MATLAB 积分命令 int 调用格式：

int(函数 f(x))：计算不定积分 $\int f(x)\mathrm{d}x$；

int(函数 f(x,y)，变量名 x)：计算不定积分 $\int f(x,y)\mathrm{d}x$；

int(函数 f(x)，a,b)：计算定积分 $\int_a^b f(x)\mathrm{d}x$；

int(函数 f(x,y)，变量名 x,a,b)：计算定积分 $\int_a^b f(x,y)\mathrm{d}x$.

(2) 计算不定积分

例 1　计算 $\int x^2 \ln x \mathrm{d}x$.

解　输入命令

```
int(x^2 * log(x))
```

可得结果 ans=1/3 * x^3 * log(x)−1/9 * x^3.

注意设置符号变量 .

例 2　计算下列不定积分：

(1) $\int \sqrt{a^2-x^2}\,\mathrm{d}x$；　(2) $\int \dfrac{x+1}{\sqrt[3]{3x+1}}\mathrm{d}x$；　(3) $\int x^2 \arcsin x \mathrm{d}x$.

解　首先建立函数向量 .

```
syms  x
syms  a  real
y=[sqrt(a^2-x^2),(x-1)/(3*x-1)^(1/3),x^2*asin(x)];
```

然后对 y 积分可得对 y 的每个分量积分的结果 .

```
int(y,x)
ans=[1/2*x*(a^2-x^2)^(1/2)+1/2*a^2*asin((1/a^2)^(1/2)*x),
   -1/3*(3*x-1)^(2/3)+1/15*(3*x-1)^(5/3),
1/3*x^3*asin(x)+1/9*x^2*(1-x^2)^(1/2)+2/9*(1-x^2)^(1/2)]
```

(3) 计算定积分和广义积分

例 3　计算 $\int_0^1 \mathrm{e}^x \mathrm{d}x$.

解 输入命令

```
int(exp(x),0,1)
```

得结果 ans=exp(1)-1.

这与我们上面的运算结果是一致的.

例 4 计算$\int_0^2 |x-1|\mathrm{d}x$

解 输入命令

```
int(abs(x-1),0,2)
```

得结果 ans=1.

例 5 判别广义积分$\int_1^{+\infty} \frac{1}{x^p}\mathrm{d}x$、$\int_{-\infty}^{+\infty} \frac{1}{\sqrt{2\pi}}\mathrm{e}^{-\frac{x^2}{2}}\mathrm{d}x$与$\int_0^2 \frac{1}{(1-x)^2}\mathrm{d}x$的敛散性，收敛时计算积分值.

解 对第一个积分输入命令

```
syms p real;int(1/x^p,x,1,inf)
```

得结果 ans=limit(-1/(p-1)*x^(-p+1)+1/(p-1),x= inf).

由结果看出当 $p<1$ 时，x^(-p+1)为无穷，当 $p>1$ 时，ans=1/(p-1).

对第二个积分输入命令

```
int(1/(2*pi)^(1/2)*exp(-x^2/2),-inf,inf)
```

得结果 ans=7186705221432913/18014398509481984*2^(1/2)*pi^(1/2)

由输出结果看出这两个积分收敛.

对后一个积分输入命令

```
int(1/(1-x)^2,0,2)
```

结果得 ans=inf.

说明这个积分是无穷大不收敛.

2 常微分方程

(1) 常用命令

MATLAB 求解微分方程命令 dsolve，调用格式为：

dsolve('微分方程')：给出微分方程的解析解，表示为 t 的函数；
dsolve('微分方程','初始条件')：给出微分方程初值问题的解，表示为 t 的函数；
dsolve('微分方程','变量 x')：给出微分方程的解析解，表示为 x 的函数；
dsolve('微分方程','初始条件','变量 x')：给出微分方程初值问题的解，表示为 x 的函数.

(2) 求解一阶微分方程

微分方程在输入时，y'应输入 Dy，y''应输入 D2y 等，D 应大写．

例 6　求微分方程$\frac{dy}{dx}+2xy=xe^{-x^2}$的通解．

解　输入命令

```
dsolve('Dy+2*x*y=x*exp(-x^2)')
```

结果为 ans=1/2*(1+2*exp(-2*x*t)*C1*exp(x^2))/exp(x^2).

系统默认的自变量是 t，显然系统把 x 当作常数，把 y 当作 t 的函数求解．输入命令

```
dsolve('Dy+2*x*y=x*exp(-x^2)','x')
```

得正确结果 ans=1/2*(x^2+2*C1)/exp(x^2).

例 7　求微分方程 $xy'+y-e^x=0$ 在初始条件 $y\big|_{x=1}=2e$ 下的特解．

解　输入命令

```
dsolve('x*Dy+y-exp(x)=0','y(1)=2*exp(1)','x')
```

得结果为 ans=1/x*(exp(x)+exp(1)).

例 8　求微分方程$(x^2-1)\frac{dy}{dx}+2xy-\cos x=0$ 在初始条件 $y\big|_{x=0}=1$ 下的特解．

解　输入命令

```
dsolve('(x^2-1)*Dy+2*x*y-cos(x)=0','y(0)=1','x')
```

得结果为 ans=1/(x^2-1)*(sin(x)-1).

习 题 4

1. 求下列不定积分

(1) $\int x\sqrt{x}\,dx$；　(2) $\int(2^x+3^x)dx$；　(3) $\int 3^x e^x dx$；

(4) $\int \sec x(\sec x-\tan x)dx$；　(5) $\int(\sin x+e^x)dx$；　(6) $\int \frac{\cos 2x}{\cos^2 x\sin^2 x}dx$；

(7) $\int \frac{x^2}{1+x^2}dx$；　(8) $\int \frac{e^{2x}-1}{e^x-1}dx$；　(9) $\int \frac{1}{1+\cos 2x}dx$.

2. 求下列微分方程的通解或初值问题的特解

(1) $\frac{dy}{dx}+2xy=4x$；　(2) $xydx+\sqrt{1-x^2}\,dy=0$；

(3) $xdy+2ydx=0, y\Big|_{x=2}=1$；　　(4) $\frac{dy}{dx}=e^{2x-y}, y\Big|_{x=0}=0$.

3. 求通过原点，且在任意点处切线的斜率为 $2x+y$ 的曲线方程．

4. 某池塘内养鱼，最多能养 1000 尾，鱼的数量 y 是时间 t 的函数，其变化率与鱼的数量 y 及 $(1000-y)$ 的乘积成正比．已知在池塘内放养鱼 100 尾，3 个月后池塘内有鱼 250 尾，求放养 t 月后池塘内鱼的数量 y 的表达式．

5. 求下列定积分

(1) $\int_0^1 (3x^2-x+1)dx$；　(2) $\int_4^9 \sqrt{x}(1+\sqrt{x})dx$；　(3) $\int_0^{\frac{\pi}{4}} \tan^2\theta d\theta$.

6. 求由曲线 $y=\sqrt{x}$ 与直线 $y=x$ 所围图形的面积．

7. 求由曲线 $y=\ln x$ 与直线 $y=\ln a, y=\ln b$ 所围图形的面积 $(b>a>0)$.

8. 求由曲线 $y=x^3$ 与直线 $x=2, y=0$ 所围图形绕 x 轴旋转产生的旋转体的体积．

9. 曲线 $y=\sin x(-\pi\leqslant x\leqslant\pi)$ 绕 x 轴旋转产生的旋转体的体积．

10. 判断下列反常积分的敛散性，若收敛，计算其值

(1) $\int_1^{+\infty} \frac{dx}{x^3}$；　　(2) $\int_0^{+\infty} e^{-ax}dx(a>0)$；

(3) $\int_2^{+\infty} \frac{dx}{\sqrt{x}}$；　　(4) $\int_{-\infty}^{+\infty} \frac{1}{1+x^2}dx$；

(5) $\int_0^1 \frac{1}{1-x^2}dx$；　　(6) $\int_0^1 \frac{dx}{x^q}(q>0)$.

第 5 章　线性代数

线性代数主要研究矩阵、有限维向量空间及其线性变换等理论．1750 年，瑞士数学家克莱姆提出了求解线性方程组的著名法则——克莱姆法则，该法则是线性代数最早的理论，经过一个多世纪的持续发展，到 20 世纪初逐渐成为一门独立的学科．线性代数在自然科学、工程技术、社会科学等诸多领域有许多重要应用；在计算机日益普及的今天，计算机图形学、计算机辅助设计、密码学、虚拟现实等技术都以线性代数理论为基础．

通常将有关问题归纳为线性问题，并用线性代数的语言描述和解决问题的方法称为线性化方法．比如微分学中研究很多函数线性近似的问题，又如在日常生活中，总是把地球表面看成平面等．

本章主要讨论行列式、矩阵的运算及其性质，并研究一般线性方程组的解法．这些内容和方法是学习线性代数的基础．

§5.1　行　列　式

行列式概念起源于线性方程组的求解，早在 1683 年，日本数学家关孝和就提出了行列式的概念，1812 年，法国数学家柯西发现了行列式在解析几何中的应用，引起了人们对行列式的研究兴趣，使有关理论得到逐步完善．

5.1.1　问题的提出

例 1　100 个和尚分 100 个馒头．大和尚每人 3 个，小和尚 3 人 1 个，刚好分完．问大、小和尚各有多少人？

解　设大、小和尚分别有 x、y 人，于是得到方程组

$$\begin{cases} x+y=100 \\ 3x+\dfrac{1}{3}y=100 \end{cases},$$

用代入法求解可得 $x=25$，$y=75$.

这种方法具有一般性，可以统一处理各种应用问题．下面就研究这种线性方程组的求解过程．

含有未知量 x_1, x_2 的线性方程组

$$\begin{cases} a_{11}x_1+a_{12}x_2=b_1 \\ a_{21}x_1+a_{22}x_2=b_2 \end{cases},$$

通过适当的加减消元,得

$$\begin{cases} (a_{11}a_{22}-a_{12}a_{21})x_1=b_1a_{22}-a_{12}b_2 \\ (a_{11}a_{22}-a_{12}a_{21})x_2=b_2a_{11}-a_{21}b_1 \end{cases}.$$

当 $a_{11}a_{22}-a_{12}a_{21}\neq 0$ 时,线性方程组有唯一解

$$x_1=\frac{b_1a_{22}-a_{12}b_2}{a_{11}a_{22}-a_{12}a_{21}},\ x_2=\frac{b_2a_{11}-a_{21}b_1}{a_{11}a_{22}-a_{12}a_{21}}.$$

为了记忆方便,我们引进新的概念.

若令 $\begin{vmatrix} d_{11} & d_{12} \\ d_{21} & d_{22} \end{vmatrix}=d_{11}d_{22}-d_{12}d_{21}$,称为二阶行列式,其中横的元素称为行,竖的元素称为列. 常记为 D.

当 $a_{11}a_{22}-a_{12}a_{21}\neq 0$ 时,线性方程组的解可表示为 $x_1=\frac{D_1}{D}$, $x_2=\frac{D_2}{D}$,其中 $D=\begin{vmatrix} a_{11} & a_{12} \\ a_{21} & a_{22} \end{vmatrix}$ 称为线性方程组的系数行列式,$D_1=\begin{vmatrix} b_1 & a_{12} \\ b_2 & a_{22} \end{vmatrix}$, $D_2=\begin{vmatrix} a_{11} & b_1 \\ a_{21} & b_2 \end{vmatrix}$.

类似地,可对含有未知量 x_1, x_2, x_3 的线性方程组

$$\begin{cases} a_{11}x_1+a_{12}x_2+a_{13}x_3=b_1 \\ a_{21}x_1+a_{22}x_2+a_{23}x_3=b_2 \\ a_{31}x_1+a_{32}x_2+a_{33}x_3=b_3 \end{cases},$$

经过适当的加减消元,得到相应的结果

$$\begin{aligned} &(a_{11}a_{22}a_{33}+a_{12}a_{23}a_{31}+a_{13}a_{21}a_{32}-a_{13}a_{22}a_{31}-a_{12}a_{21}a_{33}-a_{11}a_{23}a_{32})x_1 \\ &=b_1a_{22}a_{33}+b_2a_{32}a_{13}+b_3a_{12}a_{33}-b_3a_{22}a_{13}-b_2a_{12}a_{33}-b_1a_{32}a_{23}, \\ &(a_{11}a_{22}a_{33}+a_{12}a_{23}a_{31}+a_{13}a_{21}a_{32}-a_{13}a_{22}a_{31}-a_{12}a_{21}a_{33}-a_{11}a_{23}a_{32})x_2 \\ &=a_{11}b_2a_{33}+b_1a_{23}a_{31}+a_{13}a_{21}b_3-a_{13}b_2a_{31}-b_1a_{21}a_{33}-a_{11}a_{23}b_3, \\ &(a_{11}a_{22}a_{33}+a_{12}a_{23}a_{31}+a_{13}a_{21}a_{32}-a_{13}a_{22}a_{31}-a_{12}a_{21}a_{33}-a_{11}a_{23}a_{32})x_3 \\ &=a_{11}a_{22}b_3+a_{12}b_2a_{31}+b_1a_{21}a_{32}-b_1a_{22}a_{31}-a_{12}a_{21}b_3-a_{11}b_2a_{32}. \end{aligned}$$

这个结果更难记忆,为此引进三阶行列式

$$\begin{vmatrix} a_{11} & a_{12} & a_{13} \\ a_{21} & a_{22} & a_{23} \\ a_{31} & a_{32} & a_{33} \end{vmatrix}=a_{11}a_{22}a_{33}+a_{12}a_{23}a_{31}+a_{13}a_{21}a_{32}-a_{11}a_{23}a_{32}-a_{12}a_{21}a_{33}-a_{13}a_{22}a_{31}.$$

若线性方程组 $\begin{cases} a_{11}x_1+a_{12}x_2+a_{13}x_3=b_1 \\ a_{21}x_1+a_{22}x_2+a_{23}x_3=b_2 \\ a_{31}x_1+a_{32}x_2+a_{33}x_3=b_3 \end{cases}$ 的系数行列式 $D=\begin{vmatrix} a_{11} & a_{12} & a_{13} \\ a_{21} & a_{22} & a_{23} \\ a_{31} & a_{32} & a_{33} \end{vmatrix}\neq 0$,

则线性方程组有唯一的解

$$x_1=\frac{D_1}{D},\ x_2=\frac{D_2}{D},\ x_3=\frac{D_3}{D},$$

其中 D_j 就是把常数项 b_1,b_2,b_3 替代 D 中第 j 列的元素所得到的行列式($j=1,2,3$).

例 2　求解线性方程组

$$\begin{cases}2x-3y+2z=-3\\ x+4y-3z=6.\\ 3x-y-z=1\end{cases}$$

解　系数行列式$D=\begin{vmatrix}2&-3&2\\1&4&-3\\3&-1&-1\end{vmatrix}=-8-2+27-6-3-24=-16\neq0$,

$$D_1=\begin{vmatrix}-3&-3&2\\6&4&-3\\1&-1&-1\end{vmatrix}=12-12+9+9-18-8=-8,$$

$$D_2=\begin{vmatrix}2&-3&2\\1&6&-3\\3&1&-1\end{vmatrix}=-12+2+27+6-3-36=-16,$$

$$D_3=\begin{vmatrix}2&-3&-3\\1&4&6\\3&-1&1\end{vmatrix}=8+3-54+12+3+36=8.$$

于是线性方程组有唯一解

$$x=\frac{-8}{-16}=\frac{1}{2},y=\frac{-16}{-16}=1,z=\frac{8}{-16}=-\frac{1}{2}.$$

5.1.2　*n* 阶行列式

为了给出 n 阶行列式的概念，首先观察三阶行列式的展开式，并进行必要的变形，有

$$\begin{vmatrix}a_{11}&a_{12}&a_{13}\\a_{21}&a_{22}&a_{23}\\a_{31}&a_{32}&a_{33}\end{vmatrix}=a_{11}a_{22}a_{33}+a_{12}a_{23}a_{31}+a_{13}a_{21}a_{32}-a_{11}a_{23}a_{32}-a_{12}a_{21}a_{33}-a_{13}a_{22}a_{31}$$

$$=a_{11}\begin{vmatrix}a_{22}&a_{23}\\a_{32}&a_{33}\end{vmatrix}-a_{12}\begin{vmatrix}a_{21}&a_{23}\\a_{31}&a_{33}\end{vmatrix}+a_{13}\begin{vmatrix}a_{21}&a_{22}\\a_{31}&a_{32}\end{vmatrix},$$

可见三阶行列式能由二阶行列式来表示．为了叙述方便，引进两种子式．

在 n 阶行列式中，将元素 a_{ij} 所在的行与列上的元素划去，其余元素按照原来的相

对位置构成的 $n-1$ 阶行列式,称为元素 a_{ij} 的余子式,记作 M_{ij}. 并称 $A_{ij}=(-1)^{i+j}M_{ij}$ 为元素 a_{ij} 的代数余子式.

显然有

$$\begin{vmatrix} a_{11} & a_{12} & a_{13} \\ a_{21} & a_{22} & a_{23} \\ a_{31} & a_{32} & a_{33} \end{vmatrix} = a_{11}A_{11}+a_{12}A_{12}+a_{13}A_{13}.$$

因此,我们用这种递归方法来定义一般的 n 阶行列式,对于这样定义的各阶行列式,将会有统一的运算性质.

定义 5.1 由 n^2 个数 $a_{ij}(i,j=1,2,\cdots,n)$ 排成的一个算式

$$D=\begin{vmatrix} a_{11} & a_{12} & \cdots & a_{1n} \\ a_{21} & a_{22} & \cdots & a_{2n} \\ \vdots & \vdots & & \vdots \\ a_{n1} & a_{n2} & \cdots & a_{nn} \end{vmatrix}$$

称为 ***n* 阶行列式**.

当 $n=1$ 时, $D=|a_{11}|=a_{11}$,

当 $n\geqslant 2$ 时, $D=a_{11}A_{11}+a_{12}A_{12}+\cdots+a_{1n}A_{1n}=\sum\limits_{k=1}^{n}a_{1k}A_{1k}$, 其中 $A_{1j}=(-1)^{1+j}M_{1j}$, M_{1j} 为元素 a_{1j} 的**余子式**,A_{1j} 为元素 a_{1j} 的**代数余子式**.

例 3 计算四阶行列式

$$\begin{vmatrix} a_{11} & 0 & 0 & 0 \\ a_{21} & a_{22} & 0 & 0 \\ a_{31} & a_{32} & a_{33} & 0 \\ a_{41} & a_{42} & a_{43} & a_{44} \end{vmatrix}.$$

解 根据四阶行列式的定义 $D=a_{11}A_{11}+a_{12}A_{12}+a_{13}A_{13}+a_{14}A_{14}$,由于

$$a_{12}=a_{13}=a_{14}=0,\ A_{11}=\begin{vmatrix} a_{22} & 0 & 0 \\ a_{32} & a_{33} & 0 \\ a_{42} & a_{43} & a_{44} \end{vmatrix},$$

故 $D=a_{11}A_{11}=a_{11}\begin{vmatrix} a_{22} & 0 & 0 \\ a_{32} & a_{33} & 0 \\ a_{42} & a_{43} & a_{44} \end{vmatrix}=a_{11}a_{22}\begin{vmatrix} a_{33} & 0 \\ a_{43} & a_{44} \end{vmatrix}=a_{11}a_{22}a_{33}a_{44}.$

行列式中从左上至右下的对角线称为其主对角线,主对角线下(上)方元素全为 0 的行列式称为上(下)三角行列式.

由数学归纳法可知:下三角行列式的值等于其主对角线元素的乘积,即

$$\begin{vmatrix} a_{11} & & & & \\ a_{21} & a_{22} & & & \\ a_{31} & a_{32} & a_{33} & & \\ \vdots & \vdots & \vdots & \ddots & \\ a_{n1} & a_{n2} & a_{n3} & \cdots & a_{nn} \end{vmatrix} = a_{11}a_{22}a_{33}\cdots a_{nn}.$$

例 4 证明五阶行列式

$$\begin{vmatrix} a_1 & a_2 & 0 & 0 & 0 \\ b_1 & b_2 & 0 & 0 & 0 \\ 0 & 0 & c_1 & c_2 & c_3 \\ 0 & 0 & d_1 & d_2 & d_3 \\ 0 & 0 & e_1 & e_2 & e_3 \end{vmatrix} = \begin{vmatrix} a_1 & a_2 \\ b_1 & b_2 \end{vmatrix} \begin{vmatrix} c_1 & c_2 & c_3 \\ d_1 & d_2 & d_3 \\ e_1 & e_2 & e_3 \end{vmatrix}.$$

证 将五阶行列式按定义展开,有

$$D_5 = a_1A_{11} + a_2A_{12} = a_1\begin{vmatrix} b_2 & 0 & 0 & 0 \\ 0 & c_1 & c_2 & c_3 \\ 0 & d_1 & d_2 & d_3 \\ 0 & e_1 & e_2 & e_3 \end{vmatrix} - a_2\begin{vmatrix} b_1 & 0 & 0 & 0 \\ 0 & c_1 & c_2 & c_3 \\ 0 & d_1 & d_2 & d_3 \\ 0 & e_1 & e_2 & e_3 \end{vmatrix}$$

$$= a_1b_2\begin{vmatrix} c_1 & c_2 & c_3 \\ d_1 & d_2 & d_3 \\ e_1 & e_2 & e_3 \end{vmatrix} - a_2b_1\begin{vmatrix} c_1 & c_2 & c_3 \\ d_1 & d_2 & d_3 \\ e_1 & e_2 & e_3 \end{vmatrix}$$

$$= (a_1b_2 - a_2b_1)\begin{vmatrix} c_1 & c_2 & c_3 \\ d_1 & d_2 & d_3 \\ e_1 & e_2 & e_3 \end{vmatrix} = \begin{vmatrix} a_1 & a_2 \\ b_1 & b_2 \end{vmatrix}\begin{vmatrix} c_1 & c_2 & c_3 \\ d_1 & d_2 & d_3 \\ e_1 & e_2 & e_3 \end{vmatrix}.$$

此例结果可推广为

$$\begin{vmatrix} a_{11} & a_{12} & \cdots & a_{1n} & 0 & 0 & \cdots & 0 \\ a_{21} & a_{22} & \cdots & a_{2n} & 0 & 0 & \cdots & 0 \\ \vdots & \vdots & & \vdots & \vdots & \vdots & & \vdots \\ a_{n1} & a_{n2} & \cdots & a_{nn} & 0 & 0 & \cdots & 0 \\ 0 & 0 & \cdots & 0 & b_{11} & b_{12} & \cdots & b_{1m} \\ 0 & 0 & \cdots & 0 & b_{21} & b_{22} & \cdots & b_{2m} \\ \vdots & \vdots & & \vdots & \vdots & \vdots & & \vdots \\ 0 & 0 & \cdots & 0 & b_{m1} & b_{m2} & \cdots & b_{mm} \end{vmatrix} = \begin{vmatrix} a_{11} & a_{12} & \cdots & a_{1n} \\ a_{21} & a_{22} & \cdots & a_{2n} \\ \vdots & \vdots & & \vdots \\ a_{n1} & a_{n2} & \cdots & a_{nn} \end{vmatrix} \begin{vmatrix} b_{11} & b_{12} & \cdots & b_{1m} \\ b_{21} & b_{22} & \cdots & b_{2m} \\ \vdots & \vdots & & \vdots \\ b_{m1} & b_{m2} & \cdots & b_{mm} \end{vmatrix}.$$

5.1.3 *n* 阶行列式的性质

当阶数较高时，按定义计算行列式很麻烦，为此给出行列式的一些性质．

性质 5.1 将行列式的行改为列，行列式的值不变．

如：
$$D=\begin{vmatrix} a_1 & b_1 & c_1 \\ a_2 & b_2 & c_2 \\ a_3 & b_3 & c_3 \end{vmatrix}=\begin{vmatrix} a_1 & a_2 & a_3 \\ b_1 & b_2 & b_3 \\ c_1 & c_2 & c_3 \end{vmatrix}=D^{\mathrm{T}}.$$

通常把后一个行列式称为原行列式 D 的**转置行列式**，记作 D^{T}．也称 D 与 D^{T} 互为转置行列式．这说明行与列的地位是对称的．行列式中行和列有相同的性质，为此只需讨论行的性质．

性质 5.2 行列式中若某行元素全为 0，则其值为 0.

性质 5.3 行列式中若某行的元素有公因数 k，则 k 可以提到行列式记号外．

如：
$$\begin{vmatrix} a_1 & b_1 & c_1 \\ ka_2 & kb_2 & kc_2 \\ a_3 & b_3 & c_3 \end{vmatrix}=k\begin{vmatrix} a_3 & b_3 & c_3 \\ a_2 & b_2 & c_2 \\ a_1 & b_1 & c_1 \end{vmatrix}.$$

性质 5.4 行列式中若某行的所有元素均为两个数之和，则该行列式等于两个行列式之和．

如：
$$\begin{vmatrix} a_1 & b_1 & c_1 \\ a_2 & b_2 & c_2 \\ a_3+a_3 & b_3+b_3 & c_3+c_3 \end{vmatrix}=\begin{vmatrix} a_1 & b_1 & c_1 \\ a_2 & b_2 & c_2 \\ a_3 & b_3 & c_3 \end{vmatrix}+\begin{vmatrix} a_1 & b_1 & c_1 \\ a_2 & b_2 & c_2 \\ a_3 & b_3 & c_3 \end{vmatrix}.$$

性质 5.5 将行列式中任两行交换位置，则其值改变符号．

如：
$$\begin{vmatrix} a_1 & b_1 & c_1 \\ a_2 & b_2 & c_2 \\ a_3 & b_3 & c_3 \end{vmatrix}=-\begin{vmatrix} a_3 & b_3 & c_3 \\ a_2 & b_2 & c_2 \\ a_1 & b_1 & c_1 \end{vmatrix}.$$

性质 5.6 若行列式有两行相同，则行列式的值为 0.

证 设行列式的值为 D，当 D 中两个相同的行交换位置后，一方面行列式改变正负号，另一方面行列式的值又不变，即 $-D=D$，从而 $D=0$.

性质 5.7 若行列式中两行的元素对应成比例，则行列式的值为 0.

如：
$$\begin{vmatrix} a_1 & b_1 & c_1 \\ a_2 & b_2 & c_2 \\ ka_1 & kb_1 & kc_1 \end{vmatrix}=0.$$

性质 5.8 若将行列式的某一行的 k 倍加到另一行上，行列式的值不变．

如：

$$\begin{vmatrix} a_1 & b_1 & c_1 \\ a_2+ka_3 & b_2+kb_3 & c_2+kc_3 \\ a_3 & b_3 & c_3 \end{vmatrix} = \begin{vmatrix} a_1 & b_1 & c_1 \\ a_2 & b_2 & c_2 \\ a_3 & b_3 & c_3 \end{vmatrix}.$$

证　利用性质 5.4，把等号左边分成两个行列式之和，再用性质 5.7，立刻得到等号右边．

例 5　计算行列式

$$\begin{vmatrix} 1+a & 1 & 1 \\ 1 & 1+a & 1 \\ 1 & 1 & 1+a \end{vmatrix}.$$

解　方法 1：　可将第二、三列加到第 1 列上，再将第 1 列提出公因式 $(3+a)$，然后化为上三角行列式．

$$\begin{vmatrix} 1+a & 1 & 1 \\ 1 & 1+a & 1 \\ 1 & 1 & 1+a \end{vmatrix} = (3+a)\begin{vmatrix} 1 & 1 & 1 \\ 1 & 1+a & 1 \\ 1 & 1 & 1+a \end{vmatrix} = (3+a)\begin{vmatrix} 1 & 1 & 1 \\ 0 & a & 0 \\ 0 & o & a \end{vmatrix} = (3+a)a^2.$$

方法 2：　将每一列写成两列之和，有

$$\begin{vmatrix} 1+a & 1 & 1 \\ 1 & 1+a & 1 \\ 1 & 1 & 1+a \end{vmatrix} = \begin{vmatrix} 1+a & 1+0 & 1+0 \\ 1+0 & 1+a & 1+0 \\ 1+0 & 1+0 & 1+a \end{vmatrix} = D$$

将这个行列式 D 写成 8 个行列式之和，这 8 个行列式中若有两列或三列为 1，1，1，其值必为 0，这样的行列式共有 4 个，剩下的 4 个行列式的和为

$$D = \begin{vmatrix} a & 0 & 0 \\ 0 & a & 0 \\ 0 & 0 & a \end{vmatrix} + \begin{vmatrix} 1 & 0 & 0 \\ 1 & a & 0 \\ 1 & 0 & a \end{vmatrix} + \begin{vmatrix} a & 1 & 0 \\ 0 & 1 & 0 \\ 0 & 1 & a \end{vmatrix} + \begin{vmatrix} a & 0 & 1 \\ 0 & a & 1 \\ 0 & 0 & 1 \end{vmatrix}$$

$$= a^3 + a^2 + a^2 + a^2 = a^3 + 3a^2 = a^2(3+a).$$

定理 5.1　n 阶行列式 $D = \begin{vmatrix} a_{11} & a_{12} & \cdots & a_{1n} \\ a_{21} & a_{22} & \cdots & a_{2n} \\ \vdots & \vdots & & \vdots \\ a_{n1} & a_{n2} & \cdots & a_{nn} \end{vmatrix}$ 等于它的任意一行的各元素与其对应的代数余子式乘积的和，即

$$D = a_{i1}A_{i1} + a_{i2}A_{i2} + \cdots + a_{in}A_{in} \ (i=1,2,\cdots,n).$$

称上面等式为把 D 按第 i 行展开公式，由于行列式中行与列的地位对称，也有相仿的行列式 D 按第 j 列展开公式

$$D=a_{1j}A_{1j}+a_{2j}A_{2j}+\cdots+a_{nj}A_{nj}\quad (j=1,2,\cdots,n).$$

定理 5.2 行列式的某一行(或列)的各个元素乘另一行(或列)对应元素的代数余子式之和等于 0,即

$$a_{i1}A_{j1}+a_{i2}A_{j2}+\cdots+a_{in}A_{jn}=0,\quad a_{1i}A_{1j}+a_{2i}A_{2j}+\cdots+a_{ni}A_{nj}=0,$$

其中 $i,j=1,2,\cdots,n$,且 $i\neq j$.

证 构造一个第 i 行和第 j 行元素完全相同的 n 阶行列式. 一方面按第 j 行展开,另一方面根据性质 5.6,该行列式的值为 0,即

$$a_{i1}A_{j1}+a_{i2}A_{j2}+\cdots+a_{in}A_{jn}=\begin{vmatrix} a_{11} & a_{12} & \cdots & a_{1n} \\ \vdots & \vdots & & \vdots \\ a_{i1} & a_{i2} & \cdots & a_{in} \\ \vdots & \vdots & & \vdots \\ a_{i1} & a_{i2} & \cdots & a_{in} \\ \vdots & \vdots & & \vdots \\ a_{n1} & a_{n2} & \cdots & a_{nn} \end{vmatrix}=0.$$

例 6 计算四阶行列式

$$D=\begin{vmatrix} 2 & -1 & -1 & 1 \\ 1 & -3 & 0 & -6 \\ 0 & 2 & -1 & 2 \\ 1 & 4 & -3 & 5 \end{vmatrix}.$$

解 $$D=\begin{vmatrix} 2 & -1 & -1 & 1 \\ 1 & -3 & 0 & -6 \\ 0 & 2 & -1 & 2 \\ 1 & 4 & -3 & 5 \end{vmatrix}=\begin{vmatrix} 2 & -3 & -1 & -1 \\ 1 & -3 & 0 & -6 \\ 0 & 0 & -1 & 0 \\ 1 & -2 & -3 & -1 \end{vmatrix}$$

$$=(-1)\times(-1)^{3+3}\begin{vmatrix} 2 & -3 & -1 \\ 1 & -3 & -6 \\ 1 & -2 & -1 \end{vmatrix}$$

$$=-\begin{vmatrix} 0 & 1 & 1 \\ 0 & -1 & -5 \\ 1 & -2 & -1 \end{vmatrix}=-(-1)^{3+1}\begin{vmatrix} 1 & 1 \\ -1 & -5 \end{vmatrix}=4.$$

例 7 计算四阶行列式

$$D=\begin{vmatrix} 1 & 2 & 3 & 4 \\ 2 & 3 & 4 & 1 \\ 3 & 4 & 1 & 2 \\ 4 & 1 & 2 & 3 \end{vmatrix}.$$

解　$D=\begin{vmatrix}10&2&3&4\\10&3&4&1\\10&4&1&2\\10&1&2&3\end{vmatrix}=10\begin{vmatrix}1&2&3&4\\1&3&4&1\\1&4&1&2\\1&1&2&3\end{vmatrix}=10\begin{vmatrix}1&2&3&4\\0&1&1&-3\\0&2&-2&-2\\0&-1&-1&-1\end{vmatrix}$

$$=-20\begin{vmatrix}1&1&-3\\1&-1&-1\\1&1&1\end{vmatrix}=-20\begin{vmatrix}1&1&-3\\1&-1&-1\\2&0&0\end{vmatrix}=-40\begin{vmatrix}1&-3\\-1&-1\end{vmatrix}=160.$$

例 8　计算

$$D_n=\begin{vmatrix}x&a&\cdots&a\\a&x&\cdots&a\\\vdots&\vdots&&\vdots\\a&a&\cdots&x\end{vmatrix}.$$

解　$D_n=[x+(n-1)a]\begin{vmatrix}1&1&\cdots&1\\a&x&\cdots&a\\\vdots&\vdots&&\vdots\\a&a&\cdots&x\end{vmatrix}$

$$=[x+(n-1)a]\begin{vmatrix}1&1&\cdots&1\\0&x-a&\cdots&0\\\vdots&\vdots&&\vdots\\0&0&\cdots&x-a\end{vmatrix}$$

$$=[x+(n-1)a](x-a)^{n-1}.$$

5.1.4　克莱姆法则

定理 5.3(克莱姆法则)　如果线性方程组

$$\begin{cases}a_{11}x_1+a_{12}x_2+\cdots+a_{1n}x_n=b_1\\a_{21}x_1+a_{22}x_2+\cdots+a_{2n}x_n=b_2\\\qquad\cdots\\a_{n1}x_1+a_{n2}x_2+\cdots+a_{nn}x_n=b_n\end{cases}$$

的系数行列式 $D=\begin{vmatrix}a_{11}&a_{12}&\cdots&a_{1n}\\a_{21}&a_{22}&\cdots&a_{2n}\\\vdots&\vdots&&\vdots\\a_{n1}&a_{n2}&\cdots&a_{nn}\end{vmatrix}\neq0$，则线性方程组有唯一解

$$x_j=\frac{D_j}{D}(j=1,2,\cdots,n),$$

其中 D_j 是 D 中的第 j 列元素被常数项替换而得到的 n 阶行列式.

例 9 求解线性方程组

$$\begin{cases} x_1-x_2+x_3-2x_4=2 \\ 2x_1-x_3+4x_4=4 \\ 3x_1+2x_2+x_3=-1 \\ -x_1+2x_2-x_3+2x_4=-4 \end{cases}.$$

解 线性方程组的系数行列式 $D=\begin{vmatrix} 1 & -1 & 1 & -2 \\ 2 & 0 & -1 & 4 \\ 3 & 2 & 1 & 0 \\ -1 & 2 & -1 & 2 \end{vmatrix}=-2\neq 0$,

$$D_1=\begin{vmatrix} 2 & -1 & 1 & -2 \\ 4 & 0 & -1 & 4 \\ -1 & 2 & 1 & 0 \\ -4 & 2 & -1 & 2 \end{vmatrix}=-2, D_2=\begin{vmatrix} 1 & 2 & 1 & -2 \\ 2 & 4 & -1 & 4 \\ 3 & -1 & 1 & 0 \\ -1 & -4 & -1 & 2 \end{vmatrix}=4,$$

$$D_3=\begin{vmatrix} 1 & -1 & 2 & -2 \\ 2 & 0 & 4 & 4 \\ 3 & 2 & -1 & 0 \\ -1 & 2 & -4 & 2 \end{vmatrix}=0, D_4=\begin{vmatrix} 1 & -1 & 1 & 2 \\ 2 & 0 & -1 & 4 \\ 3 & 2 & 1 & -1 \\ -1 & 2 & -1 & -4 \end{vmatrix}=-1.$$

线性方程组的唯一解为

$$x_1=\frac{D_1}{D}=1, x_2=\frac{D_2}{D}=-2, x_3=\frac{D_3}{D}=0, x_4=\frac{D_4}{D}=\frac{1}{2}.$$

推论 5.1 如果齐次线性方程组

$$\begin{cases} a_{11}x_1+a_{12}x_2+\cdots+a_{1n}x_n=0 \\ a_{21}x_1+a_{22}x_2+\cdots+a_{2n}x_n=0 \\ \cdots \\ a_{n1}x_1+a_{n2}x_2+\cdots+a_{nn}x_n=0 \end{cases}$$

的系数行列式 $D=\begin{vmatrix} a_{11} & a_{12} & \cdots & a_{1n} \\ a_{21} & a_{22} & \cdots & a_{2n} \\ \vdots & \vdots & & \vdots \\ a_{n1} & a_{n2} & \cdots & a_{nn} \end{vmatrix}\neq 0$,则齐次线性方程组只有零解,即

$$x_1=x_2=\cdots=x_n=0.$$

推论 5.2 齐次线性方程组 $\begin{cases} a_{11}x_1+a_{12}x_2+\cdots+a_{1n}x_n=0 \\ a_{21}x_1+a_{22}x_2+\cdots+a_{2n}x_n=0 \\ \cdots \\ a_{n1}x_1+a_{n2}x_2+\cdots+a_{nn}x_n=0 \end{cases}$ 有非零解的充要条件是 $D=0$.

5.1.5　应用实例

例 10（插值多项式）　函数 $f(t)$上 4 个点的值由表 5-1 给出，试求三次插值多项式.

表　5-1

t_i	0	1	2	3
$f(t_i)$	3	0	-1	6

解　令三次多项式函数 $p(t)=a_0+a_1t+a_2t^2+a_3t^3$ 过表 5-1 中已知的 4 点，可以得到四元线性方程组

$$\begin{cases} a_0 = 3 \\ a_0+a_1+a_2+a_3=0 \\ a_0+2a_1+4a_2+8a_3=-1 \\ a_0+3a_1+9a_2+27a_3=6 \end{cases}.$$

经计算，可得

$$a_0=3, a_1=-2, a_2=-2, a_3=1,$$

所以三次插值多项式为 $p(t)=3-2t-2t^2+t^3$.

在一般情况下，当给出函数 $f(t)$在$(n+1)$个点 $t_i(i=1,2,\cdots,n+1)$上的值 $f(t_i)$时，就可以用 n 次多项式 $p(t)=a_0+a_1t+a_2t^2+\cdots+a_nt^n$ 对 $f(t)$进行插值.

例 11（减肥配方的实现）　设三种食物每 100 g 中蛋白质、碳水化合物和脂肪的含量如表 5-2 所示，其中还给出了 80 年代美国流行的剑桥大学医学院的简洁营养处方. 现在的问题是：如果用这三种食物作为每天的主要食物，那么它们的用量应各取多少，才能全面准确地实现这个营养要求.

表　5-2

营　　养	每 100 g 食物所含营养(g)			减肥所要求的每日营养量
	脱脂牛奶	大豆面粉	乳清	
蛋白质	36	51	13	33
碳水化合物	52	34	74	45
脂肪	0	7	1.1	3

解　设脱脂牛奶的用量为 x_1 个单位（100 g），大豆面粉的用量为 x_2 个单位（100 g），乳清的用量为 x_3 个单位（100 g），要使摄取的营养与剑桥配方的要求相等，就可以得到线性方程组

$$\begin{cases}36x_1+51x_2+\ 13x_3=33\\52x_1+34x_2+\ 74x_3=45.\\\qquad\quad 7x_2+1.1x_3=\ 3\end{cases}$$

经计算,可得

$$x_1=0.277\,2,x_2=0.391\,9,x_3=0.233\,2,$$

即脱脂牛奶的用量约为 27.7 g,大豆面粉的用量约为 39.2 g,乳清的用量约为 23.3 g,就能保证所需的综合营养量.

§5.2 矩　阵

矩阵的概念产生于 19 世纪 50 年代,是为了求解线性方程组的需要,由英国数学家西尔维斯特引入,1858 年英国数学家凯莱在《矩阵论的研究报告》中,较为系统地阐述了矩阵的基本理论,此后矩阵的理论发展迅速,到 19 世纪末,理论体系基本完成.现在,矩阵论已发展成为一门独立的数学分支,在物理学、生物学、经济学等学科中均有大量的应用.

5.2.1 问题的提出

例 1 某航空公司在 A,B,C,D 四个城市之间开辟了若干航线,四个城市间的航班图见表 5-3,有航班通航的用√表示.

表 5-3

发港	到港			
	A	B	C	D
A		√	√	
B	√		√	
C	√			√
D		√		

为便于计算,将表中的√改为数 1,空白的地方填上数 0,得到一个数表

$$\begin{pmatrix}0&1&1&0\\1&0&1&0\\1&0&0&1\\0&1&0&0\end{pmatrix},$$

这个数表反映了四个城市之间航班通航的情况.这个简单的例子表明,不只是数学本身,而且在各种自然科学和社会科学中都经常通过数表来表达相互之间的关系.从数

表可以抽象出矩阵的概念.

5.2.2 矩阵的概念

定义 5.2　设 $m\times n$ 个数 $a_{ij}(i=1,2,\cdots,m;j=1,2,\cdots,n)$ 排成的 m 行 n 列矩形数表

$$\begin{bmatrix} a_{11} & a_{12} & \cdots & a_{1n} \\ a_{21} & a_{22} & \cdots & a_{2n} \\ \vdots & \vdots & & \vdots \\ a_{m1} & a_{m2} & \cdots & a_{mn} \end{bmatrix} \text{或} \begin{pmatrix} a_{11} & a_{12} & \cdots & a_{1n} \\ a_{21} & a_{22} & \cdots & a_{2n} \\ \vdots & \vdots & & \vdots \\ a_{m1} & a_{m2} & \cdots & a_{mn} \end{pmatrix}$$

称为一个 $m\times n$ **矩阵**. 记作 $\boldsymbol{A}_{m\times n}$ 或 $(a_{ij})_{m\times n}$,或 $\boldsymbol{A}=(a_{ij})_{m\times n}$. 其中 a_{ij} 称为矩阵第 i 行第 j 列的**元素**.

若 $\boldsymbol{A}=(a_{ij})_{n\times n}$,称 $\boldsymbol{A}$ 为 **n 阶方阵**.

如:$\begin{pmatrix} 2 & 1 \\ 4 & 5 \end{pmatrix}$称为二阶方阵.

若 $\boldsymbol{A}=(a_1,a_2,\cdots,a_n)$,称 $\boldsymbol{A}$ 为 n 维行矩阵或 n 维行向量.

若 $\boldsymbol{A}=\begin{pmatrix} a_1 \\ a_2 \\ \vdots \\ a_n \end{pmatrix}$,称 $\boldsymbol{A}$ 为 n 维列矩阵或 n 维列向量.

若 $\boldsymbol{A}=(0)_{m\times n}$,即 $\boldsymbol{A}$ 中所有元素均为 0,称 $\boldsymbol{A}$ 为**零矩阵**,记作 $\boldsymbol{O}_{m\times n}$,简记 $\boldsymbol{O}$.

定义 5.3　设 $\boldsymbol{A}=(a_{ij})_{m\times n}$,$\boldsymbol{B}=(b_{ij})_{m\times n}$,称 $\boldsymbol{A},\boldsymbol{B}$ 为**同型矩阵**.

若 $\boldsymbol{A},\boldsymbol{B}$ 为同型矩阵,且 $a_{ij}=b_{ij}(i=1,2,\cdots,m;j=1,2,\cdots,n)$,称矩阵 $\boldsymbol{A}$ 和 $\boldsymbol{B}$ 相等,记作 $\boldsymbol{A}=\boldsymbol{B}$.

若 $\boldsymbol{A}=(a_{ij})_{n\times n}$,则可对 $\boldsymbol{A}$ 取行列式,记作 $|\boldsymbol{A}|=|(a_{ij})_{n\times n}|$ 或 $\det\boldsymbol{A}$.

说明:$\boldsymbol{A}_{n\times n}$ 与 $|\boldsymbol{A}_{n\times n}|$ 是两个不同的概念,前者是 $n\times n$ 的数表,后者是一个数.

如:$\boldsymbol{A}=\begin{pmatrix} 1 & 0 \\ 1 & 0 \end{pmatrix}$或 $\boldsymbol{A}=\begin{pmatrix} 1 & 2 \\ 2 & 4 \end{pmatrix}$均是非零矩阵,即 $\boldsymbol{A}\neq\boldsymbol{O}$,但 $|\boldsymbol{A}|=0$.

5.2.3 矩阵的运算

1. 加法

定义 5.4　设 $\boldsymbol{A}=(a_{ij})_{m\times n}$,$\boldsymbol{B}=(b_{ij})_{m\times n}$,称矩阵

$$\boldsymbol{C}=(\boldsymbol{C}_{ij})_{m\times n}=(\boldsymbol{a}_{ij}+b_{ij})_{m\times n}$$

为矩阵 $\boldsymbol{A}$ 与 $\boldsymbol{B}$ 的**和矩阵**,记作 $\boldsymbol{C}=\boldsymbol{A}+\boldsymbol{B}$.

如：$\boldsymbol{A}=\begin{pmatrix}1&-2&0\\3&4&-5\end{pmatrix}$，$\boldsymbol{B}=\begin{pmatrix}3&4&0\\2&-1&2\end{pmatrix}$，则 $\boldsymbol{A}+\boldsymbol{B}=\begin{pmatrix}4&2&0\\5&3&-3\end{pmatrix}$.

由定义可知，同型矩阵才能相加，加法的法则是对应元素相加．由于数的加法具有交换律和结合律，因此有下列运算性质．

设 $\boldsymbol{A},\boldsymbol{B},\boldsymbol{C},\boldsymbol{O}$ 均为同型矩阵，则

(1) $\boldsymbol{A}+\boldsymbol{B}=\boldsymbol{B}+\boldsymbol{A}$；(交换律)

(2) $\boldsymbol{A}+(\boldsymbol{B}+\boldsymbol{C})=(\boldsymbol{A}+\boldsymbol{B})+\boldsymbol{C}$；(结合律)

(3) $\boldsymbol{A}+\boldsymbol{O}=\boldsymbol{O}+\boldsymbol{A}=\boldsymbol{A}$；

(4) $\boldsymbol{A}+(-\boldsymbol{A})=\boldsymbol{O}$.

若 $\boldsymbol{A}=\begin{pmatrix}a_{11}&\cdots&a_{1n}\\\vdots&&\vdots\\a_{m1}&\cdots&a_{mn}\end{pmatrix}$，称 $-\boldsymbol{A}=\begin{pmatrix}-a_{11}&\cdots&-a_{1n}\\\vdots&&\vdots\\-a_{m1}&\cdots&-a_{mn}\end{pmatrix}$ 为矩阵 $\boldsymbol{A}$ 的**负矩阵**．

矩阵的减法可定义为：$\boldsymbol{A}-\boldsymbol{B}=\boldsymbol{A}+(-\boldsymbol{B})$.

2. 数乘

定义 5.5 设 $\boldsymbol{A}=(a_{ij})_{m\times n}$，$k$ 是一个常数，称矩阵 $(ka_{ij})_{m\times n}$ 为数 k 与矩阵 $\boldsymbol{A}$ 的**数乘**，记作

$$k\boldsymbol{A}=(ka_{ij})_{m\times n}=\begin{pmatrix}ka_{11}&\cdots&ka_{1n}\\\vdots&&\vdots\\ka_{m1}&\cdots&ka_{mn}\end{pmatrix}.$$

如：$\boldsymbol{A}=\begin{pmatrix}3&2&-1\\0&1&4\end{pmatrix}$，$2\boldsymbol{A}=\begin{pmatrix}6&4&-2\\0&2&8\end{pmatrix}$.

由定义可知，k 乘矩阵 $\boldsymbol{A}$，就是把 $\boldsymbol{A}$ 的每个元素都乘数 k. 因此 $\boldsymbol{A}$ 的负矩阵 $-\boldsymbol{A}$ 可看作 -1 乘 $\boldsymbol{A}$，即 $-\boldsymbol{A}=(-1)\boldsymbol{A}=(-a_{ij})_{m\times n}$.

设 $\boldsymbol{A},\boldsymbol{B}$ 为同型矩阵，k,l 为两常数，矩阵的数乘有下列运算性质：

(1) $1\boldsymbol{A}=\boldsymbol{A}$，$0\boldsymbol{A}=\boldsymbol{O}$；

(2) $k(l\boldsymbol{A})=l(k\boldsymbol{A})=(kl)\boldsymbol{A}$；

(3) $k(\boldsymbol{A}+\boldsymbol{B})=k\boldsymbol{A}+k\boldsymbol{B}$；

(4) $(k+l)\boldsymbol{A}=k\boldsymbol{A}+l\boldsymbol{A}$.

例 2 若 $\boldsymbol{A}=\begin{pmatrix}0&1&2\\1&3&4\end{pmatrix}$，$\boldsymbol{B}=\begin{pmatrix}-1&2&1\\-1&0&2\end{pmatrix}$ 满足 $2\boldsymbol{A}-\boldsymbol{X}=\boldsymbol{B}+2\boldsymbol{X}$，求 $\boldsymbol{X}$.

解 由 $2\boldsymbol{A}-\boldsymbol{X}=\boldsymbol{B}+2\boldsymbol{X}$，移项整理得 $\boldsymbol{X}=\frac{1}{3}(2\boldsymbol{A}-\boldsymbol{B})$，把 $\boldsymbol{A}$、$\boldsymbol{B}$ 代入得

$$\boldsymbol{X}=\frac{1}{3}\left(2\begin{pmatrix}0&1&2\\1&3&4\end{pmatrix}-\begin{pmatrix}-1&2&1\\-1&0&2\end{pmatrix}\right)=\begin{pmatrix}\frac{1}{3}&0&1\\1&2&2\end{pmatrix}.$$

例 3　设 $A=\begin{pmatrix}1&2&3\\0&2&1\\0&0&3\end{pmatrix}$,求 $|A|$,$|3A|$.

解　$|A|=\begin{vmatrix}1&2&3\\0&2&1\\0&0&3\end{vmatrix}=1\times2\times3=6$,

$$|3A|=\begin{vmatrix}3&6&9\\0&6&3\\0&0&9\end{vmatrix}=3^3\begin{vmatrix}1&2&3\\0&2&1\\0&0&3\end{vmatrix}=3^3\times6=162.$$

一般地,如 A 是 n 阶方阵,则 $|kA|=k^n|A|$.

例 4　设 A,B 均为三阶矩阵,且 $|A|=3$,$|B|=-2$,求行列式 $\begin{vmatrix}-A&O\\C&3B\end{vmatrix}$ 的值,其中 O 和 C 均为三阶矩阵.

解　$\begin{vmatrix}-A&O\\C&3B\end{vmatrix}=|-A||3B|=(-1)^3|A|3^3|B|=-1\times3\times3^3\times(-2)=162.$

3. 矩阵乘法

例 5　甲、乙两公司生产Ⅰ、Ⅱ、Ⅲ三种型号的微机,月产量(单位:台)为

$$A=\begin{pmatrix}250&200&180\\240&160&270\end{pmatrix}\begin{matrix}甲\\乙\end{matrix}=(a_{ij})_{2\times3},$$

如果生产这三种型号的微机每台的利润(单位:千元/台)为

$$B=\begin{pmatrix}0.5\\0.2\\0.7\end{pmatrix}\begin{matrix}Ⅰ\\Ⅱ\\Ⅲ\end{matrix}=(b_{ij})_{3\times1},$$

那么,这两家公司的月利润(单位:千元)分别为多少?

解　这两家公司的月利润可以用矩阵表示为

$$C=\begin{pmatrix}a_{11}b_{11}+a_{12}b_{21}+a_{13}b_{31}\\a_{21}b_{11}+a_{22}b_{21}+a_{23}b_{31}\end{pmatrix}=\begin{pmatrix}250\times0.5+200\times0.2+180\times0.7\\240\times0.5+160\times0.2+270\times0.7\end{pmatrix}=\begin{pmatrix}291\\341\end{pmatrix},$$

从而得甲公司每月利润为 291 千元,乙公司每月利润为 341 千元.

定义 5.6　设 $A=(a_{ij})_{m\times r}$,$B=(b_{ij})_{r\times n}$,则称 $C=(c_{ij})_{m\times n}$ 为 A 与 B 的乘积,即

$$\begin{pmatrix}a_{11}&a_{12}&\cdots&a_{1r}\\\vdots&\vdots&&\vdots\\a_{i1}&a_{i2}&\cdots&a_{ir}\\\vdots&\vdots&&\vdots\\a_{m1}&a_{m2}&\cdots&a_{mr}\end{pmatrix}\begin{pmatrix}b_{11}&\cdots&b_{1j}&\cdots&b_{1n}\\b_{21}&\cdots&b_{2j}&\cdots&b_{2n}\\\vdots&&\vdots&&\vdots\\b_{r1}&\cdots&b_{rj}&\cdots&b_{rn}\end{pmatrix}=\begin{pmatrix}c_{11}&\cdots&c_{1j}&\cdots&c_{1n}\\\vdots&&\vdots&&\vdots\\c_{i1}&\cdots&c_{ij}&\cdots&c_{in}\\\vdots&&\vdots&&\vdots\\c_{m1}&\cdots&c_{mj}&\cdots&c_{mn}\end{pmatrix}$$

其中

$$c_{ij}=a_{i1}b_{1j}+a_{i2}b_{2j}+\cdots a_{ir}b_{rj}=\sum_{k=1}^{r}a_{ik}b_{kj},$$

记作 $\boldsymbol{C}=\boldsymbol{AB}$.

由定义可知,$\boldsymbol{A}$ 乘以 $\boldsymbol{B}$(或称 $\boldsymbol{A}$ 左乘 $\boldsymbol{B}$ 或称 $\boldsymbol{B}$ 右乘 $\boldsymbol{A}$),要求 $\boldsymbol{A}$ 的列数与 $\boldsymbol{B}$ 的行数相同,否则不能相乘.乘积矩阵 $\boldsymbol{C}$ 的行数和列数分别与 $\boldsymbol{A}$ 的行数和 $\boldsymbol{B}$ 的列数相等.$\boldsymbol{C}$ 的第 i 行第 j 列的元素由矩阵 $\boldsymbol{A}$ 的第 i 行的每个元素与矩阵 $\boldsymbol{B}$ 的第 j 列的相应元素相乘后再相加得到.

根据矩阵乘法定义,例 5 中 $\boldsymbol{C}=\boldsymbol{AB}$.

例 6 设 $\boldsymbol{A}=\begin{pmatrix}1&-2&3\\2&-2&-1\end{pmatrix}$,$\boldsymbol{B}=\begin{pmatrix}1&2\\1&1\\2&0\end{pmatrix}$,求 $\boldsymbol{AB}$,$\boldsymbol{BA}$.

解 $\boldsymbol{AB}=\begin{pmatrix}1&-2&3\\2&-2&-1\end{pmatrix}\begin{pmatrix}1&2\\1&1\\2&0\end{pmatrix}=\begin{pmatrix}5&0\\-2&2\end{pmatrix}$,

$$\boldsymbol{BA}=\begin{pmatrix}1&2\\1&1\\2&0\end{pmatrix}\begin{pmatrix}1&-2&3\\2&-2&-1\end{pmatrix}=\begin{pmatrix}5&-6&1\\3&-4&2\\2&-4&6\end{pmatrix}.$$

例 7 设 $\boldsymbol{A}=(a_1\quad a_2\quad a_3)$,$\boldsymbol{B}=\begin{pmatrix}b_1\\b_2\\b_3\end{pmatrix}$,求 $\boldsymbol{AB}$,$\boldsymbol{BA}$.

解 $\boldsymbol{AB}=(a_1\quad a_2\quad a_3)\begin{pmatrix}b_1\\b_2\\b_3\end{pmatrix}=a_1b_1+a_2b_2+a_3b_3$,

$$\boldsymbol{BA}=\begin{pmatrix}b_1\\b_2\\b_3\end{pmatrix}(a_1\quad a_2\quad a_3)=\begin{pmatrix}b_1a_1&b_1a_2&b_1a_3\\b_2a_1&b_2a_2&b_2a_3\\b_3a_1&b_3a_2&b_3a_3\end{pmatrix}.$$

例 8 设 $\boldsymbol{A}=\begin{pmatrix}2&2\\-2&-2\end{pmatrix}$,$\boldsymbol{B}=\begin{pmatrix}1&0\\-1&0\end{pmatrix}$,求 $\boldsymbol{AB}$,$\boldsymbol{BA}$.

解 $\boldsymbol{AB}=\begin{pmatrix}2&2\\-2&-2\end{pmatrix}\begin{pmatrix}1&0\\-1&0\end{pmatrix}=\begin{pmatrix}0&0\\0&0\end{pmatrix}=\boldsymbol{O}_{2\times2}$,

$$\boldsymbol{BA}=\begin{pmatrix}1&0\\-1&0\end{pmatrix}\begin{pmatrix}2&2\\-2&-2\end{pmatrix}=\begin{pmatrix}2&2\\-2&-2\end{pmatrix}.$$

从以上三例可看到，矩阵相乘，一般不满足交换律，即 $\boldsymbol{AB}\neq\boldsymbol{BA}$. 从例 8 还看到，虽然 $\boldsymbol{A}\neq\boldsymbol{O},\boldsymbol{B}\neq\boldsymbol{O}$，但却有 $\boldsymbol{AB}=\boldsymbol{O}$. 因此矩阵相乘一般不满足消去律，即若 $\boldsymbol{AB}=\boldsymbol{AC}$ 且 $\boldsymbol{A}\neq\boldsymbol{O}$，则不一定有 $\boldsymbol{B}=\boldsymbol{C}$.

设矩阵 $\boldsymbol{A},\boldsymbol{B},\boldsymbol{C},\boldsymbol{O}$ 之间可进行运算，则有下列运算性质

(1) $\boldsymbol{OA}=\boldsymbol{O},\boldsymbol{AO}=\boldsymbol{O}$;

(2) $k(\boldsymbol{AB})=(k\boldsymbol{A})\boldsymbol{B}=\boldsymbol{A}(k\boldsymbol{B})$;

(3) $\boldsymbol{A}(\boldsymbol{BC})=(\boldsymbol{AB})\boldsymbol{C}$（结合律）;

(4) $\boldsymbol{A}(\boldsymbol{B}+\boldsymbol{C})=\boldsymbol{AB}+\boldsymbol{AC}$（左乘分配律）;

(5) $(\boldsymbol{B}+\boldsymbol{C})\boldsymbol{A}=\boldsymbol{BA}+\boldsymbol{CA}$（右乘分配律）.

设 $\boldsymbol{A}$ 是 n 阶方阵，可定义 $\boldsymbol{A}$ 的方幂为

$$\boldsymbol{A}^1=\boldsymbol{A};\boldsymbol{A}^2=\boldsymbol{AA};\cdots;\boldsymbol{A}^{k+1}=\boldsymbol{A}^k\boldsymbol{A}(k=1,2,\cdots).$$

由方阵方幂的定义和矩阵的运算性质可得

(1) $\boldsymbol{A}^k\boldsymbol{A}^l=\boldsymbol{A}^{k+l}L$;

(2) $(\boldsymbol{A}^k)^l=\boldsymbol{A}^{kl}(k,l$ 为正整数).

但是，因为矩阵乘法不满足交换律，故 $(\boldsymbol{AB})^k\neq\boldsymbol{A}^k\boldsymbol{B}^k$.

若 n 阶方阵的主对角线上元素全为 1，其余元素全为 0，即

$$\begin{pmatrix}1&0&\cdots&0&0\\0&1&&0&0\\\vdots&\vdots&&\vdots&\vdots\\0&0&\cdots&0&1\end{pmatrix},$$

称为 n 阶**单位矩阵**，记作 $\boldsymbol{I}_n$（或 $\boldsymbol{E}_n$），有时简记为 $\boldsymbol{I}$.

单位矩阵在矩阵乘法中的作用相当于数 1 在普通数的乘法中的作用．即

$$\boldsymbol{I}_m\boldsymbol{A}_{m\times n}-\boldsymbol{A}_{m\times n},\quad \boldsymbol{A}_{m\times n}\boldsymbol{I}_n-\boldsymbol{A}_{m\times n},\quad \boldsymbol{A}_{n\times n}\boldsymbol{I}_n-\boldsymbol{I}_n\boldsymbol{A}_{n\times n}-\boldsymbol{A}_{n\times n}.$$

对于 n 阶方阵 $\boldsymbol{A}$，规定 $\boldsymbol{A}^0=\boldsymbol{I}$.

例 9　设 $\boldsymbol{A}=\begin{pmatrix}a_1b_1&a_1b_2&a_1b_3\\a_2b_1&a_2b_2&a_2b_3\\a_3b_1&a_3b_2&a_3b_3\end{pmatrix}$，证明 $\boldsymbol{A}^2=l\boldsymbol{A}$（其中 l 为常数），并求 l.

证　$\boldsymbol{A}=\begin{pmatrix}a_1b_1&a_1b_2&a_1b_3\\a_2b_1&a_2b_2&a_2b_3\\a_3b_1&a_3b_2&a_3b_3\end{pmatrix}=\begin{pmatrix}a_1\\a_2\\a_3\end{pmatrix}(b_1\quad b_2\quad b_3)$,

$$\boldsymbol{A}^2=\left[\begin{pmatrix}a_1\\a_2\\a_3\end{pmatrix}(b_1\quad b_2\quad b_3)\right]\left[\begin{pmatrix}a_1\\a_2\\a_3\end{pmatrix}(b_1\quad b_2\quad b_3)\right]$$

$$=\begin{bmatrix}a_1\\a_2\\a_3\end{bmatrix}\left[(b_1\quad b_2\quad b_3)\begin{bmatrix}a_1\\a_2\\a_3\end{bmatrix}\right](b_1\quad b_2\quad b_3)$$

$$=(a_1b_1+a_2b_2+a_3b_3)\left[\begin{bmatrix}a_1\\a_2\\a_3\end{bmatrix}(b_1\quad b_2\quad b_3)\right]=(a_1b_1+a_2b_2+a_3b_3)\boldsymbol{A},$$

因此得 $\boldsymbol{A}^2=l\boldsymbol{A}$，其中 $l=a_1b_1+a_2b_2+a_3b_3$.

例 10 设 $\boldsymbol{A}=\begin{pmatrix}1&1\\0&1\end{pmatrix}$，求 $\boldsymbol{A}^n$.

解 $\boldsymbol{A}^2=\begin{pmatrix}1&1\\0&1\end{pmatrix}\begin{pmatrix}1&1\\0&1\end{pmatrix}=\begin{pmatrix}1&2\\0&1\end{pmatrix}$,

$\boldsymbol{A}^3=\boldsymbol{A}^2\boldsymbol{A}=\begin{pmatrix}1&2\\0&1\end{pmatrix}\begin{pmatrix}1&1\\0&1\end{pmatrix}=\begin{pmatrix}1&3\\0&1\end{pmatrix}$

利用数学归纳法，可得 $\boldsymbol{A}^n=\begin{pmatrix}1&n\\0&1\end{pmatrix}$.

例 11 利用矩阵乘法，表示线性方程组

$$\begin{cases}x_1-2x_2+3x_3=1\\2x_1+x_2-3x_3=2.\\3x_1-5x_2+x_3=0\end{cases}$$

解 根据矩阵乘法定义，线性方程组等号的左边可表示为

$$\begin{bmatrix}1&-2&3\\2&1&-3\\3&-5&1\end{bmatrix}\begin{bmatrix}x_1\\x_2\\x_3\end{bmatrix},$$

令

$$\boldsymbol{A}=\begin{bmatrix}1&-2&3\\2&1&-3\\3&-5&1\end{bmatrix},\boldsymbol{x}=\begin{bmatrix}x_1\\x_2\\x_3\end{bmatrix},\boldsymbol{b}=\begin{bmatrix}1\\2\\0\end{bmatrix},$$

则该线性方程组可表示为

$$\boldsymbol{Ax}=\boldsymbol{b}.$$

4. 矩阵的转置

定义 5.7 设矩阵 $A=\begin{bmatrix}a_{11}&a_{12}&\cdots&a_{1n}\\a_{21}&a_{22}&\cdots&a_{2n}\\\vdots&\vdots&&\vdots\\a_{m1}&a_{m2}&\cdots&a_{mn}\end{bmatrix}$，称 $\begin{bmatrix}a_{11}&a_{21}&\cdots&a_{m1}\\a_{12}&a_{22}&\cdots&a_{m2}\\\vdots&\vdots&&\vdots\\a_{1n}&a_{2n}&\cdots&a_{mn}\end{bmatrix}$ 为矩阵 $\boldsymbol{A}$ 的

转置矩阵，记作 $\boldsymbol{A}^{\mathrm{T}}$.

由定义可知，转置矩阵 $\boldsymbol{A}^{\mathrm{T}}=(a_{ji})_{n\times m}$ 是将矩阵 $\boldsymbol{A}=(a_{ij})_{m\times n}$ 的行与列互换而得到的.

如：$\begin{pmatrix}1&2&3\\-2&1&5\end{pmatrix}^{\mathrm{T}}=\begin{pmatrix}1&-2\\2&1\\3&5\end{pmatrix}$，

$$(x_1,x_2,\cdots,x_n)^{\mathrm{T}}=\begin{pmatrix}x_1\\x_2\\\vdots\\x_n\end{pmatrix}.$$

设 $\boldsymbol{A},\boldsymbol{B}$ 为矩阵，k 是常数，则有下列运算性质.

(1) $(\boldsymbol{A}^{\mathrm{T}})^{\mathrm{T}}=\boldsymbol{A}$；

(2) $(\boldsymbol{A}+\boldsymbol{B})^{\mathrm{T}}=\boldsymbol{A}^{\mathrm{T}}+\boldsymbol{B}^{\mathrm{T}}$；

(3) $(k\boldsymbol{A})^{\mathrm{T}}=k\boldsymbol{A}^{\mathrm{T}}$；

(4) $(\boldsymbol{A}\boldsymbol{B})^{\mathrm{T}}=\boldsymbol{B}^{\mathrm{T}}\boldsymbol{A}^{\mathrm{T}}$.

例 12　设 $\boldsymbol{A}=\begin{pmatrix}1&-1&0\\-1&0&2\end{pmatrix}$，$\boldsymbol{B}=\begin{pmatrix}1&-1\\2&1\\3&2\end{pmatrix}$，证明 $(\boldsymbol{A}\boldsymbol{B})^{\mathrm{T}}=\boldsymbol{B}^{\mathrm{T}}\boldsymbol{A}^{\mathrm{T}}$.

证　$$(\boldsymbol{A}\boldsymbol{B})^{\mathrm{T}}=\left[\begin{pmatrix}1&-1&0\\-1&0&2\end{pmatrix}\begin{pmatrix}1&-1\\2&1\\3&2\end{pmatrix}\right]^{\mathrm{T}}=\begin{pmatrix}-1&-2\\5&5\end{pmatrix}^{\mathrm{T}}=\begin{pmatrix}-1&5\\-2&5\end{pmatrix},$$

$$\boldsymbol{B}^{\mathrm{T}}\boldsymbol{A}^{\mathrm{T}}=\begin{pmatrix}1&2&3\\-1&1&2\end{pmatrix}\begin{pmatrix}1&-1\\-1&0\\0&2\end{pmatrix}=\begin{pmatrix}-1&5\\-2&5\end{pmatrix},$$

所以 $(\boldsymbol{A}\boldsymbol{B})^{\mathrm{T}}=\boldsymbol{B}^{\mathrm{T}}\boldsymbol{A}^{\mathrm{T}}$.

5. 方阵乘积的行列式

定理 5.4　设 $\boldsymbol{A},\boldsymbol{B}$ 均为 n 阶方阵，则 $|\boldsymbol{A}\boldsymbol{B}|=|\boldsymbol{A}|\,|\boldsymbol{B}|$.

证　只证 $\boldsymbol{A},\boldsymbol{B}$ 均为二阶行列式的情况，设 $\boldsymbol{A}=\begin{pmatrix}a_{11}&a_{12}\\a_{21}&a_{22}\end{pmatrix}$，$\boldsymbol{B}=\begin{pmatrix}b_{11}&b_{12}\\b_{21}&b_{22}\end{pmatrix}$，构造四阶矩阵

$$\boldsymbol{D}=\begin{pmatrix}a_{11}&a_{12}&0&0\\a_{21}&a_{22}&0&0\\-1&0&b_{11}&b_{12}\\0&-1&b_{21}&b_{22}\end{pmatrix},$$

则 $|\boldsymbol{D}|=\begin{vmatrix}a_{11} & a_{12}\\ a_{21} & a_{22}\end{vmatrix}\begin{vmatrix}b_{11} & b_{12}\\ b_{21} & b_{22}\end{vmatrix}=|\boldsymbol{A}|\,|\boldsymbol{B}|$.

另一方面,对 $|\boldsymbol{D}|$ 进行恒等变形:

$$|\boldsymbol{D}|=\begin{vmatrix}a_{11} & a_{12} & 0 & 0\\ a_{21} & a_{22} & 0 & 0\\ -1 & 0 & b_{11} & b_{12}\\ 0 & -1 & b_{21} & b_{22}\end{vmatrix}=\begin{vmatrix}a_{11} & a_{12} & a_{11}b_{11}+a_{12}b_{21} & 0\\ a_{21} & a_{22} & a_{21}b_{11}+a_{22}b_{21} & 0\\ -1 & 0 & 0 & b_{12}\\ 0 & -1 & 0 & b_{22}\end{vmatrix}$$

$$=\begin{vmatrix}a_{11} & a_{12} & a_{11}b_{11}+a_{12}b_{21} & a_{11}b_{12}+a_{12}b_{22}\\ a_{21} & a_{22} & a_{21}b_{11}+a_{22}b_{21} & a_{21}b_{12}+a_{22}b_{22}\\ -1 & 0 & 0 & 0\\ 0 & -1 & 0 & 0\end{vmatrix}$$

$$=(-1)^{2\times 2}\begin{vmatrix}-1 & 0\\ 0 & -1\end{vmatrix}\begin{vmatrix}a_{11}b_{11}+a_{12}b_{21} & a_{11}b_{12}+a_{12}b_{22}\\ a_{21}b_{11}+a_{22}b_{21} & a_{21}b_{12}+a_{22}b_{22}\end{vmatrix}=(-1)^4\ (-1)^2\,|\boldsymbol{AB}|=|\boldsymbol{AB}|,$$

所以 $|\boldsymbol{AB}|=|\boldsymbol{A}|\,|\boldsymbol{B}|$.

推论 5.3 如果 $\boldsymbol{A}_1,\boldsymbol{A}_2,\cdots,\boldsymbol{A}_m$ 均为 n 阶矩阵,则 $|\boldsymbol{A}_1\boldsymbol{A}_2\cdots\boldsymbol{A}_m|=|\boldsymbol{A}_1|\,|\boldsymbol{A}_2|\cdots|\boldsymbol{A}_m|$.

5.2.4 逆矩阵

1. 逆矩阵的概念和性质

定义 5.8 设 $\boldsymbol{A}$ 是 n 阶矩阵,如果存在 n 阶矩阵 $\boldsymbol{B}$,使得

$$\boldsymbol{AB}=\boldsymbol{BA}=\boldsymbol{I},$$

则称 $\boldsymbol{A}$ 是**可逆矩阵**,$\boldsymbol{B}$ 是 $\boldsymbol{A}$ 的**逆矩阵**,记作 $\boldsymbol{A}^{-1}=\boldsymbol{B}$.

显然 $\boldsymbol{A}$ 与 $\boldsymbol{B}$ 对称,若 $\boldsymbol{A}$ 是可逆的,则 $\boldsymbol{B}$ 也可逆,且 $\boldsymbol{B}^{-1}=\boldsymbol{A}$.

如:$\boldsymbol{A}=\begin{pmatrix}1 & -1\\ 1 & 1\end{pmatrix}$,$\boldsymbol{B}=\begin{pmatrix}\frac{1}{2} & \frac{1}{2}\\ -\frac{1}{2} & \frac{1}{2}\end{pmatrix}$,满足 $\boldsymbol{AB}=\boldsymbol{BA}=\boldsymbol{I}$,故 $\boldsymbol{B}$ 是 $\boldsymbol{A}$ 的逆矩阵,即 $\boldsymbol{B}=\boldsymbol{A}^{-1}$.

又如单位矩阵可逆,且 $\boldsymbol{I}_n{}^{-1}=\boldsymbol{I}_n$.

定理 5.5 若 $\boldsymbol{A}$ 是可逆矩阵,则 $\boldsymbol{A}$ 的逆矩阵唯一.

证 设 $\boldsymbol{B}$ 和 $\boldsymbol{C}$ 均为 $\boldsymbol{A}$ 的逆矩阵,即 $\boldsymbol{AB}=\boldsymbol{BA}=\boldsymbol{I}$,$\boldsymbol{AC}=\boldsymbol{CA}=\boldsymbol{I}$,则

$$\boldsymbol{B}=\boldsymbol{BI}=\boldsymbol{B}(\boldsymbol{AC})=(\boldsymbol{BA})\boldsymbol{C}=\boldsymbol{IC}=\boldsymbol{C},$$

所以 $\boldsymbol{A}$ 的逆矩阵唯一.

定理 5.6 设 $\boldsymbol{A},\boldsymbol{B}$ 均为 n 阶方阵,

(1) 若 $\boldsymbol{A}$ 可逆,则 $\boldsymbol{A}^{-1}$ 也可逆,且 $(\boldsymbol{A}^{-1})^{-1}=\boldsymbol{A}$;

(2) 若 $\boldsymbol{A}$ 可逆,$k\neq0$,则 $k\boldsymbol{A}$ 也可逆,且$(k\boldsymbol{A})^{-1}=\frac{1}{k}\boldsymbol{A}^{-1}$;

(3) 若 $\boldsymbol{A}$ 与 $\boldsymbol{B}$ 都可逆,则 $\boldsymbol{AB}$ 也可逆,且$(\boldsymbol{AB})^{-1}=\boldsymbol{B}^{-1}\boldsymbol{A}^{-1}$;

(4) 若 $\boldsymbol{A}$ 可逆,则 $\boldsymbol{A}^{\mathrm{T}}$ 也可逆,且$(\boldsymbol{A}^{\mathrm{T}})^{-1}=(\boldsymbol{A}^{-1})^{\mathrm{T}}$;

(5) 若 $\boldsymbol{A}$ 可逆,则$|\boldsymbol{A}|\,|\boldsymbol{A}^{-1}|=1$.

证　(1) 若 $\boldsymbol{A}$ 可逆,则有 $\boldsymbol{AA}^{-1}=\boldsymbol{A}^{-1}\boldsymbol{A}=\boldsymbol{I}$. 所以 $\boldsymbol{A}^{-1}$ 可逆,且 $\boldsymbol{A}$ 是 $\boldsymbol{A}^{-1}$ 的逆矩阵,即$(\boldsymbol{A}^{-1})^{-1}=\boldsymbol{A}$.

(2) $(k\boldsymbol{A})\left(\frac{1}{k}\boldsymbol{A}^{-1}\right)=\left(k\cdot\frac{1}{k}\right)\boldsymbol{AA}^{-1}=\boldsymbol{I}=\left(\frac{1}{k}\boldsymbol{A}^{-1}\right)(k\boldsymbol{A})$, 所以 $k\boldsymbol{A}$ 可逆,且$(k\boldsymbol{A})^{-1}=\frac{1}{k}\boldsymbol{A}^{-1}$.

(3) $(\boldsymbol{AB})(\boldsymbol{B}^{-1}\boldsymbol{A}^{-1})=\boldsymbol{A}(\boldsymbol{BB}^{-1})\boldsymbol{A}^{-1}=\boldsymbol{AIA}^{-1}=\boldsymbol{AA}^{-1}=\boldsymbol{I}$,同理可证$(\boldsymbol{B}^{-1}\boldsymbol{A}^{-1})(\boldsymbol{AB})=\boldsymbol{I}$,所以 $\boldsymbol{AB}$ 可逆,且$(\boldsymbol{AB})^{-1}=\boldsymbol{B}^{-1}\boldsymbol{A}^{-1}$.

(4) $\boldsymbol{A}^{\mathrm{T}}(\boldsymbol{A}^{-1})^{\mathrm{T}}=(\boldsymbol{A}^{-1}\boldsymbol{A})^{\mathrm{T}}=\boldsymbol{I}^{\mathrm{T}}=\boldsymbol{I}$,及$(\boldsymbol{A}^{-1})^{\mathrm{T}}\boldsymbol{A}^{\mathrm{T}}=(\boldsymbol{AA}^{-1})^{\mathrm{T}}=\boldsymbol{I}^{\mathrm{T}}=\boldsymbol{I}$,所以 $\boldsymbol{A}^{\mathrm{T}}$ 可逆,且$(\boldsymbol{A}^{\mathrm{T}})^{-1}=(\boldsymbol{A}^{-1})^{\mathrm{T}}$.

(5) 由 $\boldsymbol{AA}^{-1}=\boldsymbol{I}$. 有$|\boldsymbol{AA}^{-1}|=|\boldsymbol{I}|$ 即$|\boldsymbol{A}|\,|\boldsymbol{A}^{-1}|=1$,或$|\boldsymbol{A}^{-1}|=\frac{1}{|\boldsymbol{A}|}$.

推论 5.4　设 $\boldsymbol{A}_1,\boldsymbol{A}_2,\cdots,\boldsymbol{A}_s$ 是 s 个 n 阶可逆矩阵,则 $\boldsymbol{A}_1\boldsymbol{A}_2\cdots\boldsymbol{A}_s$ 也可逆,且

$$(\boldsymbol{A}_1\boldsymbol{A}_2\cdots\boldsymbol{A}_s)^{-1}=\boldsymbol{A}_s^{-1}\boldsymbol{A}_{s-1}^{-1}\cdots\boldsymbol{A}_1^{-1}.$$

一般地,两个可逆矩阵的和不一定可逆. 即$(\boldsymbol{A}+\boldsymbol{B})^{-1}\neq\boldsymbol{A}^{-1}+\boldsymbol{B}^{-1}$.

例 13　若 $\boldsymbol{A}$ 为可逆矩阵,则线性方程组 $\boldsymbol{Ax}=\boldsymbol{b}$ 有唯一解 $\boldsymbol{A}^{-1}\boldsymbol{b}$.

证　先证 $\boldsymbol{x}=\boldsymbol{A}^{-1}\boldsymbol{b}$ 是 $\boldsymbol{Ax}=\boldsymbol{b}$ 的解,把 $\boldsymbol{A}^{-1}\boldsymbol{b}$ 代入有

$$\boldsymbol{Ax}=\boldsymbol{A}(\boldsymbol{A}^{-1}\boldsymbol{b})=(\boldsymbol{AA}^{-1})\boldsymbol{b}=\boldsymbol{Ib}=\boldsymbol{b},$$

所以 $\boldsymbol{x}=\boldsymbol{A}^{-1}\boldsymbol{b}$ 是方程 $\boldsymbol{Ax}-\boldsymbol{b}$ 的解.

再证唯一性. 设 $\boldsymbol{x}_0$ 也是 $\boldsymbol{Ax}=\boldsymbol{b}$ 的解,即 $\boldsymbol{Ax}_0=\boldsymbol{b}$,两边左乘 $\boldsymbol{A}^{-1}$,得

$$\boldsymbol{A}^{-1}(\boldsymbol{Ax}_0)=\boldsymbol{A}^{-1}\boldsymbol{b},$$

所以 $\boldsymbol{x}_0=\boldsymbol{A}^{-1}\boldsymbol{b}$.

2. 矩阵可逆的条件

定义 5.9　设 $\boldsymbol{A}=(a_{ij})_{n\times n}$,令 $\boldsymbol{A}_{ij}$ 为 $\boldsymbol{A}$ 的行列式$|\boldsymbol{A}|$中元素 a_{ij} 的代数余子式,将这 n^2 个 $\boldsymbol{A}_{ij}(i,j=1,2,\cdots,n)$排成一个 n 阶矩阵,记作 $\boldsymbol{A}^*$,即

$$\boldsymbol{A}^*=\begin{pmatrix} A_{11} & A_{21} & \cdots & A_{n1} \\ A_{12} & A_{22} & \cdots & A_{n2} \\ \vdots & \vdots & & \vdots \\ A_{1n} & A_{2n} & \cdots & A_{nn} \end{pmatrix},$$

称 $\boldsymbol{A}^*$ 为 $\boldsymbol{A}$ 的**伴随矩阵**,即 $\boldsymbol{A}^*=(\boldsymbol{A}_{ji})_{n\times n}$,有

$$\boldsymbol{AA}^*=\begin{pmatrix} a_{11} & a_{12} & \cdots & a_{1n} \\ a_{21} & a_{22} & \cdots & a_{2n} \\ \cdots & \cdots & & \cdots \\ a_{n1} & a_{n2} & \cdots & a_{nn} \end{pmatrix}\begin{pmatrix} A_{11} & A_{21} & \cdots & A_{n1} \\ A_{12} & A_{22} & \cdots & A_{n2} \\ \vdots & \vdots & & \vdots \\ A_{1n} & A_{2n} & \cdots & A_{nn} \end{pmatrix}=\begin{vmatrix} |\boldsymbol{A}| & & & \\ & |\boldsymbol{A}| & & \\ & & \ddots & \\ & & & |\boldsymbol{A}| \end{vmatrix},$$

$$\boldsymbol{A}^*\boldsymbol{A}=\begin{pmatrix} A_{11} & A_{21} & \cdots & A_{n1} \\ A_{12} & A_{22} & \cdots & A_{n2} \\ \vdots & \vdots & & \vdots \\ A_{1n} & A_{2n} & \cdots & A_{nn} \end{pmatrix}\begin{pmatrix} a_{11} & a_{12} & \cdots & a_{1n} \\ a_{21} & a_{22} & \cdots & a_{2n} \\ \cdots & \cdots & & \cdots \\ a_{n1} & a_{n2} & \cdots & a_{nn} \end{pmatrix}=\begin{vmatrix} |\boldsymbol{A}| & & & \\ & |\boldsymbol{A}| & & \\ & & \ddots & \\ & & & |\boldsymbol{A}| \end{vmatrix},$$

从而得到 $\boldsymbol{AA}^*=\boldsymbol{A}^*\boldsymbol{A}=|\boldsymbol{A}|\boldsymbol{I}_n$.

定理 5.7 n 阶矩阵 $\boldsymbol{A}$ 可逆的充要条件是 $|\boldsymbol{A}|\neq 0$.

证 必要性:如 $\boldsymbol{A}$ 可逆,则 $\boldsymbol{AA}^{-1}=\boldsymbol{I}$,两边取行列式,有 $|\boldsymbol{A}|\,|\boldsymbol{A}^{-1}|=|\boldsymbol{I}|=1$. 所以 $|\boldsymbol{A}|\neq 0$.

充分性:如 $|\boldsymbol{A}|\neq 0$. 由 $\boldsymbol{AA}^*=\boldsymbol{A}^*\boldsymbol{A}=|\boldsymbol{A}|\boldsymbol{I}_n$,所以

$$\boldsymbol{A}\left(\frac{1}{|\boldsymbol{A}|}\boldsymbol{A}^*\right)=\left(\frac{1}{|\boldsymbol{A}|}\boldsymbol{A}^*\right)\boldsymbol{A}=\boldsymbol{I}.$$

根据可逆矩阵的定义知 $\boldsymbol{A}$ 可逆,且 $\boldsymbol{A}^{-1}=\dfrac{1}{|\boldsymbol{A}|}\boldsymbol{A}^*$.

推论 5.5 若 $\boldsymbol{AB}=\boldsymbol{I}$,则 $\boldsymbol{A}$ 可逆,且 $\boldsymbol{A}^{-1}=\boldsymbol{B}$.

证 若 $\boldsymbol{AB}=\boldsymbol{I}$,则 $|\boldsymbol{A}|\neq 0$,于是 $\boldsymbol{A}$ 可逆,且有

$$\boldsymbol{BA}=(\boldsymbol{A}^{-1}\boldsymbol{A})\boldsymbol{BA}=\boldsymbol{A}^{-1}(\boldsymbol{AB})\boldsymbol{A}=\boldsymbol{A}^{-1}\boldsymbol{IA}=\boldsymbol{A}^{-1}\boldsymbol{A}=\boldsymbol{I}.$$

所以 $\boldsymbol{A}^{-1}=\boldsymbol{B}$.

显然若 $\boldsymbol{BA}=\boldsymbol{I}$ 时,已有类似结果. 今后若用定义证明 $\boldsymbol{B}=\boldsymbol{A}^{-1}$ 时,只需检查 $\boldsymbol{AB}=\boldsymbol{I}$ 或 $\boldsymbol{BA}=\boldsymbol{I}$ 之一成立即可.

例 14 设 $\boldsymbol{A}=\begin{pmatrix} 1 & 3 \\ 2 & 5 \end{pmatrix}$,问 $\boldsymbol{A}$ 是否可逆,若可逆,求其逆矩阵.

解 $|\boldsymbol{A}|=\begin{vmatrix} 1 & 3 \\ 2 & 5 \end{vmatrix}=5-6=-1\neq 0$,所以 $\boldsymbol{A}$ 可逆,此时 $\boldsymbol{A}^*=\begin{pmatrix} A_{11} & A_{21} \\ A_{12} & A_{22} \end{pmatrix}=\begin{pmatrix} 5 & -3 \\ -2 & 1 \end{pmatrix}$,所以 $\boldsymbol{A}^{-1}=\dfrac{1}{|\boldsymbol{A}|}\boldsymbol{A}^*=\dfrac{1}{-1}\begin{pmatrix} 5 & -3 \\ -2 & 1 \end{pmatrix}=\begin{pmatrix} -5 & 3 \\ 2 & -1 \end{pmatrix}$.

例 15 设 $\boldsymbol{A}=\begin{pmatrix} 3 & 2 & 1 \\ 1 & 1 & 1 \\ 1 & 0 & 1 \end{pmatrix}$,问 $\boldsymbol{A}$ 是否可逆,若可逆,求其逆矩阵.

解 $|\boldsymbol{A}|=2\neq 0$,故 $\boldsymbol{A}$ 可逆.

$$A_{11}=\begin{vmatrix}1 & 1\\0 & 1\end{vmatrix}=1,A_{12}=-\begin{vmatrix}1 & 1\\1 & 1\end{vmatrix}=0,A_{13}=\begin{vmatrix}1 & 1\\1 & 0\end{vmatrix}=-1,$$

$$A_{21}=-\begin{vmatrix}2 & 1\\0 & 1\end{vmatrix}=-2\ ,A_{22}=\begin{vmatrix}3 & 1\\1 & 1\end{vmatrix}=2\ ,A_{23}=-\begin{vmatrix}3 & 2\\1 & 0\end{vmatrix}=2,$$

$$A_{31}=\begin{vmatrix}2 & 1\\1 & 1\end{vmatrix}=1,A_{32}=-\begin{vmatrix}3 & 1\\1 & 1\end{vmatrix}=-2,A_{33}=\begin{vmatrix}3 & 2\\1 & 1\end{vmatrix}=1,$$

所以 $\boldsymbol{A}^{-1}=\dfrac{1}{|\boldsymbol{A}|}\boldsymbol{A}^{*}=\dfrac{1}{2}\begin{pmatrix}1 & -2 & 1\\0 & 2 & -2\\-1 & 2 & 1\end{pmatrix}$.

例 16　设 $\boldsymbol{B}=\begin{pmatrix}b_1 & & \\ & b_2 & \\ & & b_3\end{pmatrix}$，问 $\boldsymbol{B}$ 是否可逆，若可逆，求其逆矩阵.

解　$|\boldsymbol{B}|=b_1b_2b_3\neq0$ 时，即 b_1,b_2,b_3 均不为 0 时，$\boldsymbol{B}$ 可逆，且逆矩阵为对角阵，即

$$\boldsymbol{B}^{-1}=\begin{pmatrix}\dfrac{1}{b_1} & & \\ & \dfrac{1}{b_2} & \\ & & \dfrac{1}{b_3}\end{pmatrix}.$$

例 17　若方阵 $\boldsymbol{A}$ 满足方程 $\boldsymbol{A}^2-3\boldsymbol{A}-10\boldsymbol{I}=\boldsymbol{O}$. 证明 $\boldsymbol{A},\boldsymbol{A}-4\boldsymbol{I}$ 均可逆，并求它们的逆矩阵.

证　由 $\boldsymbol{A}^2-3\boldsymbol{A}-10\boldsymbol{I}=\boldsymbol{O}$ 得 $\boldsymbol{A}(\boldsymbol{A}-3\boldsymbol{I})=10\boldsymbol{I}$，即 $\boldsymbol{A}\left(\dfrac{1}{10}(\boldsymbol{A}-3\boldsymbol{I})\right)=\boldsymbol{I}$，故 $\boldsymbol{A}$ 可逆. 且 $\boldsymbol{A}^{-1}=\dfrac{1}{10}(\boldsymbol{A}-3\boldsymbol{I})$. 再由 $\boldsymbol{A}^2-3\boldsymbol{A}-10\boldsymbol{I}=\boldsymbol{O}$，得 $(\boldsymbol{A}+\boldsymbol{I})(\boldsymbol{A}-4\boldsymbol{I})=6\boldsymbol{I}$，即 $\dfrac{1}{6}(\boldsymbol{A}+\boldsymbol{I})(\boldsymbol{A}-4\boldsymbol{I})=\boldsymbol{I}$，故 $\boldsymbol{A}-4\boldsymbol{I}$ 可逆，且 $(\boldsymbol{A}-4\boldsymbol{I})^{-1}=\dfrac{1}{6}(\boldsymbol{A}+\boldsymbol{I})$.

5.2.5　分块矩阵

1. 分块矩阵的概念

把矩阵 $\boldsymbol{A}$ 用贯穿矩阵的横线和竖线（称为划分线）分成若干小块，称全部小块按照原来的相关次序组成的矩阵为**分块矩阵**，仍记为 $\boldsymbol{A}$. 其中的每个小块称为 $\boldsymbol{A}$ 的**子块**或**子矩阵**.

显然，同行上的子矩阵有相同的“行数”；同列上的子矩阵有相同的“列数”.

$$如：\boldsymbol{A}=\left(\begin{array}{ccc:cc}1&0&0&2&3\\0&1&0&4&5\\0&0&1&1&2\\ \hdashline 1&2&3&0&0\\4&5&6&0&0\end{array}\right)=\begin{pmatrix}\boldsymbol{I}_3&\boldsymbol{A}_1\\\boldsymbol{A}_2&\boldsymbol{O}\end{pmatrix},$$

其中 $\boldsymbol{A}_1=\begin{pmatrix}2&3\\4&5\\1&2\end{pmatrix}$，$\boldsymbol{A}_2=\begin{pmatrix}1&2&3\\4&5&6\end{pmatrix}$. 称 $\boldsymbol{A}$ 为一个 2×2 的分块矩阵，$\boldsymbol{I}_3,\boldsymbol{A}_1,\boldsymbol{A}_2,\boldsymbol{O}$ 为 $\boldsymbol{A}$ 的 4 个子块．

把一个 $m\times n$ 的矩阵 $\boldsymbol{A}$，在行的方向分成 s 块，在列的方向分成 t 块，称为 $\boldsymbol{A}$ 的 $s\times t$ 分块．记作 $\boldsymbol{A}=(\boldsymbol{A}_{kl})_{s\times t}$.

常用的分块矩阵，除了 2×2 的分块矩阵外，还有以下几种形式．

如：
$$\boldsymbol{A}=\left(\begin{array}{c:c:c:c}a_{11}&a_{12}&a_{13}&a_{14}\\a_{21}&a_{22}&a_{23}&a_{24}\\a_{31}&a_{32}&a_{33}&a_{34}\end{array}\right)=(\boldsymbol{\alpha}_1\quad\boldsymbol{\alpha}_2\quad\boldsymbol{\alpha}_3\quad\boldsymbol{\alpha}_4)_{1\times4}$$

称为对 $\boldsymbol{A}$ 按列分块，$\boldsymbol{\alpha}_1,\boldsymbol{\alpha}_2,\boldsymbol{\alpha}_3,\boldsymbol{\alpha}_4$ 称为 $\boldsymbol{A}$ 的列组．

$$\boldsymbol{A}=\left(\begin{array}{cccc}a_{11}&a_{12}&a_{13}&a_{14}\\ \hdashline a_{21}&a_{22}&a_{23}&a_{24}\\ \hdashline a_{31}&a_{32}&a_{33}&a_{34}\end{array}\right)=\begin{pmatrix}\boldsymbol{\beta}_1\\\boldsymbol{\beta}_2\\\boldsymbol{\beta}_3\end{pmatrix}_{3\times1}$$

称为对 $\boldsymbol{A}$ 按行分块，$\boldsymbol{\beta}_1,\boldsymbol{\beta}_2,\boldsymbol{\beta}_3$ 称为 $\boldsymbol{A}$ 的行组．

$$A=\left(\begin{array}{cc:c:ccc}1&2&&&&\\3&4&&&&\\ \hdashline &&1&&&\\ \hdashline &&&3&2&1\\&&&1&2&3\\&&&0&1&2\end{array}\right)=\begin{pmatrix}\boldsymbol{A}_1&&\\&\boldsymbol{A}_2&\\&&\boldsymbol{A}_3\end{pmatrix}_{3\times3}$$

称 $\boldsymbol{A}$ 为准对角阵．

2. 分块矩阵的运算

(1) 分块矩阵的加法

同型的分块矩阵，且对应子块也是同型的可以相加，和矩阵为对应子块相加．

$$如：\begin{pmatrix}\boldsymbol{A}_{11}&\boldsymbol{A}_{12}\\\boldsymbol{A}_{21}&\boldsymbol{A}_{22}\end{pmatrix}+\begin{pmatrix}\boldsymbol{B}_{11}&\boldsymbol{B}_{12}\\\boldsymbol{B}_{21}&\boldsymbol{B}_{22}\end{pmatrix}=\begin{pmatrix}\boldsymbol{A}_{11}+\boldsymbol{B}_{11}&\boldsymbol{A}_{12}+\boldsymbol{B}_{12}\\\boldsymbol{A}_{21}+\boldsymbol{B}_{21}&\boldsymbol{A}_{22}+\boldsymbol{B}_{22}\end{pmatrix},$$

其中 $\boldsymbol{A}_{11}$ 与 $\boldsymbol{B}_{11}$，$\boldsymbol{A}_{12}$ 与 $\boldsymbol{B}_{12}$，$\boldsymbol{A}_{21}$ 与 $\boldsymbol{B}_{21}$，$\boldsymbol{A}_{22}$ 与 $\boldsymbol{B}_{22}$ 分别都是同型的子块．

(2) 分块矩阵的数乘

设 $\boldsymbol{A}=(\boldsymbol{A}_{kl})_{s\times t}$,$\lambda$ 是一个数,则 $\lambda\boldsymbol{A}=(\lambda\boldsymbol{A}_{kl})_{s\times t}$,即 $\boldsymbol{A}$ 的每个小子块分别作数乘运算.

(3) 分块矩阵的乘法

设矩阵 $\boldsymbol{A}_{m\times k}$ 与 $\boldsymbol{B}_{k\times n}$,为了运用分块矩阵计算 $\boldsymbol{AB}$,要求 $\boldsymbol{A}$ 的列的划分与 $\boldsymbol{B}$ 的行的划分方式必须一致.

例 18 设 $\boldsymbol{A}=\left(\begin{array}{cc:c}1&0&0\\0&1&0\\ \hdashline -1&2&1\\1&1&0\end{array}\right)=\begin{pmatrix}\boldsymbol{I}&\boldsymbol{O}\\\boldsymbol{A}_{21}&\boldsymbol{A}_{22}\end{pmatrix}$,$\boldsymbol{B}=\left(\begin{array}{cc:cc}1&0&3&2\\-1&2&0&1\\ \hdashline 1&0&4&1\end{array}\right)=\begin{pmatrix}\boldsymbol{B}_{11}&\boldsymbol{B}_{12}\\\boldsymbol{B}_{21}&\boldsymbol{B}_{22}\end{pmatrix}$,计算 $\boldsymbol{AB}$.

解 $\boldsymbol{AB}=\begin{pmatrix}\boldsymbol{I}&\boldsymbol{O}\\\boldsymbol{A}_{21}&\boldsymbol{A}_{22}\end{pmatrix}\begin{pmatrix}\boldsymbol{B}_{11}&\boldsymbol{B}_{12}\\\boldsymbol{B}_{21}&\boldsymbol{B}_{22}\end{pmatrix}=\begin{pmatrix}\boldsymbol{B}_{11}&\boldsymbol{B}_{12}\\\boldsymbol{A}_{21}\boldsymbol{B}_{11}+\boldsymbol{A}_{22}\boldsymbol{B}_{21}&\boldsymbol{A}_{21}\boldsymbol{B}_{12}+\boldsymbol{A}_{22}\boldsymbol{B}_{22}\end{pmatrix}$,

其中 $\boldsymbol{A}_{21}\boldsymbol{B}_{11}+\boldsymbol{A}_{22}\boldsymbol{B}_{21}=\begin{pmatrix}-1&2\\1&1\end{pmatrix}\begin{pmatrix}1&0\\-1&2\end{pmatrix}+\begin{pmatrix}1\\0\end{pmatrix}(1\quad 0)=\begin{pmatrix}-3&4\\0&2\end{pmatrix}+\begin{pmatrix}1&0\\0&0\end{pmatrix}=\begin{pmatrix}-2&4\\0&2\end{pmatrix}$,

$\boldsymbol{A}_{21}\boldsymbol{B}_{12}+\boldsymbol{A}_{22}\boldsymbol{B}_{22}=\begin{pmatrix}-1&2\\1&1\end{pmatrix}\begin{pmatrix}3&2\\0&1\end{pmatrix}+\begin{pmatrix}1\\0\end{pmatrix}(4\quad 1)=\begin{pmatrix}-3&0\\3&3\end{pmatrix}+\begin{pmatrix}4&1\\0&0\end{pmatrix}=\begin{pmatrix}1&1\\3&3\end{pmatrix}$,

所以 $\boldsymbol{AB}=\left(\begin{array}{cc:cc}1&0&3&2\\-1&2&0&1\\ \hdashline -2&4&1&1\\0&2&3&3\end{array}\right)$.

可以看到,分块矩阵的乘法与普通矩阵的乘法相同,即将子块当作元素作乘法,只是注意它们之间是小矩阵的相乘,如:例中的 $\boldsymbol{A}_{21}\boldsymbol{B}_{12}+\boldsymbol{A}_{22}\boldsymbol{B}_{22}$ 一项,要保持 $\boldsymbol{A}_{21}$,$\boldsymbol{A}_{22}$ 分别左乘 $\boldsymbol{B}_{12}$ 与 $\boldsymbol{B}_{22}$,不能交换;而要保证子矩阵也可乘,在对 $\boldsymbol{A}$、$\boldsymbol{B}$ 划分时,还要使分块矩阵 $\boldsymbol{A}$ 中各列的子块所包含的列数与 $\boldsymbol{B}$ 中各行的子块所含的行数对应相等,即对 $\boldsymbol{A}$ 划分的列数与 $\boldsymbol{B}$ 划分的行数也必须一致.

5.2.6 应用实例

例 19 若四个城市间的单向航线连接用如下矩阵表示,求经过一次周转后各城市间的单向航线连接数.

$$\begin{pmatrix}0&1&1&1\\1&0&0&0\\0&1&0&0\\1&0&1&0\end{pmatrix}.$$

解 设$\boldsymbol{A}=\begin{pmatrix}0&1&1&1\\1&0&0&0\\0&1&0&0\\1&0&1&0\end{pmatrix}$,经过一次周转后各城市间的单向航线连接数可用矩阵表示如下

$$\boldsymbol{A}^2=\begin{pmatrix}0&1&1&1\\1&0&0&0\\0&1&0&0\\1&0&1&0\end{pmatrix}\begin{pmatrix}0&1&1&1\\1&0&0&0\\0&1&0&0\\1&0&1&0\end{pmatrix}=\begin{pmatrix}2&1&1&0\\0&1&1&1\\1&0&0&0\\0&2&1&1\end{pmatrix}.$$

类似地,可以计算出经过 n 次周转后各城市间的单向航线连接数.

例 20(人口迁徙模型) 某省对城乡人口流动做年度调查,发现每年农村居民的20%移居城镇,而城镇居民的10%流入农村.假如城乡总人口保持不变,并且人口流动的这种趋势继续下去,那么最终该省的人口分布是否会趋于一个稳定状态.

解 设该省人口总数为 m,调查时城镇人口数为 x_0,农村人口数为 y_0,n 年后,城镇人口数为 x_n,农村人口数为 y_n. 那么一年后的人口分布为

$$\begin{pmatrix}x_1\\y_1\end{pmatrix}=\begin{pmatrix}0.9&0.2\\0.1&0.8\end{pmatrix}\begin{pmatrix}x_0\\y_0\end{pmatrix}.$$

n 年后,人口分布为

$$\begin{pmatrix}x_n\\y_n\end{pmatrix}=\begin{pmatrix}0.9&0.2\\0.1&0.8\end{pmatrix}^n\begin{pmatrix}x_0\\y_0\end{pmatrix}.$$

将矩阵对角化后,可计算得

$$\begin{pmatrix}x_n\\y_n\end{pmatrix}=\begin{pmatrix}2&-1\\1&1\end{pmatrix}\begin{pmatrix}1&0\\0&(0.7)^n\end{pmatrix}\begin{pmatrix}\frac{1}{3}&\frac{1}{3}\\-\frac{1}{3}&\frac{2}{3}\end{pmatrix}\begin{pmatrix}x_0\\y_0\end{pmatrix}=\begin{pmatrix}\frac{2}{3}m+\frac{1}{3}(x_0-2y_0)(0.7)^n\\\frac{1}{3}m-\frac{1}{3}(x_0-2y_0)(0.7)^n\end{pmatrix},$$

经过一个长时期,即令 $n\to\infty$,会达到一个极限值

$$\lim_{n\to\infty}x_n=\frac{2}{3}m,\quad \lim_{n\to\infty}y_n=\frac{1}{3}m.$$

这表明在城乡总人口不变的情况下,城镇人口与农村人口的分布会趋于一个稳定状态.

例 21(网络的矩阵分割和连接) 在电路设计中,经常要把复杂的电路分割为局部电路,每一个电路都用一个网络'黑盒子'来表示.黑盒子的输入为 u_1,i_1,输出为 u_2,i_2,其输入输出关系用一个矩阵 $\boldsymbol{A}$ 来表示

$$\begin{pmatrix}u_2\\i_2\end{pmatrix}=\boldsymbol{A}\begin{pmatrix}u_1\\i_1\end{pmatrix}$$

其中 $\boldsymbol{A}$ 是 2×2 矩阵，称为该局部电路的传输矩阵．把复杂的电路分成许多串接局部电路，分别求出它们的传输矩阵，再相乘，得到总的传输矩阵，可以使分析电路的工作简化．

在图 5-1 中，将两个电阻组成的分压电路分成两个串接的子网络．第一个子网络只包含电阻 R_1，第二个子网络只包含电阻 R_2，求总的传输矩阵．

解　列出第一个子网络的电路方程为

$$i_2=i_1, u_2=u_1-i_1R_1,$$

写成矩阵形式

$$\begin{pmatrix}u_2\\i_2\end{pmatrix}=\begin{pmatrix}1&-R_1\\0&1\end{pmatrix}\cdot\begin{pmatrix}u_1\\i_1\end{pmatrix}=\boldsymbol{A}_1\begin{pmatrix}u_1\\i_1\end{pmatrix}.$$

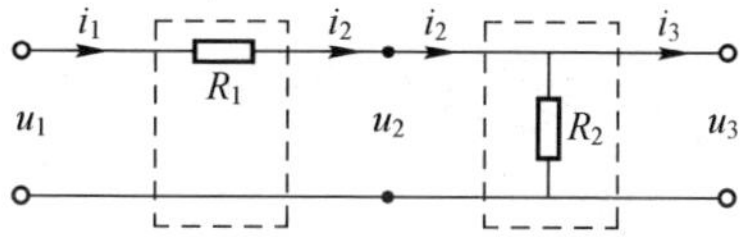

图 5-1　两个子网络串联模型

同样可列出第二个子网络的电路方程

$$i_3=i_2-u_2/R_2, u_3=u_2,$$

写成矩阵形式

$$\begin{pmatrix}u_3\\i_3\end{pmatrix}=\begin{pmatrix}1&0\\-1/R_2&1\end{pmatrix}\cdot\begin{pmatrix}u_2\\i_2\end{pmatrix}=\boldsymbol{A}_2\begin{pmatrix}u_2\\i_2\end{pmatrix}.$$

从上分别得到两个子网络的传输矩阵分别为

$$\boldsymbol{A}_1=\begin{pmatrix}1&-R_1\\0&1\end{pmatrix},\boldsymbol{A}_2=\begin{pmatrix}1&0\\-1/R_2&1\end{pmatrix}.$$

整个电路的传输矩阵为两者的乘积，即

$$\boldsymbol{A}=\boldsymbol{A}_1\cdot\boldsymbol{A}_2=\begin{pmatrix}1&-R_1\\0&1\end{pmatrix}\cdot\begin{pmatrix}1&0\\-1/R_2&1\end{pmatrix}=\begin{pmatrix}1+R_1/R_2&-R_1\\-1/R_2&1\end{pmatrix}.$$

实用中通常对比较复杂的网络进行分段，对于这样简单的电路是不分段的，这里只是一个示例．

§5.3　线性方程组

线性方程组是最简单，也是最重要的一类代数方程，大量的科学技术问题，最终往往归纳为求解线性方程组，因此线性方程组的数值解在计算数学中占有重要地位．

5.3.1　问题的提出

例 1　公鸡每只值五文钱，母鸡每只值三文钱，小鸡三只值一文钱，现在用一百文钱买一百只鸡，求公鸡、母鸡、小鸡各有多少只？

解　设公鸡 x 只，母鸡 y 只，小鸡 z 只，可得线性方程组

$$\begin{cases} x+y+z=100 \\ 5x+3y+\frac{1}{3}z=100 \end{cases},$$

消去变量 z，可得 $7x+4y=100$，即 $y=25-\frac{7}{4}x$，由于 x,y 是整数，令 $x=4k$，得

$$\begin{cases} x=4k \\ y=25-7k, k \text{ 为整数}. \\ z=75+3k \end{cases}$$

又 $xyz>0$，k 只能取 1，2，或 3，从而得到 3 个解

$$\begin{cases} x=4 \\ y=18 \\ z=78 \end{cases},\begin{cases} x=8 \\ y=11 \\ z=81 \end{cases},\begin{cases} x=12 \\ y=4 \\ z=84 \end{cases},$$

即分别买公鸡 4 只，母鸡 18 只，小鸡 78 只；或公鸡 8 只，母鸡 11 只，小鸡 81 只；或公鸡 12 只，母鸡 4 只，小鸡 84 只．

从上例可以看出，一般地线性方程组的未知量个数与方程的个数不一定相等，此时线性方程组可能有很多解．

例 2 求解线性方程组

$$\begin{cases} 2x_1-2x_2+6x_4=-2 \\ 2x_1-x_2+2x_3+4x_4=-2. \\ 3x_1-x_2+x_3+14x_4=0 \end{cases}$$

解 将第一个方程乘 $\frac{1}{2}$，得

$$\begin{cases} x_1-x_2+3x_4=-1 \\ 2x_1-x_2+2x_3+4x_4=-2, \\ 3x_1-x_2+x_3+14x_4=0 \end{cases}$$

将第 1 个方程分别乘 (-2)，(-3) 加到第 2，3 个方程上，消去第 2，3 个方程中未知量 x_1，得

$$\begin{cases} x_1-x_2+3x_4=-1 \\ x_2+2x_3-2x_4=0 \\ 2x_2+x_3+5x_4=3 \end{cases},$$

将第 2 个方程乘 (-2)，加到第 3 个方程上，消去第 3 个方程中未知量 x_2，得

$$\begin{cases} x_1-x_2+3x_4=-1 \\ x_2+2x_3-2x_4=0 \\ -3x_3+9x_4=3 \end{cases},$$

将第 3 个方程乘$\left(-\frac{1}{3}\right)$，得

$$\begin{cases} x_1 - x_2 + \quad 3x_4 = -1 \\ x_2 + 2x_3 - 2x_4 = 0 \\ x_3 - 3x_4 = -1 \end{cases},$$

将第 3 个方程乘(-2)，加到第 2 个方程上，消去第 2 个方程中的未知量 x_3，得

$$\begin{cases} x_1 - x_2 \quad + 3x_4 = -1 \\ x_2 \quad + 4x_4 = 2 \\ x_3 - 3x_4 = -1 \end{cases},$$

将第 2 个方程加到第 1 个方程上，消去第 1 个方程中的未知量 x_2，得

$$\begin{cases} x_1 \quad + 7x_4 = 1 \\ x_2 \quad + 4x_4 = 2 \\ x_3 - 3x_4 = -1 \end{cases} \text{或} \begin{cases} x_1 = 1 - 7x_4 \\ x_2 = 2 - 4x_4 \\ x_3 = -1 + 3x_4 \end{cases},$$

令 $x_4 = k$，得到线性方程组的解为

$$\begin{cases} x_1 = 1 - 7k \\ x_2 = 2 - 4k \\ x_3 = -1 + 3k \\ x_4 = k \end{cases}, \text{其中 } k \text{ 为任意数},$$

或写成矩阵形式

$$\begin{pmatrix} x_1 \\ x_2 \\ x_3 \\ x_4 \end{pmatrix} = \begin{pmatrix} 1 \\ 2 \\ -1 \\ 0 \end{pmatrix} + k \begin{pmatrix} -7 \\ -4 \\ 3 \\ 1 \end{pmatrix}, \text{其中 } k \text{ 为任意数}.$$

上述方法称为消元法，从本质上看，是对线性方程组反复进行一些同解变形，把线性方程组化为容易求解的同解线性方程组．在解未知量较多的线性方程组时，需要使消元的步骤规范又简便．

同解变形是指以下线性方程组的 3 种变形：

(1) 用非零常数乘某一方程；

(2) 互换两个方程的位置；

(3) 将某个方程的 k 倍加到另一个方程上．

为了书写简洁，消元时思路清晰，可以把线性方程组中的未知数、加号及等号全都省略．由此可以看出，求解线性方程组的消元法即是对未知量的系数作适当变形，为了简化计算过程，引入矩阵的初等变换．

5.3.2 矩阵的初等变换

1. 矩阵的初等变换

定义 5.10 以下三种对矩阵的行施行的变换称为矩阵的**初等行变换**

(1) 互换矩阵中某两行(称作交换变换);

(2) 用一个非零常数乘矩阵的某一行(称作倍乘变换);

(3) 将某一行的 k 倍加到另一行上(称作倍加变换).

对矩阵的列也施行上述 3 类相对应的列的交换变换,列的倍乘变换和列的倍加变换,称为矩阵的**初等列变换**. 初等行、列变换统称为矩阵的**初等变换**.

若 $\boldsymbol{A}$ 经过初等变换得到矩阵 $\boldsymbol{B}$,用记号 $\boldsymbol{A}\to\boldsymbol{B}$ 表示.

如:$\begin{pmatrix}1&2&3\\4&5&6\\7&8&9\end{pmatrix}\to\begin{pmatrix}4&5&6\\1&2&3\\7&8&9\end{pmatrix}$.

显然,矩阵的初等变换是可逆的.

2. 矩阵的相抵标准形

形如:$\begin{pmatrix}1&2&3&-1\\0&0&0&2\\0&0&0&0\end{pmatrix}$,$\begin{pmatrix}0&2&2&3\\0&0&3&2\\0&0&0&1\end{pmatrix}$,$\begin{pmatrix}1&0&2\\0&2&1\\0&0&1\end{pmatrix}$的矩阵称为**行阶梯形矩阵**.

阶梯形矩阵有如下特征

(1) 全零行(元素全为 0 的行)都位于矩阵的下方;

(2) 各非零行的左起第一个非零元素 c_{ij}(称为非零主元)的列指标 j 随行指标 i 的递增而严格增大(即第 $i+1$ 行的非零主元在第 i 行主元的右下方).

形如:$\begin{pmatrix}1&2&3&0\\0&0&0&1\\0&0&0&0\end{pmatrix}$,$\begin{pmatrix}0&1&0&0\\0&0&1&0\\0&0&0&1\end{pmatrix}$,$\begin{pmatrix}1&0&0\\0&1&0\\0&0&1\end{pmatrix}$的矩阵称为**行简化阶梯形矩阵**.

行简化阶梯形矩阵除具有阶梯形矩阵的特征外,还有以下两条特征

(3) 非零主元为 1;

(4) 非零主元所在的列的其他元素全为 0.

定理 5.8 任何一个矩阵都可以经过有限次初等行变换化为行阶梯形矩阵;再经过若干次初等行变换,可进一步化为行简化阶梯形矩阵.

例 3 设 $\boldsymbol{A}=\begin{pmatrix}0&0&0&1&2&-1\\1&1&3&-2&2&-1\\2&4&6&-8&10&0\\-1&-1&-3&1&-4&2\end{pmatrix}$,用初等行变换把 $\boldsymbol{A}$ 化为行阶梯

形矩阵和行简化阶梯形矩阵．

解　$A=\begin{pmatrix}0&0&0&1&2&-1\\1&1&3&-2&2&-1\\2&4&6&-8&10&0\\-1&-1&-3&1&-4&2\end{pmatrix}$

$$\xrightarrow{\text{交换第 1,2 行;第 3 行}\times\frac{1}{2}}\begin{pmatrix}1&1&3&-2&2&-1\\0&0&0&1&2&-1\\1&2&3&-4&5&0\\-1&-1&-3&1&-4&2\end{pmatrix}$$

$$\xrightarrow{\text{第 1 行}\times(-1)\text{加到第 3 行;第 1 行加到第 4 行}}\begin{pmatrix}1&1&3&-2&2&-1\\0&0&0&1&2&-1\\0&1&0&-2&3&1\\0&0&0&-1&-2&1\end{pmatrix}$$

$$\xrightarrow{\text{交换第 2,3 行}}\begin{pmatrix}1&1&3&-2&2&-1\\0&1&0&-2&3&1\\0&0&0&1&2&-1\\0&0&0&-1&-2&1\end{pmatrix}$$

$$\xrightarrow{\text{第 3 行加到第 4 行}}\begin{pmatrix}1&1&3&-2&2&-1\\0&1&0&-2&3&1\\0&0&0&1&2&-1\\0&0&0&0&0&0\end{pmatrix}\text{(行阶梯形矩阵)}$$

$$\xrightarrow{\text{第 3 行}\times 2\text{ 分别加到第 1,2 行}}\begin{pmatrix}1&1&3&0&6&-3\\0&1&0&0&7&-1\\0&0&0&1&2&-1\\0&0&0&0&0&0\end{pmatrix}$$

$$\xrightarrow{\text{第 2 行}\times(-1)\text{加到第 1 行}}\begin{pmatrix}1&0&3&0&-1&-2\\0&1&0&0&7&-1\\0&0&0&1&2&-1\\0&0&0&0&0&0\end{pmatrix}\text{(行简化阶梯形矩阵)}.$$

定理 5.9　任一非零的 $m\times n$ 的矩阵 A 都与一个形如 $\begin{pmatrix}I_r&O\\O&O\end{pmatrix}$ 的矩阵等价．并称 $\begin{pmatrix}I_r&O\\O&O\end{pmatrix}$ 为 A 的**相抵标准形**，即 $A\xrightarrow{\text{初等变换}}\begin{pmatrix}I_r&O\\O&O\end{pmatrix}$ 总能实现．

例 4 将例 3 中的矩阵 $\boldsymbol{A}$ 用初等变换化为相抵标准形.

解 例 3 中已将 $\boldsymbol{A}$ 化成了行简化阶梯形,继续用初等列变换就可得到

$$\boldsymbol{A}=\begin{pmatrix}0&0&0&1&2&-1\\1&1&3&-2&2&-1\\2&4&6&-8&10&0\\-1&-1&-3&1&-4&2\end{pmatrix}\to\begin{pmatrix}1&0&3&0&-1&-2\\0&1&0&0&7&-1\\0&0&0&1&2&-1\\0&0&0&0&0&0\end{pmatrix}$$

$$\xrightarrow{\text{交换第 3,4 列}}\begin{pmatrix}1&0&0&3&-1&-2\\0&1&0&0&7&-1\\0&0&1&0&2&-1\\0&0&0&0&0&0\end{pmatrix}$$

$$\xrightarrow{\text{第 1 列}\times(-3)\text{加到第 4 列;第 1 列加到第 5 列;第 1 列}\times 2\text{ 加到第 6 列}}\begin{pmatrix}1&0&0&0&0&0\\0&1&0&0&7&-1\\0&0&1&0&2&-1\\0&0&0&0&0&0\end{pmatrix}$$

$$\xrightarrow{\text{第 2 列}\times(-7)\text{加到第 5 列;第 2 列加到第 6 列}}\begin{pmatrix}1&0&0&0&0&0\\0&1&0&0&0&0\\0&0&1&0&2&-1\\0&0&0&0&0&0\end{pmatrix}$$

$$\xrightarrow{\text{第 3 列}\times(-2)\text{加到第 5 列;第 3 列加到第 6 列}}\begin{pmatrix}1&0&0&0&0&0\\0&1&0&0&0&0\\0&0&1&0&0&0\\0&0&0&0&0&0\end{pmatrix}=\begin{pmatrix}\boldsymbol{I}_3&\boldsymbol{O}\\\boldsymbol{O}&\boldsymbol{O}\end{pmatrix}.$$

例 5 设 $\boldsymbol{A}=\begin{pmatrix}2&2&3\\1&-1&0\\-1&2&1\end{pmatrix}$,求 $\boldsymbol{A}$ 的相抵标准形.

解 $$\boldsymbol{A}=\begin{pmatrix}2&2&3\\1&-1&0\\-1&2&1\end{pmatrix}\xrightarrow{\text{交换第 1,2 行}}\begin{pmatrix}1&-1&0\\2&2&3\\-1&2&1\end{pmatrix}$$

$$\xrightarrow{\text{第 1 行}\times(-2)\text{加到第 2 行;第 1 行加到第 3 行}}\begin{pmatrix}1&-1&0\\0&4&3\\0&1&1\end{pmatrix}$$

$$\xrightarrow{\text{交换第 2,3 行}}\begin{pmatrix}1&-1&0\\0&1&1\\0&4&3\end{pmatrix}\xrightarrow{\text{第 2 行}\times(-4)\text{加到第 3 行}}\begin{pmatrix}1&-1&0\\0&1&1\\0&0&-1\end{pmatrix}$$

$$\xrightarrow{\text{第 3 行加到第 2 行}}\begin{pmatrix}1 & -1 & 0\\0 & 1 & 0\\0 & 0 & -1\end{pmatrix}\xrightarrow{\text{第 2 行加到第 1 行；第 3 行}\times(-1)}\begin{pmatrix}1 & 0 & 0\\0 & 1 & 0\\0 & 0 & 1\end{pmatrix}=\boldsymbol{I}_3.$$

所以 $\boldsymbol{A}$ 的相抵标准形为 $\boldsymbol{I}_3$，进一步考察知三阶矩阵 $\boldsymbol{A}$ 可逆．

3. 用初等变换求可逆矩阵的逆矩阵

定理 5.10　若 $\boldsymbol{A}$ 是 n 阶可逆矩阵，则 $\boldsymbol{A}$ 一定可经过一系列初等行变换化为 n 阶单位阵 $\boldsymbol{I}_n$.

欲求 n 阶可逆矩阵 $\boldsymbol{A}$ 的逆矩阵，可用 $\boldsymbol{A}$ 和 $\boldsymbol{I}_n$ 构造一个 $n\times 2n$ 的矩阵 $(\boldsymbol{A}\quad \boldsymbol{I}_n)$，对 $(\boldsymbol{A}\quad \boldsymbol{I}_n)$ 作初等行变换，将 $\boldsymbol{A}$ 化为单位阵 $\boldsymbol{I}_n$ 时，相邻的 $\boldsymbol{I}_n$ 就化为 $\boldsymbol{A}^{-1}$ 了，即 $(\boldsymbol{A}\quad \boldsymbol{I})\xrightarrow{\text{初等行变换}}(\boldsymbol{I}\quad \boldsymbol{A}^{-1})$.

例 6　用初等行变换的方法，求 $\boldsymbol{A}=\begin{pmatrix}0 & 2 & -1\\1 & 1 & 2\\-1 & -1 & -1\end{pmatrix}$ 的逆矩阵．

解　$(\boldsymbol{A}\quad \boldsymbol{I})=\left(\begin{array}{ccc:ccc}0 & 2 & -1 & 1 & 0 & 0\\1 & 1 & 2 & 0 & 1 & 0\\-1 & -1 & -1 & 0 & 0 & 1\end{array}\right)$

$$\xrightarrow{\text{交换第 1,2 行}}\left(\begin{array}{ccc:ccc}1 & 1 & 2 & 0 & 1 & 0\\0 & 2 & -1 & 1 & 0 & 0\\-1 & -1 & -1 & 0 & 0 & 1\end{array}\right)$$

$$\xrightarrow{\text{第 1 行加到第 3 行}}\left(\begin{array}{ccc:ccc}1 & 1 & 2 & 0 & 1 & 0\\0 & 2 & -1 & 1 & 0 & 0\\0 & 0 & 1 & 0 & 1 & 1\end{array}\right)$$

$$\xrightarrow{\text{第 3 行加到第 2 行；第 3 行}\times(-2)\text{加到第 1 行}}\left(\begin{array}{ccc:ccc}1 & 1 & 0 & 0 & -1 & -2\\0 & 2 & 0 & 1 & 1 & 1\\0 & 0 & 1 & 0 & 1 & 1\end{array}\right)$$

$$\xrightarrow{\text{第 2 行}\times\left(-\frac{1}{2}\right)\text{加到第 1 行}}\left(\begin{array}{ccc:ccc}1 & 0 & 0 & -\frac{1}{2} & -\frac{3}{2} & -\frac{5}{2}\\0 & 2 & 0 & 1 & 1 & 1\\0 & 0 & 1 & 0 & 1 & 1\end{array}\right)$$

$$\xrightarrow{\text{第 2 行}\times\frac{1}{2}}\left(\begin{array}{ccc:ccc}1 & 0 & 0 & -\frac{1}{2} & -\frac{3}{2} & -\frac{5}{2}\\0 & 1 & 0 & \frac{1}{2} & \frac{1}{2} & \frac{1}{2}\\0 & 0 & 1 & 0 & 1 & 1\end{array}\right),$$

所以

$$A^{-1}=\begin{pmatrix} -\frac{1}{2} & -\frac{3}{2} & -\frac{5}{2} \\ \frac{1}{2} & \frac{1}{2} & \frac{1}{2} \\ 0 & 1 & 1 \end{pmatrix}.$$

用初等行变换求可逆矩阵的逆矩阵时,必须始终作初等行变换,其间不能作任何初等列变换．如果作初等行变换时出现全零行,则其行列式等于零,因此该矩阵不可逆．

例 7 若 $\boldsymbol{ABA}^{\mathrm{T}}=2\boldsymbol{BA}^{\mathrm{T}}+\boldsymbol{I}$,求 $\boldsymbol{B}$. 其中 $\boldsymbol{A}=\begin{pmatrix} 1 & 0 & 0 \\ 0 & 1 & 2 \\ 0 & 0 & 1 \end{pmatrix}$.

解 注意到 $2\boldsymbol{BA}^{\mathrm{T}}=2\boldsymbol{IBA}^{\mathrm{T}}$,于是$(\boldsymbol{A}-2\boldsymbol{I})\boldsymbol{BA}^{\mathrm{T}}=\boldsymbol{I}$,即 $\boldsymbol{BA}^{\mathrm{T}}=(\boldsymbol{A}-2\boldsymbol{I})^{-1}$. 而$|\boldsymbol{A}|=1$,$\boldsymbol{A}$ 可逆,$\boldsymbol{A}^{\mathrm{T}}$ 也可逆,故上式两边右乘$(\boldsymbol{A}^{\mathrm{T}})^{-1}$,得

$$\boldsymbol{B}=(\boldsymbol{A}-2\boldsymbol{I})^{-1}(\boldsymbol{A}^{\mathrm{T}})^{-1}=(\boldsymbol{A}^{\mathrm{T}}(\boldsymbol{A}-2\boldsymbol{I}))^{-1}=(\boldsymbol{A}^{\mathrm{T}}\boldsymbol{A}-2\boldsymbol{A}^{\mathrm{T}})^{-1}.$$

而

$$\boldsymbol{A}^{\mathrm{T}}\boldsymbol{A}-2\boldsymbol{A}^{\mathrm{T}}=\begin{pmatrix} 1 & 0 & 0 \\ 0 & 1 & 0 \\ 0 & 2 & 1 \end{pmatrix}\begin{pmatrix} 1 & 0 & 0 \\ 0 & 1 & 2 \\ 0 & 0 & 1 \end{pmatrix}-2\begin{pmatrix} 1 & 0 & 0 \\ 0 & 1 & 0 \\ 0 & 2 & 1 \end{pmatrix}=\begin{pmatrix} -1 & 0 & 0 \\ 0 & -1 & 2 \\ 0 & -2 & 3 \end{pmatrix},$$

$$(\boldsymbol{A}^{\mathrm{T}}\boldsymbol{A}-2\boldsymbol{A}^{\mathrm{T}}\ \ \boldsymbol{I})=\left(\begin{array}{ccc:ccc} -1 & 0 & 0 & 1 & 0 & 0 \\ 0 & -1 & 2 & 0 & 1 & 0 \\ 0 & -2 & 3 & 0 & 0 & 1 \end{array}\right)$$

$$\xrightarrow{\text{第 1 行}\times(-1);\text{第 2 行}\times(-1)}\left(\begin{array}{ccc:ccc} 1 & 0 & 0 & -1 & 0 & 0 \\ 0 & 1 & -2 & 0 & -1 & 0 \\ 0 & -2 & 3 & 0 & 0 & 1 \end{array}\right)$$

$$\xrightarrow{\text{第 2 行}\times 2\text{ 加到第 3 行}}\left(\begin{array}{ccc:ccc} 1 & 0 & 0 & -1 & 0 & 0 \\ 0 & 1 & -2 & 0 & -1 & 0 \\ 0 & 0 & -1 & 0 & -2 & 1 \end{array}\right)$$

$$\xrightarrow{\text{第 3 行}\times(-1)}\left(\begin{array}{ccc:ccc} 1 & 0 & 0 & -1 & 0 & 0 \\ 0 & 1 & -2 & 0 & -1 & 0 \\ 0 & 0 & 1 & 0 & 2 & -1 \end{array}\right)$$

$$\xrightarrow{\text{第 3 行}\times 2\text{ 加到第 2 行}}\left(\begin{array}{ccc:ccc} 1 & 0 & 0 & -1 & 0 & 0 \\ 0 & 1 & 0 & 0 & 3 & -2 \\ 0 & 0 & 1 & 0 & 2 & -1 \end{array}\right),$$

所以

$$B=\begin{pmatrix}-1 & 0 & 0\\ 0 & -1 & 2\\ 0 & -2 & 3\end{pmatrix}^{-1}=\begin{pmatrix}-1 & 0 & 0\\ 0 & 3 & -2\\ 0 & 2 & -1\end{pmatrix}.$$

同样，也可用初等列变换得方法求可逆矩阵的逆矩阵．即

$$\begin{pmatrix}A\\ I\end{pmatrix}\xrightarrow{\text{初等列变换}}\begin{pmatrix}I\\ A^{-1}\end{pmatrix}.$$

5.3.3　求解线性方程组

将线性方程组

$$\begin{cases}a_{11}x_1+a_{12}x_2+\cdots+a_{1n}x_n=b_1\\ a_{21}x_1+a_{22}x_2+\cdots+a_{2n}x_n=b_2\\ \quad\cdots\\ a_{m1}x_1+a_{m2}x_2+\cdots+a_{mn}x_n=b_m\end{cases}$$

对应的系数及常数项写成矩阵的形式

$$\begin{pmatrix}a_{11} & a_{12} & \cdots & a_{1n} & b_1\\ a_{21} & a_{22} & \cdots & a_{2n} & b_2\\ \vdots & \vdots & & \vdots & \vdots\\ a_{m1} & a_{m2} & \cdots & a_{mn} & b_m\end{pmatrix},$$

称为线性方程组的**增广矩阵**，它是一个 $m\times(n+1)$ 的矩阵，记为 $\overline{A}$. 线性方程组的系数矩阵记为

$$A=\begin{pmatrix}a_{11} & a_{12} & \cdots & a_{1n}\\ a_{21} & a_{22} & \cdots & a_{2n}\\ \vdots & \vdots & & \vdots\\ a_{m1} & a_{m2} & \cdots & a_{mn}\end{pmatrix}.$$

显然，增广矩阵 $\overline{A}$ 比系数矩阵 A 多了一个由常数项构成的列 $b=(b_1\quad b_2\quad\cdots\quad b_m)^{\mathrm{T}}$，因此 $\overline{A}=(A\quad b)$.

消元法将线性方程组经 3 种同解变形化为阶梯形线性方程组，再从最下面的方程开始，依次往上回代求解．这个过程，相当于对线性方程组的增广矩阵作初等行变换化为行阶梯形矩阵，再从行阶梯形矩阵最下面的非零行开始，继续作初等行变换，最终化为行简化形矩阵．这种用矩阵的初等行变换求解方程组的方法就是著名的高斯消元法．

例 8　求解线性方程组

$$\begin{cases}3x_1+2x_2-2x_3=5\\2x_1+15x_2-11x_3=5.\\x_1+7x_2-5x_3=2\end{cases}$$

解 对增广矩阵$\overline{\boldsymbol{A}}$作初等行变换，

$$\overline{\boldsymbol{A}}=\begin{pmatrix}3&2&-2&5\\2&15&-11&5\\1&7&-5&2\end{pmatrix}\xrightarrow{\text{交换第 1,3 行}}\begin{pmatrix}1&7&-5&2\\2&15&-11&5\\3&2&-2&5\end{pmatrix}$$

$$\xrightarrow{\text{第 1 行}\times(-2)\text{加到第 2 行；第 1 行}\times(-3)\text{加到第 3 行}}\begin{pmatrix}1&7&-5&2\\0&1&-1&1\\0&-19&13&-1\end{pmatrix}$$

$$\xrightarrow{\text{第 2 行}\times 19\text{ 加到第 3 行}}\begin{pmatrix}1&7&-5&2\\0&1&-1&1\\0&0&-6&18\end{pmatrix}\xrightarrow{\text{第 3 行}\times\left(-\frac{1}{6}\right)}\begin{pmatrix}1&7&-5&2\\0&1&-1&1\\0&0&1&-3\end{pmatrix}$$

$$\xrightarrow{\text{第 3 行加到第 2 行；第 3 行}\times 5\text{ 加到第 1 行}}\begin{pmatrix}1&7&0&-13\\0&1&0&-2\\0&0&1&-3\end{pmatrix}$$

$$\xrightarrow{\text{第 2 行}\times(-7)\text{加到第 1 行}}\begin{pmatrix}1&0&0&1\\0&1&0&-2\\0&0&1&-3\end{pmatrix},$$

所以线性方程组所表示的同解方程组$\begin{cases}x_1=1\\x_2=-2\\x_3=-3\end{cases}$有唯一解$(x,y,z)^{\mathrm{T}}=(1,-2,-3)^{\mathrm{T}}$.

例 9 求解线性方程组

$$\begin{cases}x_1+3x_2-5x_3=-1\\2x_1+6x_2-3x_3=5\\3x_1+9x_2-10x_3=2\end{cases}.$$

解 对增广矩阵$\overline{\boldsymbol{A}}$作初等行变换，

$$\overline{\boldsymbol{A}}=\begin{pmatrix}1&3&-5&-1\\2&6&-3&5\\3&9&-10&2\end{pmatrix}\xrightarrow{\text{第 1 行}\times(-2)\text{加到第 2 行；第 1 行}\times(-3)\text{加到第 3 行}}\begin{pmatrix}1&3&-5&-1\\0&0&7&7\\0&0&5&5\end{pmatrix}$$

$$\xrightarrow{\text{第 2 行}\times\frac{1}{7}}\begin{pmatrix}1&3&-5&-1\\0&0&1&1\\0&0&5&5\end{pmatrix}\xrightarrow{\text{第 2 行}\times(-5)\text{加到第 3 行}}\begin{pmatrix}1&3&-5&-1\\0&0&1&1\\0&0&0&0\end{pmatrix}$$

$$\xrightarrow{\text{第 2 行}\times 5\text{ 加到第 1 行}} \begin{pmatrix} 1 & 3 & 0 & 4 \\ 0 & 0 & 1 & 1 \\ 0 & 0 & 0 & 0 \end{pmatrix},$$

同解线性方程组为$\begin{cases} x_1 = 4 - 3x_2 \\ x_3 = 1 \end{cases}$，令 $x_2 = k$，则方程组的解为

$$\begin{cases} x_1 = 4 - 3k \\ x_2 = k \\ x_3 = 1 \end{cases} \quad \text{或} \quad \begin{pmatrix} x_1 \\ x_2 \\ x_3 \end{pmatrix} = \begin{pmatrix} 4 \\ 0 \\ 1 \end{pmatrix} + k \begin{pmatrix} -3 \\ 1 \\ 0 \end{pmatrix}，\text{其中 } k \text{ 为任何常数}.$$

此时线性方程组有无穷多个解．

例 10　求解线性方程组

$$\begin{cases} x_1 + 3x_2 - 4x_3 = 5 \\ x_1 - x_2 + 2x_3 = 2. \\ 3x_1 + 5x_2 - 6x_3 = 10 \end{cases}$$

解　对增广矩阵 $\overline{\mathbf{A}}$ 作初等行变换，

$$\overline{\mathbf{A}} = \begin{pmatrix} 1 & 3 & -4 & 5 \\ 1 & -1 & 2 & 2 \\ 3 & 5 & -6 & 10 \end{pmatrix} \xrightarrow{\text{第 1 行}\times(-1)\text{加到第 2 行；第 1 行}\times(-3)\text{加到第 3 行}} \begin{pmatrix} 1 & 3 & -4 & 5 \\ 0 & -4 & 6 & -3 \\ 0 & -4 & 6 & -5 \end{pmatrix}$$

$$\xrightarrow{\text{第 2 行}\times(-1)\text{加到第 3 行}} \begin{pmatrix} 1 & 3 & -4 & 5 \\ 0 & -4 & 6 & -3 \\ 0 & 0 & 0 & -2 \end{pmatrix}.$$

由于第 3 行所表示的同解方程组中第 3 个方程为 $0x_1 + 0x_2 + 0x_3 = -2$，因为 x_1，x_2，x_3 为任何数都不能满足这个方程，称该方程为矛盾方程，所以原线性方程组无解．

通过这些例题看到，用消元法把线性方程组的增广矩阵作初等行变换化为行阶梯形矩阵后，通过行阶梯形矩阵代表的线性方程组来研究它的解，可能有三种情况：唯一解，无穷多组解和无解．下面给出一般情况的结论．

$$\overline{\mathbf{A}} = \begin{pmatrix} a_{11} & a_{12} & \cdots & a_{1n} & b_1 \\ a_{21} & a_{22} & \cdots & a_{2n} & b_2 \\ \vdots & \vdots & & \vdots & \vdots \\ a_{m1} & a_{m2} & \cdots & a_{mn} & b_m \end{pmatrix} \xrightarrow{\text{初等行变换}} \begin{pmatrix} c_{11} & c_{12} & \cdots & \cdots & \cdots & c_{1n} & d_1 \\ & c_{22} & \cdots & \cdots & \cdots & c_{2n} & d_2 \\ & & \ddots & & & \vdots & \vdots \\ & & & c_{rr} & \cdots & c_{rn} & d_r \\ & & & & & & d_{r+1} \\ & & & & & & 0 \\ & & & & & & \vdots \\ & & & & & & 0 \end{pmatrix}.$$

定理 5.11 若 $d_{r+1}\neq 0$,同解线性方程组的第 $r+1$ 个方程为矛盾方程,则原线性方程组无解;

若 $d_{r+1}=0$,线性方程组必然有解,并且

(1) 在行阶梯形矩阵中,非零行的个数 r 等于未知数个数 n 时,方程组有唯一解.此时进一步化为行简化阶梯形矩阵求解.

(2) 在阶梯形矩阵中,非零行的个数 r 小于未知数个数 n 时,线性方程组有无穷多组解.这时,线性方程组有$(n-r)$个未知量可以自由赋值,称为自由未知量.再进一步化为行简化阶梯形求解.

例 11 设线性方程组$\begin{cases} x_1+x_2+tx_3=4 \\ x_1+\quad\ \ 2x_3=t \\ -x_1+tx_2+x_3=0 \end{cases}$. 问 t 为何值时,此方程组无解?有解?当线性方程组有解时求出它的所有解.

解 对增广矩阵 $\overline{\mathbf{A}}$ 作初等行变换化为阶梯形矩阵,

$$\overline{\mathbf{A}}=\begin{pmatrix} 1 & 1 & t & 4 \\ 1 & 0 & 2 & t \\ -1 & t & 1 & 0 \end{pmatrix}\xrightarrow{\text{第 1 行}\times(-1)\text{加到第 2 行;第 1 行加到第 3 行}}\begin{pmatrix} 1 & 1 & t & 4 \\ 0 & -1 & 2-t & t-4 \\ 0 & t+1 & t+1 & 4 \end{pmatrix}$$

$$\xrightarrow{\text{第 2 行}\times(t+1)\text{加到第 3 行}}\begin{pmatrix} 1 & 1 & t & 4 \\ 0 & -1 & 2-t & t-4 \\ 0 & 0 & (t+1)(3-t) & t(t-3) \end{pmatrix}.$$

当 $t\neq -1$,且 $t\neq 3$ 时,线性方程组有唯一解 $x_1=\dfrac{t^2+3t}{t+1}$,$x_2=\dfrac{t+4}{t+1}$,$x_3=\dfrac{-t}{t+1}$.

当 $t=-1$ 时,$\overline{\mathbf{A}}\to\begin{pmatrix} 1 & 1 & -1 & 4 \\ 0 & -1 & 3 & -5 \\ 0 & 0 & 0 & 4 \end{pmatrix}$,线性方程组无解.

当 $t=3$ 时,$\overline{A}\to\begin{pmatrix} 1 & 1 & 3 & 4 \\ 0 & -1 & -1 & -1 \\ 0 & 0 & 0 & 0 \end{pmatrix}\xrightarrow{\text{第 2 行}\times(-1)}\begin{pmatrix} 1 & 1 & 3 & 4 \\ 0 & 1 & 1 & 1 \\ 0 & 0 & 0 & 0 \end{pmatrix}$,

同解线性方程组为$\begin{cases} x_1+x_2+3x_3=4 \\ \qquad\ \ x_2+x_3=1 \end{cases}$,此时有无穷多组解.进一步化为行简化阶梯形

$$\overline{\mathbf{A}}\to\begin{pmatrix} 1 & 1 & 3 & 4 \\ 0 & 1 & 1 & 1 \\ 0 & 0 & 0 & 0 \end{pmatrix}\xrightarrow{\text{第 2 行}\times(-1)\text{加到第 1 行}}\begin{pmatrix} 1 & 0 & 2 & 3 \\ 0 & 1 & 1 & 1 \\ 0 & 0 & 0 & 0 \end{pmatrix},$$

令 $x_3=k$,得线性方程组的解为

$$\begin{cases}x_1=3-2k\\x_2=1-k\\x_3=k\end{cases}\text{或}\begin{pmatrix}x_1\\x_2\\x_3\end{pmatrix}=\begin{pmatrix}3\\1\\0\end{pmatrix}+k\begin{pmatrix}-2\\-1\\1\end{pmatrix},k\text{ 为任意常数}.$$

定理 5.12　设齐次线性方程组 $\begin{cases}a_{11}x_1+a_{12}x_2+\cdots+a_{1n}x_n=0\\a_{21}x_1+a_{22}x_2+\cdots+a_{2n}x_n=0\\\cdots\\a_{m1}x_1+a_{m2}x_2+\cdots+a_{mn}x_n=0\end{cases}$，若方程的个数 $m<n$，则线性方程组必有非零解．

证　把线性方程组化为阶梯形线性方程组之后，方程的个数(即非零行的个数) $r\leqslant m<n$. 而齐次线性方程组总有 $d_r=0$，现又有 $r<n$. 因而线性方程组有无穷多解，所以必有非零解．

事实上，求解齐次线性方程组时，只需对其系数矩阵 $\mathbf{A}$ 作初等行变换即可，因 $\overline{\mathbf{A}}$ 中最后一列(常数列)全为 0，而对 $\overline{\mathbf{A}}$ 作任何初等行变换最后一列总为 0.

例 12　求解齐次线性方程组

$$\begin{cases}x_1+2x_2+\ \ x_3=0\\2x\ +4x\ +2x\ =0\end{cases}.$$

解　$\mathbf{A}=\begin{pmatrix}1&2&1\\2&4&2\end{pmatrix}\xrightarrow{\text{第 1 行}\times(-2)\text{加到第 2 行}}\begin{pmatrix}1&2&1\\0&0&0\end{pmatrix}$.

因 $r=1,n=3$，故线性方程组有非零解．此时，同解线性方程组为

$$x_1+2x_2+x_3=0.$$

令 $x_2=k_1,x_3=k_2$，得线性方程组的解为

$$\begin{cases}x_1=-2k_1-k_2\\x_2-k_1\\x_3=k_2\end{cases}\text{或}\begin{pmatrix}x_1\\x_2\\x_3\end{pmatrix}=k_1\begin{pmatrix}-2\\1\\0\end{pmatrix}+k_2\begin{pmatrix}-1\\0\\1\end{pmatrix},\text{其中 }k,k_2\text{ 为任意常数}.$$

5.3.4　应用实例

例 13(交通流的分析)　某城市有两组单行道，构成了一个包含四个节点 A,B,C,D 的十字路口，如图 5-2 所示．在交通繁忙时段的汽车从外部进出此十字路口的流量(每小时的车流数)标于图上．现要求计算每两个节点之间路段上的交通流量 x_1,x_2,x_3,x_4.

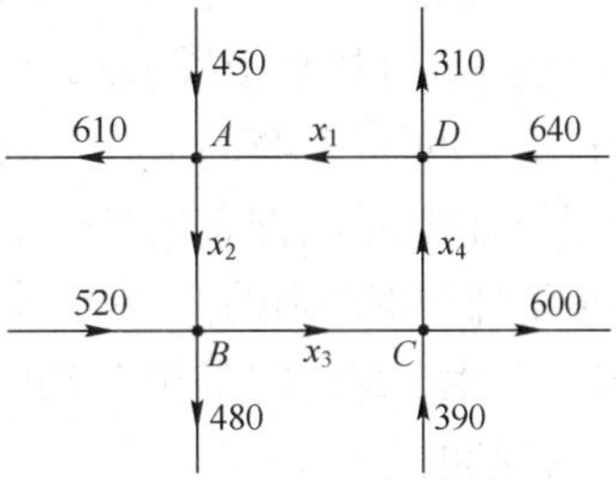

图 5-2　单行线交通流图

解　在每个节点上，要求进入和离开的车数应

该相等,得到关于四个节点的流通方程组.

$$\begin{cases} x_1+450=x_2+610 \\ x_2+520=x_3+480 \\ x_3+390=x_4+600 \\ x_4+640=x_1+310 \end{cases},$$

将这个线性方程组进行整理,写成线性方程组的标准形式

$$\begin{cases} x_1-x_2=160 \\ x_2-x_3=-40 \\ x_3-x_4=210 \\ -x_1+x_4=-330 \end{cases},$$

对其增广矩阵再进行初等行变换,得到

$$(\boldsymbol{A}\ \boldsymbol{b})=\left(\begin{array}{cccc|c} 1 & -1 & & & 160 \\ & 1 & -1 & & -40 \\ & & 1 & -1 & 210 \\ -1 & & & 1 & -330 \end{array}\right)\rightarrow\begin{pmatrix} 1 & 0 & 0 & -1 & 330 \\ 0 & 1 & 0 & -1 & 170 \\ 0 & 0 & 1 & -1 & 210 \\ 0 & 0 & 0 & 0 & 0 \end{pmatrix}.$$

由于最后一行变为全零行,实际上只有三个有效方程.增广矩阵中非零行的个数比未知量的个数少,即没有给出足够的信息来唯一地确定各节点的流量.其原因是题目给出的只是进入和离开这个十字路区的流量,如果有些车沿着这四方的单行道绕圈,那是不会影响总的输入输出流量的,但可以全面增加四条路上的流量.

令 $x_4=k$,得到线性方程组的解为

$$\begin{pmatrix} x_1 \\ x_2 \\ x_3 \\ x_4 \end{pmatrix}=\begin{pmatrix} 330 \\ 170 \\ 210 \\ 0 \end{pmatrix}+k\begin{pmatrix} 1 \\ 1 \\ 1 \\ 1 \end{pmatrix},\text{其中 } k \text{ 为任意常数}.$$

因为规定了这些路段都是单行道,x_1,x_2,x_3,x_4 都不能取负值.所以要准确了解这里的交通流情况,还应该在 x_1,x_2,x_3,x_4 中,再检测一个变量.

例 14(价格平衡模型) 在 Leontiff 成为诺贝尔奖金获得者的历史中,线性代数曾起过重要的作用,我们来看看他的基本思路:假定一个国家或区域的经济可以分解为 n 个部门,这些部门都有生产产品或服务的独立功能,并且该经济体是自给自足的.因此各经济部门生产出的产品,完全被自己部门和其他部门所消费.Leontiff 提出的第一个问题:各生产部门的实际产出的价格 p 应该是多少,才能使各部门的收入和消耗相等,以维持持续的生产.

举一个最简单的例子,假如一个经济体由三个部门组成,它们是煤炭业、电力业和

钢铁业．它们的单位消耗量和销售价格情况见表 5-4：

表　5-4

消耗部门 / 输出部门	煤炭业	电力业	钢铁业	单位销售价格(收入)
煤炭业	0	0.6	0.4	p_1
电力业	0.4	0.1	0.5	p_2
钢铁业	0.6	0.2	0.2	p_3

如果电力业产出了 100 个单位的产品，有 40 个单位会被煤炭业消耗，10 个单位被自己消耗，而被钢铁业消耗的是 50 个单位，各行业向电力业支付的费用为

$$p_2\begin{pmatrix}0.4\\0.1\\0.5\end{pmatrix}.$$

这就是内部消耗的计算方法，把各个部门的消耗都算上，得到矩阵

$$p_1\begin{pmatrix}0\\0.6\\0.4\end{pmatrix}+p_2\begin{pmatrix}0.4\\0.1\\0.5\end{pmatrix}+p_3\begin{pmatrix}0.6\\0.2\\0.2\end{pmatrix}=\begin{pmatrix}0&0.4&0.6\\0.6&0.1&0.2\\0.4&0.5&0.2\end{pmatrix}\begin{pmatrix}p_1\\p_2\\p_3\end{pmatrix}.$$

而各个部门的单位收入为

$$\begin{pmatrix}p_1\\p_2\\p_3\end{pmatrix}.$$

要使各部门的收入和消耗相等，得到总的价格平衡方程

$$\begin{pmatrix}0&0.4&0.6\\0.6&0.1&0.2\\0.4&0.5&0.2\end{pmatrix}\begin{pmatrix}p_1\\p_2\\p_3\end{pmatrix}=\begin{pmatrix}p_1\\p_2\\p_3\end{pmatrix},$$

其中$\begin{pmatrix}0&0.4&0.6\\0.6&0.1&0.2\\0.4&0.5&0.2\end{pmatrix}$称为内部需求矩阵．

将总的价格平衡方程进行整理，写成线性方程组的标准形式

$$\begin{pmatrix}1&-0.4&-0.6\\-0.6&0.9&-0.3\\-0.4&-0.5&0.8\end{pmatrix}\begin{pmatrix}p_1\\p_2\\p_3\end{pmatrix}=0,$$

对系数矩阵进行初等行变换，得到

$$A=\begin{pmatrix}1 & -0.4 & -0.6\\ -0.6 & 0.9 & -0.3\\ -0.4 & -0.5 & 0.8\end{pmatrix}\to\begin{pmatrix}1 & 0 & -0.9394\\ 0 & 1 & -0.8485\\ 0 & 0 & 0\end{pmatrix},$$

令 $p_3=k$,线性方程组的解为

$$\begin{pmatrix}p_1\\ p_2\\ p_3\end{pmatrix}=k\begin{pmatrix}0.939\,4\\ 0.848\,5\\ 1\end{pmatrix}.$$

这里取 p_3 为自由未知量,所以煤炭业和电力业的价格应该分别为钢铁业价格的 0.94 和 0.85 倍．如果钢铁业产品价格总计为 100 万元元,则煤炭业的产品价格总计为 94 万元,电力业的价格总计为 85 万元．

§5.4 MATLAB 在线性代数中的应用

1. 常用命令

利用 MATLAB 做矩阵和行列式运算的调用格式：

A=[a_{11},a_{12},a_{13};a_{21},a_{22},a_{23}]:生成一个 2×3 矩阵,并赋值给变量 **A**;

det(A):计算矩阵 **A** 的行列式．

2. 行列式的计算

例 1 计算 $|\boldsymbol{A}|=\begin{vmatrix}1 & 0 & 2 & 1\\ -1 & 2 & 2 & 3\\ 2 & 3 & 3 & 1\\ 0 & 1 & 2 & 1\end{vmatrix}$.

解 输入命令

```
A=[1,0,2,1;-1,2,2,3;2,3,3,1;0,1,2,1]
det(A)
```

得结果 ant=14.

3. 矩阵的计算

调用格式：

inv(A):计算矩阵 A 的逆矩阵;

A\B:将 A 的逆矩阵左乘矩阵 B;

A/B:将 A 的逆矩阵右乘矩阵 B;

A′:将实矩阵 A 作转置．

例 2 设 $\boldsymbol{A}=\begin{pmatrix}-1 & 0 & 0\\ 0 & -1 & 2\\ 0 & -2 & 3\end{pmatrix}$,$\boldsymbol{B}=\begin{pmatrix}1 & 2 & -1\\ 2 & 0 & -1\\ 1 & -2 & 3\end{pmatrix}$,求 $2\boldsymbol{A}+\boldsymbol{B}$,$\boldsymbol{A}^{-1}$,$\boldsymbol{A}^{-1}\boldsymbol{B}$, $\boldsymbol{B}\boldsymbol{A}^{-1}$,$\boldsymbol{B}^{\mathrm{T}}$.

解　输入命令

A=[-1,0,0;0,-1,2;0,-2,3];B=[1,2,-1;2,0,-1;1,-2,3];2*A+B

得结果 ant= $\begin{matrix} -1 & 2 & -1 \\ 2 & -2 & 3 \\ 1 & -6 & 9 \end{matrix}$.

输入命令

inv(A)

得结果 ant= $\begin{matrix} -1 & 0 & 0 \\ 0 & 3 & -2 \\ 0 & 2 & -1 \end{matrix}$.

输入命令

A\B

得结果 ant= $\begin{matrix} -1 & -2 & 1 \\ 8 & -4 & 3 \\ 3 & 2 & -5 \end{matrix}$.

输入命令

A/B

得结果 ant= $\begin{matrix} -1 & 4 & 5 \\ -2 & 2 & -1 \\ -1 & 0 & -7 \end{matrix}$.

输入命令

B^T

得结果 ant= $\begin{matrix} 1 & 2 & -1 \\ 2 & 0 & -2 \\ -1 & -1 & 3 \end{matrix}$.

4. 矩阵的初等行变换

调用格式：

rref(A)：将矩阵 **A** 化为行最简形矩阵；

format rat：设定有理式数据格式；

C(:,4:6)：提取矩阵 **C** 中的第 4 列到第 6 列 .

例 3　设 $\boldsymbol{A}=\begin{pmatrix} 1 & 1 & 1 \\ 1 & 2 & -5 \\ 2 & 3 & -4 \end{pmatrix}$，将 **A** 化为行最简形矩阵 .

解 输入命令

A=[1,1,1;1,2,−5;2,3,−4]; rref(A)

得结果 $ant=\begin{matrix}1 & 0 & 7\\0 & 1 & -6\\0 & 0 & 0\end{matrix}$.

例 4 $\boldsymbol{A}=\begin{pmatrix}1 & 3 & 2\\4 & 7 & -5\\2 & 3 & -4\end{pmatrix}$,用初等行变换求 $\boldsymbol{A}$ 的逆矩阵.

解 输入命令

A=[1,3,2;4,7,−5;2,3,−4]; format rat;C=rref(A)

得结果 $C=\begin{matrix}1 & 0 & 0 & -13 & 18 & -29\\0 & 1 & 0 & 6 & -8 & 13\\0 & 0 & 1 & -2 & 3 & -5\end{matrix}$.

输入命令

C(:,4:6)

得结果 $ant=\begin{matrix}-13 & 18 & -29\\6 & -8 & 13\\-2 & 3 & -5\end{matrix}$.

习 题 5

1. 若 $\begin{vmatrix}k & 3 & 4\\-1 & k & 0\\0 & k & 1\end{vmatrix}=0$,求 k 的值.

2. 用行列式定义计算下列行列式

(1) $\begin{vmatrix}0 & 0 & \cdots & 0 & 1\\0 & 0 & \cdots & 2 & 0\\\cdots & \cdots & \cdots & \cdots & \cdots\\0 & n-1 & \cdots & 0 & 0\\n & 0 & \cdots & 0 & 0\end{vmatrix}$;

(2) $\begin{vmatrix}0 & 1 & 0 & \cdots & 0\\0 & 0 & 2 & \cdots & 0\\\cdots & \cdots & \cdots & \cdots & \cdots\\0 & 0 & 0 & \cdots & n-1\\n & 0 & 0 & \cdots & 0\end{vmatrix}$;

(3) $\begin{vmatrix}0 & 0 & 1 & 0\\0 & 1 & 0 & 0\\0 & 0 & 0 & 1\\1 & 0 & 0 & 0\end{vmatrix}$;

(4) $\begin{vmatrix}1 & 1 & 1 & 0\\0 & 1 & 0 & 1\\0 & 1 & 1 & 1\\0 & 0 & 1 & 0\end{vmatrix}$.

3. 用行列式性质计算下列行列式

(1) $\begin{vmatrix}1&2&3\\0&1&2\\1&1&1\end{vmatrix}$；　(2) $\begin{vmatrix}2-x&2&-2\\2&5-x&-4\\-2&-4&5-x\end{vmatrix}$；　(3) $\begin{vmatrix}1&1&1&1\\1&2&3&4\\1&3&6&10\\1&4&10&20\end{vmatrix}$；

(4) $\begin{vmatrix}1&0&a&1\\0&-1&b&-1\\-1&-1&c&-1\\-1&1&d&0\end{vmatrix}$；　(5) $\begin{vmatrix}1+x&1&1&1\\1&1-x&1&1\\1&1&1+y&1\\1&1&1&1-y\end{vmatrix}$；

(6) $\begin{vmatrix}x&y&0&\cdots&0\\0&x&y&\cdots&0\\\cdots&\cdots&\cdots&\cdots&\cdots\\0&0&0&\cdots&y\\y&0&0&\cdots&x\end{vmatrix}$；(7) $\begin{vmatrix}1&a_1&a_2&\cdots&a_n\\1&a_1+b_1&a_2&\cdots&a_n\\1&a_1&a_2+b_2&\cdots&a_n\\\cdots&\cdots&\cdots&\cdots&\cdots\\1&a_1&a_2&\cdots&a_n+b_n\end{vmatrix}$.

4. 用克莱姆法则解下列线性方程组

(1) $\begin{cases}2x_1+x_2-5x_3+x_4=8\\x_1-3x_2-6x_4=9\\2x_2-x_3+2x_4=-5\\x_1+4x_2-7x_3+6x_4=0\end{cases}$；　(2) $\begin{cases}x_1+x_2+x_3+x_4=5\\x_1+2x_2-x_3+4x_4=-2\\2x_1-3x_2-x_3-5x_4=-2\\3x_1+x_2+2x_3+11x_4=0\end{cases}$；

(3) $\begin{cases}x+y-2z=-3\\5x-2y+7z=22\\2x-5y+4z=4\end{cases}$；　(4) $\begin{cases}x+2y-z=1\\0x+2y-z=1\\2x-y+0z=1\end{cases}$.

5. 判断齐次线性方程组$\begin{cases}2x_1+2x_2-x_3=0\\x_1-2x_2+4x_3=0\\5x_1+8x_2-2x_3=0\end{cases}$是否仅有零解.

6. 设$\boldsymbol{A}=\begin{pmatrix}1&2&1&2\\2&1&2&1\\1&2&3&4\end{pmatrix}$，$\boldsymbol{B}=\begin{pmatrix}4&3&2&1\\-2&1&-2&1\\0&-1&0&-1\end{pmatrix}$，求

(1) $3\boldsymbol{A}-\boldsymbol{B}$；　(2) $2\boldsymbol{A}+3\boldsymbol{B}$.

7. 计算

(1) $(1\quad 2\quad 3)\begin{pmatrix}1\\2\\3\end{pmatrix}$；　(2) $\begin{pmatrix}1\\2\\3\end{pmatrix}(1\quad 2\quad 3)$；　(3) $(1\quad 2\quad 3)\begin{pmatrix}1&2\\0&-1\\2&1\end{pmatrix}$；

(4) $(x_1\quad x_2\quad x_3)\begin{pmatrix}a_{11} & a_{12} & a_{13}\\ a_{12} & a_{22} & a_{23}\\ a_{13} & a_{23} & a_{33}\end{pmatrix}\begin{pmatrix}x_1\\ x_2\\ x_3\end{pmatrix}$；　(5) $\begin{pmatrix}1 & 2 & 3\\ 4 & 5 & 6\\ 7 & 8 & 9\end{pmatrix}\begin{pmatrix}-1 & -2 & -3\\ -1 & -2 & -3\\ 1 & 2 & 3\end{pmatrix}$.

8. 证明对任意矩阵 $\boldsymbol{A}$，$\boldsymbol{A}\boldsymbol{A}^{\mathrm{T}}$ 及 $\boldsymbol{A}^{\mathrm{T}}\boldsymbol{A}$ 都是对称矩阵．

9. 判断下列矩阵是否可逆，若可逆，求其逆矩阵

(1) $\begin{pmatrix}a & b\\ c & d\end{pmatrix}$ $ad-bc\neq 0$；　(2) $\begin{pmatrix}1 & 0 & 0\\ 1 & 2 & 0\\ 1 & 2 & 3\end{pmatrix}$；　(3) $\begin{pmatrix}1 & 0 & 4\\ 2 & 2 & 7\\ 0 & 1 & -2\end{pmatrix}$；

(4) $\begin{pmatrix}a_1 & & & \\ & a_2 & & \\ & & \ddots & \\ & & & a_n\end{pmatrix}$，其中 $a_1a_2\cdots a_n\neq 0$.

10. 若 $\boldsymbol{A}^k=0$（k 为正整数），求证：$(\boldsymbol{I}-\boldsymbol{A})^{-1}=\boldsymbol{I}+\boldsymbol{A}+\boldsymbol{A}^2+\cdots+\boldsymbol{A}^{k-1}$.

11. 若 n 阶矩阵满足 $\boldsymbol{A}^2-2\boldsymbol{A}-4\boldsymbol{I}=0$，试证 $\boldsymbol{A}-3\boldsymbol{I}$ 可逆，并求其逆矩阵．

12. 解下列矩阵方程 $\begin{pmatrix}2 & 5\\ 1 & 3\end{pmatrix}\boldsymbol{X}=\begin{pmatrix}4 & -6\\ 2 & 1\end{pmatrix}$.

13. 若三阶矩阵 $\boldsymbol{A}$ 的伴随矩阵 $\boldsymbol{A}^*$，已知 $|\boldsymbol{A}|=\dfrac{1}{2}$，求 $|(3\boldsymbol{A})^{-1}-2\boldsymbol{A}^*|$ 的值．

14. 按指定分块的方法，用分块矩阵乘法求下列矩阵的乘积．

(1) $\left(\begin{array}{cc:c}1 & -2 & 0\\ -1 & 1 & 1\\ \hdashline 0 & 3 & 2\end{array}\right)\left(\begin{array}{c:c}0 & 1\\ 1 & 0\\ \hdashline 0 & -1\end{array}\right)$；　(2) $\left(\begin{array}{ccc}2 & 1 & -1\\ \hdashline 3 & 0 & -2\\ \hdashline 1 & -1 & 1\end{array}\right)\left(\begin{array}{c:c:c}1 & 1 & 0\\ 0 & 0 & -1\\ -1 & 2 & 1\end{array}\right)$.

15. 某企业某年出口到三个国家的两种货物的数量及单位价格、重量、体积如表 5-5 所示。

表　5-5

国家 / 货物 / 产量	美国	德国	日本	单位价格（万元）	单位重量（t）	单位体积（m^3）
甲	3 000	1 500	2 000	0.5	0.04	0.2
乙	1 400	1 300	800	0.4	0.06	0.4

利用矩阵乘法计算该企业出口到三个国家的货物总价值、总重量、总体积．

16. 设某地 2002 年的城市人口为 5 000 000，农村人口为 7 800 000. 假设每年有 5% 的城市人口迁移到农村，有 12% 的农村人口迁移到城市，忽略其他因素对人口规模的影响．问 2004 年该地的人口分布情况如何？

17. 求下列齐次线性方程组的所有解

(1) $\begin{cases} x_1+2x_2-3x_3=0 \\ 2x_1+5x_2+2x_3=0 \\ 3x_1-x_2-4x_3=0 \end{cases}$；　(2) $\begin{cases} x_1+x_2+2x_3-x_4=0 \\ 2x_1+x_2+x_3-x_4=0 \\ 2x_1+2x_2+x_3+2x_4=0 \end{cases}$；

(3) $\begin{cases} x_1+2x_2+x_3-x_4=0 \\ 3x_1+6x_2-x_3-3x_4=0 \\ 5x_1+10x_2+x_3-5x_4=0 \end{cases}$.

18. 求下列线性方程组的所有解

(1) $\begin{cases} 4x_1+2x_2-x_3=2 \\ 3x_1-x_2+2x_3=10 \\ 11x_1+3x_2+0x_3=8 \end{cases}$；　(2) $\begin{cases} 2x+3y+z=4 \\ x-2y+4z=-5 \\ 3x+8y-2z=13 \\ 4x-y+9z=-6 \end{cases}$；

(3) $\begin{cases} 2x_1+x_2-x_3+x_4=1 \\ 4x_1+2x_2-2x_3+x_4=2 \\ 2x_1+x_2-x_3-x_4=1 \end{cases}$；　(4) $\begin{cases} 2x_1+x_2-x_3+x_4=1 \\ 3x_1-2x_2+x_3-3x_4=4 \\ x_1+4x_2-3x_3+5x_4=-2 \end{cases}$.

19. 确定 a 的值，使线性方程组 $\begin{cases} ax_1+x_2+x_3=1 \\ x_1+ax_2+x_3=a \\ x_1+x_2+ax_3=a^2 \end{cases}$ 有解．当有无穷解时，并求其解．

20. 一个城市有三个重要的企业：一个煤矿，一个发电厂和一条地方铁路．开采一元钱的煤，煤矿必须支付 0.25 元的电费和 0.25 元地运输费．生产一元钱的电力，发电厂需支付 0.65 元的煤做燃料，自己也需支付 0.05 元的电费来驱动辅助设备及支付 0.05 元的运输费．而提供一元钱的运输费，铁路需支付 0.55 元的煤作燃料，0.10 元的电费驱动它的设备．某个星期内，煤矿从外地接到 50 000 元煤的定货，发电厂从外地接到 25 000 元电力的定货．假设外地对地方铁路没有需求．问这三个企业在这一个星期内生产总值为多少时，才能精切地满足它们本地和外地的要求？

第 6 章　概率论初步

当今世界,以信息技术为主要目标的科技日新月异,高科技成果向现实生产力的转化愈来愈快,初见端倪的知识经济预示人类经济社会生活将发生新的巨大变化．随着科技的蓬勃发展,概率论大量应用到国民经济、工农业生产及各学科领域．概率论是应用数学的基础,它在各个领域都有着广泛的应用,不仅高等学校许多专业开设概率论课程,作为普及性的大众化数学,中学数学课程也在渗透着概率论的思想和方法,因此掌握必备的概率论理论与方法是信息时代的人们应具备的基本技能．

§6.1　随机事件与样本空间

6.1.1　问题的提出

现象是事物表现出来的,能够被人通过看、听、闻、摸等方式感觉到的一切情况．在自然界和人的实践活动中经常遇到各种各样的现象,这些现象大体可分为两类:一类是确定的,如:“在一个标准大气压下,纯水加热到100℃时必然沸腾”,“向上抛一块石头必然下落”,“同性电荷相斥,异性电荷相吸”等等,这种在一定条件下有确定结果的现象称为确定性现象;另一类现象是指在个别观察或试验中,其结果呈现出不确定性,但在大量重复观察或试验中,其结果又具有统计规律性的现象,称之为随机现象．如:抛掷一枚均匀硬币,可能出现“正面”(H),也可能出现“反面”(T);某地区四月份的降雨量;打靶射击时,可能打中靶心,也可能打不中;某人在肝炎普查中验血结果呈现阳性,那么他可能确实是肝炎病者,也可能不是．以上例举的现象都带有不确定性,在概率论中称之为随机现象．概率论是从数量侧面研究随机现象及其统计规律性的数学学科,它的理论严谨,应用广泛,并且有独特的概念和方法,同时与其他数学分支有着密切的联系,它是近代数学的重要组成部分．

纵观人类文明史,随机性似乎须臾不曾离开人类的关注．考古证据显示在早期文明中,人们就已经开始制作三棱柱、四棱柱和正六面体等不同形状的骰子,并使用象牙赌板、动物距骨、坚果核等各类随机函数发生器,用来作一些严肃的决策或纯粹进行机会游戏．由于哲学观和宗教原因阻碍了对随机现象的数学研究,所以对随机性的讨论只停留在哲学层面．人们对随机现象的漫长认识过程中,也是不尽相同的,各个时期随机现象的数学研究状况既受当时数学水平的制约也受哲学观念和其他学科研究状况的影响．对世界和自然奥秘的破译是人类不懈的追求，确定性和随机性作为矛盾的两个方面对于人们认识世界、探索自然法则都是必不可少的，它们之间的深刻联系是人类对于随机性的认识螺旋上升、对随机现象进行数学研究逐步深入的本质根源．从某种意义上说，对确定性和随机性关系的认识既是科学不断进步的原因又随着科学的不断进步而更加深入．

为了研究随机现象，就要对客观事物进行观察或试验，这里所指的试验是一个含义广泛的术语，它包括各种科学实验或对社会现象的某些特征进行观察，如：

E_1：抛掷一颗均匀骰子，观察其出现的点数；

E_2：对直径为 1 m 的圆靶进行远距离射击，观察其弹着点与靶心的距离；

E_3：研究十颗种子的发芽数；

E_4：盒中有十个相同的球，其中 5 个白球，5 个黑球，搅匀后从中任意摸取一球，出现白球的情况；

E_5：盒中有十个相同的球，其中 5 个白球，5 个黑球，搅匀后从中任意摸取两球，出现白球的数目；

E_6：每千字文章，逗号出现的次数．

以上这些试验具有以下三个特点：

(1) 试验可以在相同的条件下重复进行；

(2) 试验的所有可能结果是明确的，可知道的(在试验之前就可以知道的)并且不止一个；

(3) 每次试验总是恰好出现这些可能结果中的一个，但在一次试验之前却不能肯定这次试验出现哪一个结果．称这样的试验是一个随机试验，简称试验．随机试验一般用大写字母 E 来表示．在概率论中，我们就是通过随机试验来研究随机现象．

6.1.2　随机事件

1. 随机事件

在随机试验中，可能发生也可能不发生的试验结果称为随机事件，简称事件，一般用大写字母 A,B,C 等表示，随机事件是概率论研究的主要对象．

(1) 基本事件：根据研究的目的，将随机试验的每一个直接的可能结果，称为基本事件(亦称样本点)，用 ω 或 e 表示．如：E_1 中“出现 1 点”，“出现 2 点”，“出现 3 点”，……，“出现 6 点”等等都是基本事件，可用 $\omega_i(i=1,2,\cdots,6)$ 表示基本事件“出现 i 点”．

(2) 复合事件：在随机试验中，由若干个基本事件组合而成的事件，称之为复合事件．如：E_1 中事件 $A=$“出现偶数点”，就是由 $\omega_2,\omega_4,\omega_6$ 三个基本事件组合而成的事件,它的含义是指如果事件 A 发生,那么 A 包含的某个基本事件 ω_2 或 ω_4 或 ω_6 出现;反之,A 包含的某个基本事件 ω_2 或 ω_4 或 ω_6 出现,说明事件 A 一定发生. 因此,我们也用集合的形式来表示事件 $A=\{\omega_2,\omega_4,\omega_6\}$,阐明事件 A 由 $\omega_2,\omega_4,\omega_6$ 三个基本事件组合而成.

(3) 必然事件:在每次试验中必然发生的试验结果,称之为必然事件,用 Ω 表示.

(4) 不可能事件:在每次试验中必然不发生的试验结果,称之为不可能事件,用 $\varnothing$ 表示.

必然事件与不可能事件本来是没有随机性,为了讨论问题方便起见,我们将其作为两个特殊的随机事件,其在概率问题讨论中起着重要作用.

2. 样本空间

试验 E 的所有可能结果组成的集合称之为 E 的样本空间,或者说,所有基本事件组成的集合,用 Ω 表示. 显然,必然事件就是样本空间 Ω,不可能事件就是空集 $\varnothing$.

在实际问题中,要善于判断随机试验的样本空间,这是很重要的. 这里,我们将上述所列举的五种随机试验的样本空间,表述于下:

在 E_1 中,$\Omega=\{\omega_1,\omega_2,\omega_3,\omega_4,\omega_5,\omega_6\}$,也可用简化的形式表示基本事件,如用'1'表示"出现 1 点",其他类推,此时,$\Omega=\{1,2,3,4,5,6\}$;

在 E_2 中,$\Omega=\{x|x\geqslant 0\}$,$x$ 是弹着点与靶心的距离(单位:cm);

在 E_3 中,$\Omega=\{0,1,2,\cdots,10\}$,其中 i 表示 10 粒种子中发芽的种子数,$i=0,1,2,\cdots,10$;

在 E_4 中,$\Omega=\{b_1,b_2,b_3,b_4,b_5,h_1,h_2,h_3,h_4,h_5\}$,其中 b_i 为白球代号,h_j 为黑球代号;

在 E_5 中, $\Omega=\{(b_i,b_j)|i,j=1,2,\cdots,5,i\neq j\}\cup\{(b_i,h_j)|i,j=1,2\cdots,5\}\cup\{(h_i,h_j)|i,j=1,2,\cdots,5,i\neq j\}$

注意到从 10 个球中任取两球,有 C_{10}^2 个基本事件.

在 E_6 中,$\Omega=\{k|k=0,1,2,\cdots,1\,000\}$,其中 k 表示千字文章中,逗号出现的次数.

从以上讨论可知,随着问题的不同,试验的样本空间可以相当复杂,也可以相当简单. 而且一个样本空间往往可以概括各种实际内容大不相同的问题,如:只包含两个基本事件的样本空间,既能作为抛掷硬币出现正、反面的模型,也能用于产品检验中出现"正品"或"次品",又能用于打靶中"中"与"不中"等等,尽管问题的内容如此不同,但仍可把它们归结为相同的概率模型.

6.1.3 事件的关系与运算

对于随机试验而言,往往需要考虑试验中各种可能发生的结果或事件,这些事件都是相互联系的,因此我们不能只是孤立地研究事件本身,而是要研究事件之间的关系和运算规律,这对今后讨论概率的计算是十分必要的. 由于随机事件是样本空间的子集，从而事件的关系与运算和集合的关系与运算完全相类似．现对事件间的关系讨论如下：设试验 E，样本空间 Ω，事件 A，B，C.

1. 事件的包含与相等

如果事件 A 发生必然导致事件 B 发生，则称事件 B 包含 A，或称 A 被 B 包含，记作 $A\subset B$ 或 $B\supset A$. 如果有 $A\subset B$，$B\supset A$ 同时成立，则称事件 A 与 B 相等，记作 $A=B$. 事件的包含关系如图 6-1 所示．特别地对于不可能事件 $\varnothing$ 因不含有任何基本事件 e，可约定 $\varnothing\subset A$.

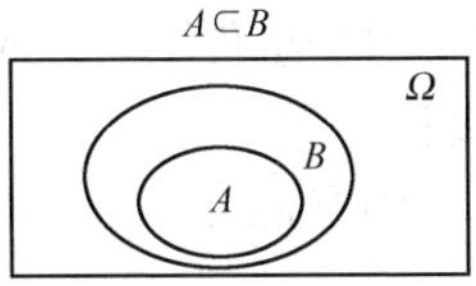

图 6-1　$A\subset B$

2. 事件的并(和)

事件 A 与 B 的并(或和)，记作 $A\cup B$，

$$A\cup B=\{\omega|\omega\in A \text{ 或 } \omega\in B\},$$

表示事件"事件 A 与 B 中至少有一个发生"，如图 6-2 所示．譬如，$A\cup\varnothing=A$，$A\cup\Omega=\Omega$，$A\cup A=A$；$A\subset A\cup B$，$B\subset A\cup B$.

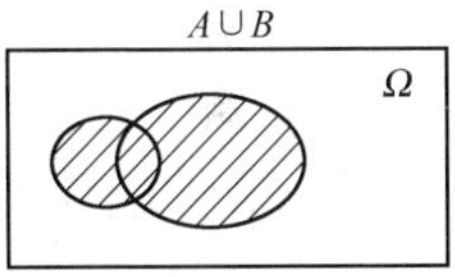

图 6-2　$A\cup B$

事件的并可推广到有限个事件的情况，即若有 n 个事件 A_1，A_2，…，A_n，则"A_1，A_2，…，A_n 中至少有一个发生"的事件称作 A_1，A_2，…，A_n 的并，记作 $A_1\cup A_2\cup\cdots\cup A_n$ 或 $A_1+A_2+\cdots+A_n$.

3. 事件的交(积)

事件 A 与 B 的交，记作 $A\cap B$ 或 AB，

$$A\cap B=\{\omega|\omega\in A \text{ 且 } \omega\in B\},$$

表示"事件 A 与 B 同时发生"，如图 6-3 所示．显然，$A\cap\varnothing=\varnothing$，$A\cap\Omega=A$，$A\cap A=A$；$A\supset A\cap B$，$B\supset A\cap B$.

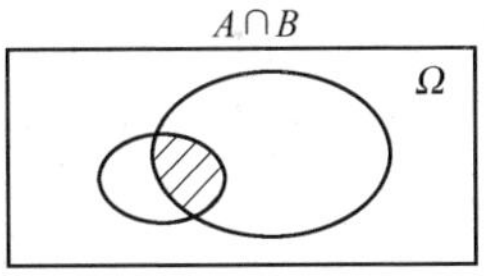

图 6-3　$A\cap B$

事件的交可推广到有限个事件的情况，即若有 n 个事件 A_1，A_2，…，A_n，则"A_1，A_2，…，A_n 同时发生"的事件称作 A_1，A_2，…，A_n 的交，记作 $A_1\cap A_2\cap\cdots\cap A_n$，或 $A_1A_2\cdots A_n$.

4. 事件的差

若"事件 A 发生而 B 不发生"，称作事件 A 与 B 的差，记作 $A-B$ 或 $A\overline{B}$.

$$A-B=\{\omega|\omega\in A \text{ 而 } \omega\notin B\},$$

表示"事件 A 发生而 B 不发生"，如图 6-4 所示．可见，$A-B=A\cap\overline{B}$.

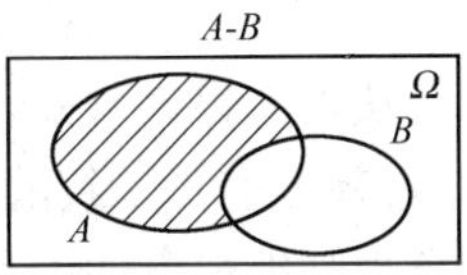

图 6-4　$A-B$

5. 事件的互不相容

若事件 A 与 B 不能同时发生，也就是说 AB 是一个不可能事件，即 $AB=\varnothing$，则称事件 A 与 B 互不相容(也称互斥事件)．如图 6-5 所示．譬

如,任意两个基本事件都是互斥的.

推广:设 n 个事件 $A_1,A_2,\cdots,A_n$ 两两互不相容,称 $A_1,A_2,\cdots,A_n$ 互不相容.

6. 事件的相互对立

对于事件 A,令 $\overline{A}=\Omega-A$ 表示事件"A 不发生",称 $\overline{A}$ 是 A 的对立事件或逆事件.

则有,$\overline{A\overline{A}}=\varnothing$,$A\cup\overline{A}=\Omega$,$\overline{\overline{A}}=A$. 对立事件如图 6-6 所示,这里特别要注意互斥不一定互逆,但互逆一定互斥.

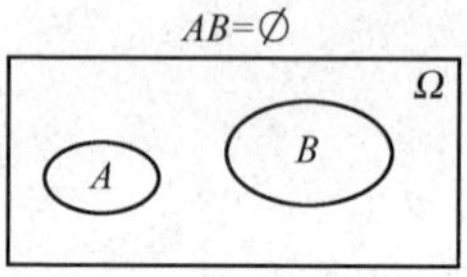

图 6-5　$AB=\varnothing$

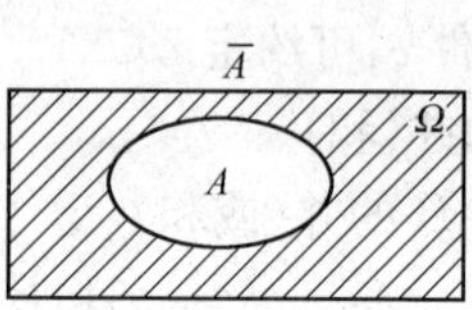

图 6-6　$\overline{A}=\Omega-A$

6.1.4　事件的运算规律

设 A,B,C 为试验 E 的事件,Ω 为样本空间,$\varnothing$ 为不可能事件,则事件的运算满足以下规律.

(1) $A\cup B=B\cup A,AB=BA$;　(交换律)

(2) $(A\cup B)\cup C=A\cup(B\cup C)$,$(AB)C=A(BC)$;　(结合律)

(3) $(A\cup B)C=AC\cup BC$,　$(AB)\cup C=(A\cup C)(B\cup C)$;　(分配律)

(4) $\overline{A\cup B}=\overline{A}\,\overline{B}$,　$\overline{AB}=\overline{A}\cup\overline{B}$;　(德摩根(De Morgan)对偶律)

推广到 n 个事件的情况,此时有

$$\overline{\bigcup_{i=1}^{n}A_i}=\bigcap_{i=1}^{n}\overline{A_i},\qquad \overline{\bigcap_{i=1}^{n}A_i}=\bigcup_{i=1}^{n}\overline{A_i}.$$

对偶律在概率计算中有重要应用,尤其是在某种条件下,要把事件间并的关系转化为交的关系,或将交的关系转化为并的关系时,就要运用对偶律来实现.

另外,事件的运算还有下列等式成立:

$$A\cup A=A,\quad A\cup\overline{A}=\Omega,\quad A\cup\Omega=\Omega,\quad A\cup\varnothing=A,$$
$$A\cap A=A,\quad A\cap\overline{A}=\varnothing,\quad A\cap\Omega=A,\quad A\cap\varnothing=\varnothing.$$

从以上讨论可知,事件之间的关系及运算与集合的定义、运算所用记号是相对应的,且基本上是一致的. 因此对事件的分析可转化为对集合的分析,从而利用集合的运算规则推得事件的运算规律,这对于建立概率论的严格的数学基础是非常重要的.

6.1.5　应用实例

例 1　抛掷两个均匀钱币,若把有字的一面看作正面,并设

$A=\{$正好一个正面朝上$\}$，　　$B=\{$两个正面朝上$\}$，

$C=\{$至少一个正面朝上$\}$，　　$D=\{$无正面朝下$\}$.

试写出 A,B,C,D 之间的关系.

解　显然 A,B,C,D 之间有如下关系：

$$A\subset C,\quad B\subset C.$$

又　　$B\subset D$，　$D\subset B$，　故有 $B=D$.

例 2　抛掷一颗均匀骰子，其样本空间 $\Omega=\{e_1,e_2,\cdots,e_6\}$（$e_i$ 表示出现 $i=1,2,\cdots,6$ 点）. 设

$$A=\{e_2,e_3\},\quad B=\{e_1,e_4\},\quad C=\{e_1,e_4,e_5,e_6\}.$$

试写出 A,B,C 之间的关系.

解　显然 A,B,C 之间有如下关系：

$$AB=\varnothing,\quad AC=\varnothing,\quad A\cup C=\varnothing.$$

即事件 A 与事件 B 互不相容，而事件 A 与事件 C 是相互对立事件.

例 3　设口袋中有三个球，分别编有 1,2,3 号，现从中任意摸出一球，观察其号码，记 $A=$"球的号码小于 3"，$B=$"球的号码是奇数"，$C=$"球的号码为 1". 试求 A 与 B 的和事件，积事件，差事件.

解　A 与 B 的和事件 $A\cup B=\Omega$，A 与 B 的积事件 $AB=C$，

A 与 B 的差事件 $A-B=$"球的号码为 2"，

B 与 A 的差事件 $B-A=$"球的号码为 3".

例 4　用上述定义的事件之间的关系来讨论下列事件的表示：(1) A 与 B 发生，C 不发生；(2) A,B,C 中至少有二个发生；(3) A,B,C 中恰好发生二个；(4) A,B,C 中至多有二个发生；(5) A,B,C 中至多一个事件发生；(6) A 发生而 B 与 C 都不发生；(7) A,B,C 中恰好发生 个；(8) A,B,C 中至少发生一个.

解　(1)事件"A 与 B 发生，C 不发生"可表示成

$$AB\overline{C}\text{或}AB-C\text{或}AB-ABC.$$

(2) 事件"A,B,C 中至少有二个发生"可表示成

$$AB\cup BC\cup CA\text{ 或 }AB\overline{C}\cup A\overline{B}C\cup\overline{A}BC\cup ABC.$$

(3) 事件"A,B,C 中恰好发生二个"可表示成

$$AB\overline{C}\cup A\overline{B}C\cup\overline{A}BC.$$

(4) 事件"A,B,C 中至多有二个发生"可表示成

$$\overline{ABC}.$$

(5) 事件"A,B,C 中至多一个事件发生"可以表示成

$$\overline{A}B\,\overline{C}\cup\overline{A}\,\overline{B}C\cup A\overline{B}\,\overline{C}\cup\overline{A}\,\overline{B}\,\overline{C},$$

也可表成$\overline{AB\cup BC\cup AC}$.

(6) 事件"A发生而B与C都不发生"可以表示成

$$A\overline{B}\,\overline{C}\text{或}A-B-C\text{或}A-(B\cup C).$$

(7) 事件"A,B,C中恰好发生一个"可表示成

$$A\overline{B}\,\overline{C}\cup\overline{A}B\overline{C}\cup\overline{A}\,\overline{B}C.$$

(8) 事件"A,B,C中至少发生一个"可表示成

$$A\cup B\cup C,$$

或$A\overline{B}\,\overline{C}\cup\overline{A}B\overline{C}\cup\overline{A}\,\overline{B}C\cup AB\overline{C}\cup A\overline{B}C\cup\overline{A}BC\cup ABC$.

§6.2 概率的公理化定义

6.2.1 问题的提出

对于随机试验中的随机事件,在一次试验中是否发生,虽然不能预先知道,但是它们在一次试验中发生的可能性是有大小之分的. 比如掷一枚均匀的硬币,那么随机事件"正面朝上"和随机事件"正面朝下"发生的可能性是一样的. 又如袋中有8个白球,2个黑球,从中任取一球. 显然,事件"取到白球"发生的可能性要大于"取到黑球"发生的可能性. 一般地,对于任何一个随机事件A,总有一个数值p与之对应,该数值p作为事件A发生的可能性大小的度量,称为事件A发生的概率,记为$P(A)=p$.

对于一次随机试验,随机事件A虽有其发生或不发生的偶然性,但在多次重复试验中又呈现出明显的统计规率性,事件A发生可能性大小的度量是客观存在的,有着确定的概率,但概率p究竟有多大呢? 进一步要研究的问题是随机事件A在一次试验中出现的可能性大小. 为此,我们下面讨论事件频率的概念及其有关性质.

6.2.2 随机事件的频率

1. 频率的概念

定义6.1 设事件A在n次独立重复试验中,出现了μ_a次,称比值$\frac{\mu_a}{n}$为事件A在n次试验中出现的频率. 记作

$$f_n(A)=\frac{\mu_a}{n}.$$

以下看一个简单例子. 有人重复地以大量同一品种水稻种子作发芽试验,再相似的种植条件下,观察种子发芽的频率. 现分别从中抽取10粒,50粒,100粒,200粒,300粒,400粒种子进行试验,结果见表6-1:

表 6-1　水稻种子发芽试验数据

抽取粒数 n	10	50	100	200	300	400
发芽粒数 μ_a	8	45	91	180	268	361
发芽频 $f_n(A)$	0.800	0.900	0.910	0.900	0.893	0.903

从表 6-1 中看出，种子发芽的频率不是一个固定的数．它随着抽取粒数的增多，种子发芽的频率越来越明显地摆动于数 0.9 附近，而且摆动的幅度逐渐减少，或者说频率逐渐稳定于 0.9. 频率的稳定性是一种统计规律性，稳定于的那个数称为频率的稳定值，可用其来表征事件 A 在一次试验中出现的可能性大小．频率稳定性的特点，不断地为人类的实践活动所证实，它揭示了隐藏在随机现象中的规律性．

理论上可以证明，在一定条件下，当试验次数 n 逐渐增大时，频率 $f_n(A)$逐渐稳定于某个常数 p，也就是说，对每一个随机事件 A 都客观存在这样一个数 p 与之对应．这个数就是我们用来表征事件 A 在一次试验中出现的可能性大小的数量指标，即事件 A 的概率，记为 $P(A)=p$.

2. 频率的性质

由频率的定义易见频率有如下性质

(1) 非负性：$0\leqslant f_n(A)\leqslant 1$；

(2) 规范性：$f_n(\Omega)=1$；

(3) 可加性：若 $A_1,A_2,\cdots,A_k$ 是两两互不相容的事件，则有：

$$f_n(A_1\cup A_2\cup\cdots\cup A_k)=f_n(A_1)+f_n(A_2)+\cdots+f_n(A_k).$$

6.2.3　概率的公理化定义

概率论产生于 17 世纪中叶，起始于对赌博的研究，随着研究的深入，得到了大量的成果，并应用到社会的各个领域，尤其是保险行业刺激了概率论的发展，19 世纪末以来，欧洲国家出现了许多“精算师”，他们在结合大量数据统计的情况下运用概率理论进行分析和计算，从而得到缴纳多少保险金才能让保险公司利润更大并且参保人数更多．但是直到那时为止，关于概率论的一些基本概念，如：事件，概率却没有明确的定义，这是一个很大的矛盾，这个矛盾使人们对概率的客观含义甚至相关的结论的可应用性都产生了怀疑，因此，概率论作为一个数学分支来说，还缺乏严格的理论基础，这就大大妨碍了概率论的进一步发展．在这种背景下，1933 年俄国数学家柯尔莫哥洛夫在综合了前人研究成果的基础上，提出了概率的公理化定义，使概率论成为严谨的数学分支．

定义 6.2　设 Ω 是随机试验 E 的样本空间，对其每一事件 A 赋予唯一实数 $P(A)$，如果 $P(A)$满足以下性质

(1) 非负性：对每一事件 A，有 $0\leqslant P(A)\leqslant 1$；

(2) 规范性：$P(\Omega)=1$；

(3) 可列可加性：若 $A_1,A_2,\cdots,A_k,\cdots$ 是两两互不相容的事件，则有

$$P(A_1\cup A_2\cup\cdots\cup A_k\cup\cdots)=P(A_1)+P(A_2)+\cdots+P(A_k)+\cdots.$$

则称 $P(A)$ 为事件 A 的**概率**．这个定义也称之为概率的一般定义．

数学公理化的目的是要把一门数学整理成为一个演绎系统，而这一系统的出发点就是一组基本概念和公理．因此，要建立一门数学的演绎系统，就要在第一步的基础上，从原有的资料、数据和经验中选择一些基本概念和确定一组公理，然后由此来定义其他有关概念并证明有关命题．选取的基本概念是不定义概念，必须是无法用更原始、更简单的概念去确定其涵义的，也就是说，它是高度纯化的抽象，是最原始最简单的思想规定．从认识论的角度来看，任何公理系统的原始概念和公理的选取必须反映现实对象的本质和关系．就是说，应该有它真实的直观背景而不是凭空臆造．其次，从逻辑的角度看，则不能认为一些概念和公理的任意罗列就能构成一个合理的公理系统，而一个有意义的公理系统必须是一个逻辑相容的体系．

6.2.4 概率的性质

由概率公理化定义的非负性、规范性和可列可加性，可以得出概率的其他一些性质．

性质 1 $P(\overline{A})=1-P(A)$.

证 因为 $A\cup\overline{A}=\Omega$，$A\overline{A}=\overline{\varnothing}$，则有

$$P(\Omega)=P(A\cup\overline{A})=P(A)+P(\overline{A})=1,$$

所以 $P(\overline{A})=1-P(A)$.

性质 2 $P(\varnothing)=0$.

证明略．

性质 3 设 A,B 为两事件，若 $B\supset A$，则有，$P(B-A)=P(B)-P(A)$ 及 $P(A)\leqslant P(B)$.

证 由条件知，$A\cup(B-A)=B$，$A(B-A)=\varnothing$，

所以

$$P(B)=P(A)+P(B-A),$$

从而有

$$P(B-A)=P(B)-P(A),$$

又因为 $P(B-A)\geqslant 0$，于是有

$$P(A)\leqslant P(B).$$

性质 4(概率的加法公式) 对任意两个事件 A,B，有 $P(A\cup B)=P(A)+P(B)$

$-P(AB)$.

证　因为 $A\cup B=A\cup(B-AB)$，$A(B-AB)=\varnothing$，且 $AB\subset B$，所以由性质 3 得

$$P(A\cup B)=P(A)+P(B-AB)=P(A)+P(B)-P(AB).$$

特别地，当 $AB=\varnothing$ 时，有　$P(A\cup B)=P(A)+P(B)$.

性质 4 可以推广到多个事件的情形．设 $A_1,A_2,\cdots,A_n$ 是 n 个事件，则有

$$P(A_1\cup A_2\cup\cdots\cup A_n)$$
$$=\sum_{i=1}^{n}P(A_i)-\sum_{i<j}^{n}P(A_iA_j)+\sum_{i<j<k}^{n}P(A_iA_jA_k)+\cdots+(-1)^{n-1}P(A_1A_2\cdots A_n).$$

6.2.5　应用实例

例 1　设事件 A 与 B 互不相容，且 $P(A)=p$，$P(B)=q$，试求 $P(A\cup B)$，$P(\overline{A}\cup B)$，$P(AB)$，$P(\overline{A}B)$，$P(\overline{AB})$.

解　$P(A\cup B)=P(A)+P(B)=p+q$；

$P(\overline{A}\cup B)=P(\overline{A})=1-p$；

$P(AB)=0$；

$P(\overline{A}B)=P(B-A)=P(B)-P(AB)=q$；

$P(\overline{A}\,\overline{B})=1-P(A\cup B)=1-p-q$.

例 2　从天气网查询到某市历史天气统计　(2011.1.1 到 2014.3.1)资料如下：

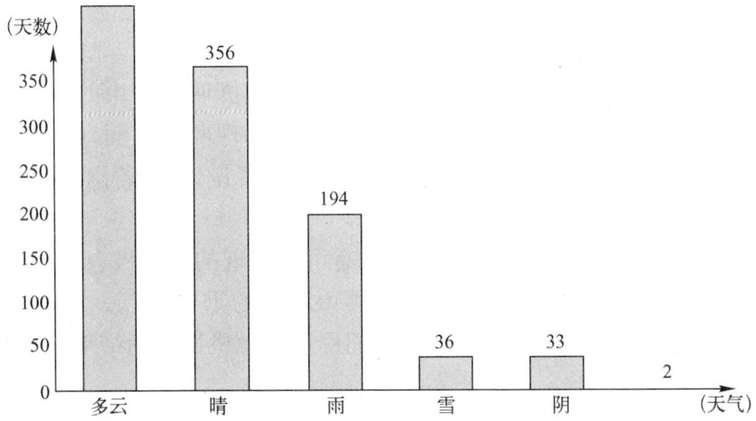

自 2011.1.1 到 2014.3.1，共出现：多云 507 天，晴 356 天，雨 194 天，雪 36 天，阴 33 天，其他 2 天，合计天数为：1128 天。试以频率代替概率，计算事件“下雨天或下雪天”的概率(结果保留两位小数).

解 设 A 表示事件“下雨天”，B 表示事件“下雪天”，$A\cup B$ 就是事件“下雨天或下雪天”，从查询到的资料看，事件 A 与 B 互不相容。所以，事件“下雨天或下雪天”的概率

$$P(A\cup B)=P(A)+P(B)=\frac{194}{1128}+\frac{36}{1128}=\frac{230}{1128}\approx 0.20.$$

§6.3 等可能概率概型

6.3.1 问题的提出

随机事件的概率，一般可以通过大量重复试验，通过频率体现概率的方式得到其近似值．但对于某些随机事件，也可以不通过重复试验，而只通过对一次试验中出现的可能结果，根据概率的公理化定义来计算其概率．这种计算随机事件概率的方法，比经过大量重复试验得出来的概率，更简便，更准确。

例 1 有一个抛掷两枚硬币的游戏，规则是：若出现两个正面，则甲赢；若出现一正一反，则乙赢；若出现两个反面，则甲、乙都不赢．试问：

(1) 这个游戏是否公平？请说明理由；

(2) 如果你认为这个游戏不公平，那么请你改变游戏规则，设计一个公平的游戏；如果你认为这个游戏公平，那么请你改变游戏规则，设计一个不公平的游戏．

解 先看看这个抛掷两枚硬币的游戏中，有哪些可能出现的结果．不难发现，所有机会均等的结果共有四种，分别为(正，正)、(正，反)、(反，正)、(反，反)．其中，甲赢的结果只有一种，即(正，正)；乙赢的结果有两种，即(正，反)、(反，正)．从而，这个游戏不公平．因为甲赢的概率小于乙赢的概率．根据抛掷两枚硬币的游戏中有四种机会均等的结果，可设计这样一个公平的游戏规则：若出现两个正面，则甲赢；若出现两个反面，则乙赢；若出现一正一反，则甲乙都不赢．或者设计为：若出现两个相同的面，则甲赢；否则，就乙赢．

可以看出，在抛掷两枚硬币的条件下，所有可能出现的结果机会均等，也就是每个结果出现的可能性是相同的，这是抛掷两枚硬币游戏的重要特点．一般地，如果随机试验的每个可能结果出现的机会都一样，我们称这个随机试验的结果具有等可能性．

6.3.2 古典概型

在例 1 中，抛掷两枚硬币的随机试验，共有四个基本事件且具有等可能性，我们将它概括为古典概型．古典概型是一类最简单而又常见的随机试验，这类随机试验具有以下特点：

(1) 有限性：随机试验的基本事件总数有限，即样本空间的样本点只有有限个，不失一般性地设基本事件的总数为 n，样本空间 $\Omega=\{\omega_1,\omega_2,\cdots,\omega_n\}$；

(2) 等可能性：随机试验中每个基本事件出现的可能性相同，且两两互不相容．即

$$P(\omega_1)=P(\omega_2)=\cdots=P(\omega_n).$$

把具有这两种性质的随机现象的数学模型称为古典概型，也称为等可能概型．

下面根据概率的公理化定义来计算事件 A 的概率，设

$A=\{\omega_{i_1},\omega_{i_2},\cdots,\omega_{i_k}\}$，其中，$i_1,i_2,\cdots,i_k$ 是 $1,2,\cdots,n$ 中的 k 个数码，

即事件 A 含有 k 个基本事件．首先，由于样本空间

$$\Omega=\{\omega_1,\omega_2,\cdots,\omega_n\}=\{\omega_1\}\cup\{\omega_2\}\cup\cdots\cup\{\omega_n\},$$

根据概率公理化定义的可列可加性有

$$P(\Omega)=P(\{\omega_1\}\cup\{\omega_2\}\cup\cdots\cup\{\omega_n\})=P(\omega_1)+P(\omega_2)+\cdots+P(\omega_n),$$

根据概率公理化定义的规范性 $P(\Omega)=1$，得到

$$P(\omega_1)+P(\omega_2)+\cdots+P(\omega_n)=1,$$

进一步，由古典概型的等可能性，得到

$$P(\omega_1)=P(\omega_2)=\cdots=P(\omega_n)=\frac{1}{n},$$

故根据概率公理化定义的可列可加性，A 的概率为

$$P(A)=P(\omega_{i_1})+P(\omega_{i_2})+\cdots+P(\omega_{i_k})=\underbrace{\frac{1}{n}+\frac{1}{n}+\cdots+\frac{1}{n}}_{k\text{个}\frac{1}{n}}=\frac{k}{n}.$$

定义 6.3　在古典概型中，如果事件 A 含有 k 个基本事件，则事件 A 的概率为

$$P(A)=\frac{k}{n}=\frac{\text{事件 A 包含的基本事件个数}}{\text{样本空间 }\Omega\text{ 含有的基本事件总数}}.$$

概率的这个定义称为**概率的古典定义**．由定义给出了计算古典概型中事件 A 的概率的公式．

古典概型是概率论发展初期的主要研究对象，它在概率论中有很重要的地位，一方面因为它比较简单，许多概念既直观又容易理解，另一方面，它又概括了许多实际问题，有很广泛的应用，以下我们就来讨论古典概型的例题计算与实际应用．

例 2　从 0,1,…,9 这十个数中随机抽取一个数字，求取出的是奇数的概率．

解　设 A=“取出奇数数字”，则由题意可知：从 0,1,…,9 这十个数中随机抽取一个数字其所有可能取法共有 10 种，即样本空间包含的基本事件总数为 $n=10$.

从 0,1,…,9 中取出奇数的个数有 1,3,5,7,9 这 5 个数，即事件 A 包含的基本事件个数为 $k=5$.

于是由古典概型计算公式(6.2)可得 $P(A)=\frac{5}{10}=\frac{1}{2}$.

例 3 盒中有红、黄、蓝球各一个,有放回的摸三次,每次摸一个球,求:P("全红"),P("无红"),P("蓝出现"),P("全红或全黄"),P("无红或无黄").

解 由题意知,任取一个有三种可能,则有放回摸三次,其所有可能取法共有 $3\times3\times3=27$ 种,即 $n=27$,于是有

$$P(\text{“全红”})=\frac{C_1^1C_1^1C_1^1}{3^3}=\frac{1}{27};$$

$$P(\text{“无红”})=\frac{C_2^1C_2^1C_2^1}{3^3}=\frac{8}{27};$$

$$P(\text{“蓝出现”})=1-P(\text{“无蓝”})=1-\frac{8}{27}=\frac{19}{27};$$

$$P(\text{“全红或全黄”})=P(\text{“全红”})+P(\text{“全黄”})=\frac{2}{27};$$

$$\begin{aligned}P(\text{“无红或无黄”})&=P(\text{“无红”})+P(\text{“无黄”})-P(\text{“无红且无黄”})\\&=\frac{8}{27}+\frac{8}{27}-\frac{1}{27}=\frac{15}{27}.\end{aligned}$$

说明:P("无红")≠1-P("全红");"全红"、"全黄"是互不相容事件,通过本题讨论,熟练掌握古典概型,加法公式,对立事件等概率的计算.

例 4 将 n 只球随机地放到 $N(N\geqslant n)$个盒子中去,试求每个盒子至多有一只球的概率(设盒子的容量不限).

解 将 n 只球放入 N 个盒子中,则每一只球都可放入 N 个盒子的任意一个盒子中,故 n 个球共有 $\underbrace{N\times N\times N\cdots\times N}_{n\text{个}}=N^n$ 种不同的放法(重复排列),而每个盒子中至多放一只球,则有 $N(N-1)(N-2)\cdots(N-(n-1))$ 种不同放法(选排列),设事件 $A=\{$盒中至多有一只球$\}$,于是

$$P(A)=\frac{N(N-1)\cdots(N-n+1)}{N^n}=\frac{A_N^n}{N^n}.$$

说明:本例是一种常用的具有典型意义的概率模型,通常称之为分房模型,诸如有 n 个人都以相同的概率被分配到 N 个房间去,或某指定的 n 个房间至多只有一个人的概率,又如要求参加某次集会的 n 个人中没有两个人生日相同的概率,n 个乘客乘火车途经 N 个车站,设每人在每站下车的概率都相同,求没有一人以上同时下车的概率等等均属于这一类概型. 利用此题结果,再来讨论生日问题.

例 5 某班有 n 个学生,试求该班至少有两名学生的生日相同的概率.

解 设 A="至少有两名学生的生日相同".

由假设知，本题直接计算事件 A 的概率比较复杂，此时我们可用对立事件来解，即有

$$\overline{A}=\text{“没有学生生日相同”，于是}$$

$$P(\overline{A})=\frac{365\times364\times\cdots(365-n+1)}{365^n},$$

则

$$P(A)=1-P(\overline{A})=1-\frac{365\times364\times\cdots(365-n+1)}{365^n}.$$

现将 n 取不同值时，事件 A 的概率见表 6-2：

表 6-2　学生人数为 n 的班级中至少有两人生日相同的概率

n	20	30	40	50	64	100
$P(A)$	0.411	0.706	0.891	0.970	0.997	0.999 999 7

由表 6-2 的计算结果可知，当一个班级的学生人数在 64 人以上时，至少有两人生日相同这一事件几乎是必然发生的．

显然这一结果常常会使人们感到惊讶："多巧啊！我们班竟有两位同学的生日是在同一天．"但从概率意义上来说，这几乎是必然发生的事件．这就是概率思维与人们习惯思维的差异．掌握了这种思维方法，对提高我们对事物的认识能力与分析水平都有积极意义．

从以上讨论的例题中我们看到，许多表现出属性不同的问题，在数学模型上可归结为同一类型的问题，因此导出了一个数学模型后，可用来解决一类实际问题，我们要善于掌握这类应用数学的模型化方法．此外，在古典概型问题计算中，还要注意的问题总结如下：

(1) 注意通过分析事件之间关系来确定样本空间包含的基本事件总数 n 与事件 A 包含的基本事件个数 k；

(2) 利用概率的定义、性质来分析与计算实际问题．在例题中我们用到了事件间的包含、相等及互不相容等关系，用到了概率的加法公式、对立事件的计算公式及古典概型计算公式；

(3) 采用古典概型计算公式时，要特别注意"n"与"k"必须在同一样本空间中确定．

6.3.3　几何概率

一个随机试验，如果数学模型是古典概型，那么描述这个随机试验的样本空间 Ω 具有有限性和等可能性，在古典概型中，试验的结果是有限的，受到了很大的限制．下面介绍试验结果无限，且具备等可能性的一类概型．

若我们在一个面积为 S_Ω 的平面区域 Ω 上，等可能的任意投点，这里等可能的确切意义是这样的：对于区域 Ω 中任意一个小区域 A，若它的面积为 S_A，则点落在小区域 A 中的可能性大小与 S_A 成正比，而与小区域 A 的位置及形状无关．设事件 A 为"投点落在小区域 A 内"，由等可能的意义得到

$$P(A)=kS_A(k\text{ 是比例系数}).$$

根据概率公理化定义的规范性 $P(\Omega)=1$，有 $P(\Omega)=kS_\Omega=1$，可得 $k=\frac{1}{S_\Omega}$，事件 A 的概率

$$P(A)=\frac{S_A}{S_\Omega}=\frac{\text{小区域 A 的面积}}{\text{区域 }\Omega\text{ 的面积}}$$

这一类概率称为几何概率．同样，如果在一条线段上投点，那么只需要将面积改为长度，如果在一个立方体内投点，则只需将面积改为体积．

例 6（会面问题） 甲、乙两人约定在 6 时到 7 时之间在某处会面，并约定先到者应等候另一人十五分钟，过时不见，即可离去，求：甲、乙两人能够会面的概率．

解 用 x,y 分别表示甲乙二人到达的时间（分钟），则有 $0\leqslant x\leqslant 60,0\leqslant y\leqslant 60$. 两人到达的时间 (x,y) 的所有可能结果是边长为 60 的正方形，即

$$\Omega=\{(x,y)\mid 0\leqslant x\leqslant 60,0\leqslant y\leqslant 60\}.$$

设事件 A 为"甲、乙两人能够会面"，则

$$A=\{(x,y)\mid |x-y|\leqslant 15\}.$$

在平面上建立直角坐标系（如图 6－7 所示），事件 A "甲、乙两人能够会面"，由图中阴影部分表示，这是一个几何概率问题．

$$P(A)=\frac{S_A}{S_\Omega}=\frac{60^2-45^2}{60^2}=\frac{7}{16}.$$

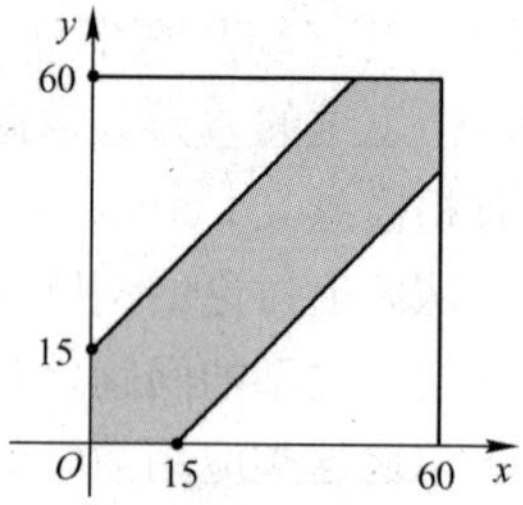

图 6-7

6.3.4 应用实例

例 7 设有一批同类型产品共 100 件，其中 98 件是合格品，2 件是次品，从中任意抽取 3 件，求：

(1) 抽到的 3 件中恰有一件是次品的概率；

(2) 抽到的 3 件中至少有一件是次品的概率；

(3) 抽到的 3 件中至多有一件是次品的概率．

解 设$A=\{$抽到的 3 件中恰有一件是次品$\}$，

$B=\{$抽到的 3 件中至少有一件是次品$\}$，

$C=\{$抽到的 3 件中至多有一件是次品$\}$，

由题意知，从 100 件中任取 3 件，抽法总数为，$n=C_{100}^{3}$，而事件 A 包含的基本事件个数 $k_1=C_2^1C_{98}^2$；事件 B 包含的基本事件个数 $k_2=C_2^1C_{98}^2+C_2^2C_{98}^1$，即{至少有一件是次品}={恰有一件是次品}∪{恰有两件是次品}；事件 C 包含的基本事件个数 $k_3=C_2^1C_{98}^2+C_{98}^3$，即{至多有一件是次品}={恰有一件是次品}∪{没有次品}.

故事件 A,B,C 的概率分别为

$$P(A)=\frac{C_2^1C_{98}^2}{C_{100}^3}=0.058\ 8;$$

$$P(B)=\frac{C_2^1C_{98}^2+C_2^2C_{98}^1}{C_{100}^3}=0.059\ 4;$$

$$P(C)=\frac{C_2^1C_{98}^2+C_{98}^3}{C_{100}^3}=0.999\ 4.$$

说明：在抽样检验中，计算“恰有 i 件”、“至少有 i 件”或“至多有 i 件”一类问题较为普遍，应掌握这一类题型的基本计算方法．

以下来讨论放回抽样与无放回抽样问题．

例 8　盒中有 100 件同类型产品，其中 60 件是正品，40 件是次品，现按下列两种方法抽取产品：(1)每次从中任取一件，经观察后放回盒中，再任取下一件，称这种抽取方法为放回抽样；(2)每次从中任取一件，经观察后不放回，在剩下的产品中再任取下一件，称这种抽取方法为无放回抽样．试分别用这两种抽样方法，求从这 100 件产品中任取三件，其中有两件是次品的概率．

解　显然此为古典概型问题．现分别讨论如下：

(1) 放回抽样：由于每次抽取后都放回，故每次抽取的产品都是从原 100 件产品中抽取，则从 100 件产品中任取三件的所有可能取法共有 $100\times100\times100=100^3$，即样本空间包含的基本事件总数为 $n=100^3$.

设 A={任取三件中有两件是次品}，因任取三件中有两件是次品的可能取法有 C_3^2 种，且这两件次品是从 40 件次品中任意取得，其可能取法有 40^2 种，. 另一件正品是从 60 件正品中任意取得，有 60 种取法，则有加法原理与乘法原理，事件 A 包含的基本事件个数为：$k_1=C_3^2\times40^2\times60$，于是有：

$$P(A)=\frac{k_1}{n}=\frac{C_3^2\times40^2\times60}{100^3}=0.288.$$

(2) 无放回抽样：由于每次取一件后不放回，因此第一次是从原 100 件产品中任意取得，第二次是从第一次抽取后剩下的 99 件中任意取得，第三次是从第二次抽取后剩下的 98 件中任意取得，则从 100 件产品中任取三件的所有可能取法共有 $100\times99\times98$，此时样本空间包含的基本事件总数为 $n=100\times99\times98$. 同理可求的事件 A 包含的基本事件个数为：$k_2=C_3^2\times40\times39\times60$，于是有：

$$P(A)=\frac{k_2}{n}=\frac{C_3^2\times40\times39\times60}{100\times99\times98}=0.289.$$

结论:本例计算结果说明,在被抽取对象的数量较大情况下,用放回抽样与无放回抽样,其算得事件的概率是十分相近,无明显差异.在大样本情况下,常把无放回抽样当作放回抽样来处理,就是基于这一道理.但当被抽取对象的数量较少时,两者会有较大差异,此时需严格区分是放回抽样还是无放回抽样.

§6.4 条件概率、乘法公式和事件的独立性

6.4.1 问题的提出

对于给定的一个随机试验,其所有基本事件构成样本空间 Ω. 由于随机事件是样本空间的子集,从而事件的关系与运算类似于集合的关系与运算,我们研究了事件之间的相互联系.进一步,给出了事件 A 的概率 $P(A)$的公理化定义.下面讨论如何根据事件之间的相互联系,计算在事件 A 已经发生的条件下事件 B 再发生的条件概率,此条件概率记作 $P(B|A)$.

例 1 考虑有两个孩子的家庭(假定男女出生率一样),讨论在已经知道有一个女孩的情形下,另一个是男孩的概率.

解 首先,两个孩子家庭依大小排列有(哥,弟),(哥,妹),(姐,弟),(姐,妹)四种情形,即样本空间 Ω 含有四个基本事件.

若记 A=“随机抽取两个孩子的家庭中有一个女孩”,B=“随机抽取两个孩子的家庭中有一个男孩”,AB=“随机抽取两个孩子的家庭中有一个女孩和一个男孩”,那么,在已经知道有一个女孩的情形下,我们只须考虑(哥,妹),(姐,弟),(姐,妹)这三种情况.

根据古典概型可知:在已经知道有一个女孩的条件下,另一个是男孩的条件概率为

$$P(B|A)=\frac{2}{3}.$$

注意到 $P(A)=\frac{3}{4}$,$P(AB)=\frac{2}{4}=\frac{1}{2}$,我们有

$$P(B|A)=\frac{2}{3}=\frac{\frac{2}{4}}{\frac{3}{4}}=\frac{P(AB)}{P(A)}.$$

也就是 $P(B|A)=\frac{P(AB)}{P(A)}$.

这是巧合还是对许多问题都成立的关系式？下面我们进一步地讨论．

6.4.2　条件概率

上述是一个特殊的例子，我们对一般的古典概型，验证上述关系式成立．

设样本空间 Ω 含有的基本事件总数为 n，事件 A 含有 m 个基本事件，AB 含有 k 个基本事件，在已经知道事件 A 发生的前提下，事件 B 再发生，就是事件 A 与 B 同时都发生，即 AB 发生，于是

$$P(B|A)=\frac{k}{m}=\frac{\frac{k}{n}}{\frac{m}{n}}=\frac{P(AB)}{P(A)},$$

故有 $P(B|A)=\dfrac{P(AB)}{P(A)}$. 同样对几何概率验证，此关系式也成立．

定义 6.4　设 A、B 为两个事件，且 $P(A)>0$，则在已知事件 A 发生的前提下，事件 B 再发生的条件概率 $P(B|A)$ 定义为

$$P(B|A)=\frac{P(AB)}{P(A)}.$$

定义同时给出了条件概率的计算公式，由条件概率的定义可知，如前讨论的“古典概型”相对条件概率而言，可称其为无条件概率．特别要强调的是条件概率亦具有概率公理化定义的三条基本性质：

(1) 非负性：对任一事件 B，$P(B|A)\geqslant 0$；

(2) 规范性：$P(\Omega|A)=1$；

(3) 可列可加性：设 $B_1,B_2,\cdots$，是两两互不相容的事件，则有

$$P(B_1\cup B_2\cup\cdots|A)=P(B_1|A)+P(B_2|A)+\cdots.$$

条件概率的定义及其性质在概率计算中有十分重要的作用．

例 2　甲、乙两市都位于长江下游，据一百多年来的气象记录，知道在一年中的雨天的比例，甲市占 20%，乙市占 18%，两地同时下雨占 12%.

记 A=“甲市出现雨天”，B=“乙市出现雨天”求：

(1) 两市至少有一市是雨天的概率；

(2) 乙市出现雨天的条件下，甲市也出现雨天的概率；

(3) 甲市出现雨天的条件下，乙市也出现雨天的概率．

解　(1) 两市至少有一市是雨天的概率

$$P(A\cup B)=P(A)+P(B)-P(AB)=20\%+18\%-12\%=26\%.$$

(2) 乙市出现雨天的条件下，甲市也出现雨天的概率

$$P(A|B)=\frac{P(AB)}{P(B)}=\frac{0.12}{0.18}=0.67.$$

(3) 甲市出现雨天的条件下,乙市也出现雨天的概率

$$P(B|A)=\frac{P(AB)}{P(A)}=\frac{0.12}{0.20}=0.60.$$

6.4.3 乘法公式

由条件概率的定义可知,若 $P(A)>0$,可得

$$P(AB)=P(A)P(B|A),$$

称为事件概率的**乘法公式**.

可以推广到 n 个事件的情况,设 $P(A_1A_2\cdots A_n)>0$(此假设可保证公式中所有条件概率都有意义),则有

$$P(A_1A_2\cdots A_n)=P(A_1)P(A_2|A_1)P(A_3|A_1A_2)\cdots P(A_n|A_1A_2\cdots A_{n-1}).$$

当一事件发生涉及到多个事件共同发生时,要找出这种关系并使用乘法公式.

例 3(抽签问题) 有一张电影票,7 个人抓阄决定谁得到它,问第 $k(k=1,2,\cdots,7)$个人抓到有票之阄的概率是多少?

解 设事件 A_k="第 k 个人抓到有票之阄"$(k=1,2,\cdots,7)$. 显然 $P(A_1)=\frac{1}{7}$.

由于 $A_2=A_2\cap\Omega=A_2\cap(A_1+\overline{A}_1)=A_1A_2+\overline{A}_1A_2=\overline{A}_1A_2$,所以

$$P(A_2)=P(\overline{A}_1A_2)=P(\overline{A}_1)P(A_2|\overline{A}_1)=\frac{6}{7}\frac{1}{6}=\frac{1}{7}.$$

同理,$P(A_3)=P(\overline{A}_1\overline{A}_2A_3)=P(\overline{A}_1)P(\overline{A}_2|\overline{A}_1)P(A_3|\overline{A}_1\overline{A}_2)=\frac{6}{7}\ \frac{5}{6}\ \frac{1}{5}=\frac{1}{7}.$

类似可得,$P(A_4)=P(A_5)=P(A_6)=P(A_7)=\frac{1}{7}.$

计算结果说明对每个人来说,不论先后次序抓到有票之阄的可能性都是相同的,或者说,每个人抓到有票之阄的机会均等,这就是为什么人们习惯于用抓阄或抽签的方法来解决问题的奥秘,本例从概率意义上作出了理论的回答.

6.4.4 事件的独立性

1. 两个事件的独立性

例 4 设袋中有五个球(三新两旧),每次从中取一只球,有放回地取两次,记 A="第一次取得新球",B="第二次取得新球",求 $P(A),P(B),P(B|A)$.

解 显然,$P(A)=\frac{3}{5},P(B)=\frac{3}{5},P(B|A)=\frac{3}{5}.$

可见，$P(B|A)=P(B)$，说明事件 A 发生的前提下，并不影响事件 B 发生的概率，由此可得

$$P(AB)=P(A)P(B|A)=P(A)P(B).$$

定义 6.5　如果事件 A 与 B 满足 $P(AB)=P(A)P(B)$，则称**事件 A 与 B 相互独立**，简称为**独立**的．

说明：(1) $\{A,B\}$，$\{\overline{A},B\}$，$\{A,\overline{B}\}$，$\{\overline{A},\overline{B}\}$ 四对中只要有一对相互独立，则其他三对也相互独立．

(2) 设 $P(A)>0$，$P(B)>0$，则 A 与 B 相互独立 $\Leftrightarrow P(A|B)=P(A)\Leftrightarrow P(B|A)=P(B)$.

特别地，依据这个定义，必然事件 Ω 与任何事件都相互独立，同样，不可能事件 $\varnothing$ 也与任何事件相互独立，因为必然事件与不可能事件的发生与否，的确不受任何事件的影响，也不影响其他事件是否发生．

在实际问题中，人们常用直觉来判断事件间的"相互独立"性．譬如，分别抛掷两枚均匀的硬币，记 A＝"第一枚硬币出现正面"，B＝"第二枚硬币出现正面"．由于 $P(AB)=\frac{1}{4}=P(A)P(B)$，所以，事件 A 与 B 相互独立．而凭经验就可以看出，第一枚硬币出现正面与否和第二枚硬币是否出现正面，相互之间没有影响，因而事件 A 与 B 是相互独立的，当然有时直觉并不可靠．

例 5　某一个家庭中有男孩，又有女孩，假定生男孩和生女孩是等可能的，记

A＝"家庭中有男孩，又有女孩"，B＝"家庭中至多有一个女孩".

对下述两种情形，讨论 A 与 B 是否相互独立．

(1) 家庭中有两个小孩；(2)家庭中有三个小孩．

解　(1) 家庭中有两个小孩，这时样本空间

Ω＝{(男、男)，(男、女)，(女、男)，(女、女)}，

A＝{(男、女)，(女、男)}，

B＝{(男、男)，(男、女)，(女、男)}，

AB＝{(男、女)，(女、男)}.

于是 $PA)=\frac{1}{2}$，$P(B)=\frac{3}{4}$，$P(AB)=\frac{1}{2}$. 由此可知，$P(AB)\neq P(A)P(B)$，所以，A 与 B 不是相互独立的．

(2) 家庭中有三个小孩，样本空间

Ω＝{(男、男、男)，(男、男、女)，(男、女、男)，(女、男、男)(男、女、女)，(女、女、男)，(女、男、女)，(女、女、女)}，

A＝{(男、男、女)，(男、女、男)，(女、男、男)(男、女、女)，(女、女、男)，(女、男、

女)},

$B=\{$(男、男、男),(男、男、女),(男、女、男),(女、男、男)$\}$,

$AB=\{$(男、男、女),(男、女、男),(女、男、男)$\}$.

于是 $P(A)=\frac{3}{4}, P(B)=\frac{1}{2}, P(AB)=\frac{3}{8}$. 由此可知,$P(AB)=P(A)P(B)$,所以,$A$ 与 B 相互独立.

2. 多个事件的独立性

定义 6.6 如果三个事件 A、B、C 满足

$$P(AB)=P(A)P(B),$$
$$P(BC)=P(B)P(C),$$
$$P(CA)=P(C)P(A),$$
$$P(ABC)=P(A)P(B)P(C),$$

则称事件 A、B、C 相互独立.

显然,如果三个事件 A、B、C 相互独立,一定有 A、B、C 两两相互独立,反之不一定成立.

例 6 一个均匀的正四面体,其第一面染成红色,第二面染成白色,第三面染成黑色,第四面同时染上红、黑、白三色,投掷此正四面体,令事件 $A=$"出现红颜色",$B=$"出现白颜色",$C=$"出现黑颜色",讨论 A、B、C 三事件的相互独立性.

解 观察底面的颜色,有四个基本事件,依次表示为 $\omega_1=$"只有红色",$\omega_2=$"只有白色",$\omega_3=$"只有黑色",$\omega_4=$"红、黑、白三色均有". 因此,样本空间 $\Omega=\{\omega_1,\omega_2,\omega_3,\omega_4\}$,$A=\{\omega_1,\omega_4\}$,$B=\{\omega_2,\omega_4\}$,$C=\{\omega_3,\omega_4\}$.

由 $\omega_1,\omega_2,\omega_3,\omega_4$ 出现的等可能性,根据古典概型概率计算公式得

$$P(A)=P(B)=P(C)=\frac{2}{4}=\frac{1}{2}, P(AB)=P(BC)=P(CA)=\frac{1}{4}, P(ABC)=\frac{1}{4}.$$

可见,$P(AB)=P(A)P(B)$,$P(BC)=P(B)P(C)$,$P(CA)=P(C)P(A)$,故 A、B、C 两两相互独立. 而 $P(ABC)\neq P(A)P(B)P(C)$,说明 A、B、C 三事件总体不是相互独立的.

定义 6.7 称 n 个事件 $A_1,A_2,\cdots,A_n$ 相互独立,则对任意整数 $k(2\leqslant k\leqslant n)$ 有

$$P(A_{i_1}A_{i_2}\cdots A_{i_k})=P(A_{i_1})P(A_{i_2})\cdots P(A_{i_k}),$$

其中 $i_1,i_2,\cdots,i_k$ 是 k 个自然数,且有 $1\leqslant i_1<i_2<\cdots<i_k\leqslant n$.

说明:(1) n 个事件相互独立,则必须满足 2^n-n-1 个等式.

(2) n 个事件相互独立,则它们中的任意 $m(2\leqslant m\leqslant n)$ 个事件也相互独立.

(3) $A_1,A_2,\cdots,A_n$ 中两两相互独立不蕴含 $A_1,A_2,\cdots,A_n$ 相互独立,但反之成立.

(4) 若 n 个事件 $A_1,A_2,\cdots,A_n$ 相互独立,则

$$P(A_1\cup A_2\cup\cdots\cup A_n)=1-P(\overline{A}_1)P(\overline{A}_2)\cdots P(\overline{A}_n).$$

例 7　已知每个人的血清中含有肝炎病毒的概率为 0.4%，且他们是否含有肝炎病毒是相互独立的，今混和 100 个人的血清，试求混和后的血清中含有肝炎病毒的概率．

分析　先写出假设：$A=$\{混和后的血清中含有肝炎病毒\}，可见此假设与\{100 个人中至少有一人的血清中含有肝炎病毒\}等价，设事件

$$A_k=\text{“第 } k \text{ 个人血清中含有肝炎病毒”}(k=1,2,\cdots,100)$$

显然 A 与 A_k 有如下关系，$A=A_1\cup A_2\cup\cdots\cup A_{100}$，由事件的独立性及对偶原理将加法转化为乘法即可求的答案．

解　设 $A=$“混和后的血清中含有肝炎病毒”，

$$A_k=\text{“第 } k \text{ 个人血清中含有肝炎病毒”}(k=1,2,\cdots,100).$$

可以认为 $A_1,A_2,\cdots,A_{100}$ 相互独立，故所求的概率为

$$\begin{aligned}P(A)&=P(A_1\cup A_2\cup\cdots\cup A_{100})\\&=1-P(\overline{A_1A_2\cdots A_{100}})\\&=1-P(\overline{A}_1)P(\overline{A}_2)\cdots P(\overline{A}_{100})=1-0.996^{100}=0.33.\end{aligned}$$

计算结果说明，虽然每个人的血清中有肝炎病毒的概率都很小，仅为 0.004，是小概率事件，但把许多人的血清混合起来后，其中含有肝炎病毒的概率就很大了．这就是通常说的小概率事件会产生大效应，所以在实际问题中，遇到此类情况要特别引起重视．

例 8　张、王、赵三同学各自独立地去解一道难题，他们解出的概率分别为 $\frac{1}{5}$，$\frac{1}{3}$，$\frac{1}{4}$，试求：(1)恰有一人解出的概率；(2)难题被解出的概率．

解　设 $A_k(k=1,2,3)$ 分别表示张、王、赵三同学解出难题这三个事件，由题设知 A_1,A_2,A_3 相互独立．

(1) 设 $A=$“恰有一人解出难题”，则 $A=A_1\overline{A}_2\overline{A}_3\cup\overline{A}_1A_2\overline{A}_3\cup\overline{A}_1\overline{A}_2A_3$，所以

$$\begin{aligned}P(A)&=P(A_1\overline{A}_2\overline{A}_3\cup\overline{A}_1A_2\overline{A}_3\cup\overline{A}_1\overline{A}_2A_3)\\&=P(A_1\overline{A}_2\overline{A}_3)+P(\overline{A}_1A_2\overline{A}_3)+P(\overline{A}_1\overline{A}_2A_3)\\&=P(A_1)P(\overline{A}_2)P(\overline{A}_3)+P(\overline{A}_1)P(A_2)P(\overline{A}_3)+P(\overline{A}_1)P(\overline{A}_2)P(A_3)\\&=\frac{1}{5}\left(1-\frac{1}{3}\right)\left(1-\frac{1}{4}\right)+\left(1-\frac{1}{5}\right)\frac{1}{3}\left(1-\frac{1}{4}\right)+\left(1-\frac{1}{5}\right)\left(1-\frac{1}{3}\right)\frac{1}{4}\\&=\frac{13}{30}.\end{aligned}$$

(2) 设 $B=$“难题被解出”，所以

$$P(B)=P(A_1\cup A_2\cup A_3)$$

$$=1-P(\overline{A}_1)P(\overline{A}_2)P(\overline{A}_3)$$
$$=1-\left(1-\frac{1}{5}\right)\left(1-\frac{1}{3}\right)\left(1-\frac{1}{4}\right)=\frac{3}{5}.$$

可见，$P(B)=\frac{3}{5}=0.6\geqslant 0.43=\frac{13}{30}=P(A)$. 人们常用谚语“三个臭皮匠，顶个诸葛亮”来表示人多办法多，人多智慧多的一种赞誉．对“三个臭皮匠，顶个诸葛亮”，我们可以从事件的独立性上来加以阐释．即三个智商一般的皮匠张、王、赵三同学，通过团结协作以 0.17 的优势胜过智商超群的每个诸葛亮，体现出了团队的力量．

6.4.5 应用实例

例 9 证明下列两式相等

(1) $C\subset B$，且 $P(B|A)=0$，则有 $P(C|A)=0$；

(2) $B\cap A=C\cap A=\varnothing$，则有 $P(B\cup C|A)=P(B|A)+P(C|A)$.

证 (1)因为 $C\subset B$，所以 $AC\subset BA$. 已知 $P(B|A)=0\Rightarrow P(AB)=0$，所以 $P(AC)=0$，从而 $P(C|A)=0$.

证 (2)因为 $BA=CA=\varnothing$，所以 $(B\cup C)A=BA\cup CA=\varnothing$，从而

$$P(B\cup C|A)=\frac{P((B\cup C)A)}{P(A)}=\frac{P(BA)+P(CA)}{P(A)}$$
$$=\frac{P(BA)}{P(A)}+\frac{P(CA)}{P(A)}=P(B|A)+P(C|A).$$

例 10 某商店出售晶体管，每盒装 100 只，且已知每盒混有 4 只不合格．商店采用“次一赔十”的销售方式，即顾客买一盒晶体管，如果随机地抽一只发现是不合格品，商店要立刻把那只不合格的晶体管取出，换成 10 只合格的晶体管放入盒中．现有一位顾客在一个盒中随机地先后取出 3 只进行测试，试求他发现全是不合格品的概率．

解 设 $A_i=\{$顾客在第 i 次测试时发现晶体管不合格$\}$，$i=1,2,3$，

$A=\{$先后取出 3 只全为不合格品$\}$，显然 A 与 A_i 有如下的关系

$$A=A_1A_2A_3,$$

于是由条件概率与乘法公式可得

$$P(A)=P(A_1)P(A_2|A_1)P(A_3|A_1A_2)$$
$$=\frac{4}{100}\times\frac{3}{99+10}\times\frac{2}{98+10+10}=0.000\ 02.$$

从计算结果可知，所求情况发生的概率是极小的，所以商店敢于推行“次一赔十”的销售方式．对顾客来说也不会有太大损失，特别是如当时就发现有不合格品的话，更不存在损失了．本题中的条件概率都是用古典概型公式求得，此时注意样本空间要取作 A_1 与 A_1A_2. 讨论这类问题必须首先写出假设，以帮助我们分析与判断采用什么

方法与运用什么公式．

例 11　已知事件 A 与 B 相互独立，且知只有 A 发生的概率和只有 B 发生的概率均为 1/4，试求 $P(A)$ 与 $P(B)$．

解　由题意知，$P(A\overline{B})=P(\overline{A}B)=\frac{1}{4}$，即

$$P(A\overline{B})=P(A)-P(AB)=\frac{1}{4},$$

$$P(\overline{A}B)=P(B)-P(AB)=\frac{1}{4},$$

从而有 $P(A)-P(AB)=P(B)-P(AB)$，故 $P(A)=P(B)$．

再由 $P(A)-P(AB)=\frac{1}{4}$，$P(A)-P(AB)=P(A)-P(A)P(B)=P(A)-P^2(A)=\frac{1}{4}$ 及 A，B 相互独立，解得

$$P(A)=\frac{1}{2},\quad P(B)=\frac{1}{2}.$$

例 12　从概率论的角度解释谚语“常在河边走，哪能不湿鞋？”

解　此谚语的意思是有些事情虽然发生的可能性很小，但是如果次数多了，事情便非常有可能发生．这一点和概率论中的著名论断“小概率事件必然会发生”具有高度的一致性．从概率的角度，虽然一次在河边走湿鞋的可能性非常小（其概率记为 p），但常在河边走，即在河边走的次数多了，便使得湿鞋这个小概率事件非常有可能发生．

如果用 A_k 表示事件“第 k 次在河边走时水打湿了鞋”，其概率为小概率 p，即 $P(A_k)=p$ 则第 k 次在河边走一次不湿鞋的概率是 $1-p$．为便于说明，假设该常在河边走的人每一次在河边走的时候是否湿鞋都是相互独立的．设 A 表示事件“在河边走时水打湿了鞋”，则有

$$\begin{aligned}P(A)&=P(A_1\cup A_2\cup\cdots\cup A_k\cup\cdots)\\&=\lim_{k\to+\infty}P(A_1\cup A_2\cup\cdots\cup A_k)\\&=1-\lim_{k\to+\infty}(P(\overline{A}_1)P(\overline{A}_2)\cdots P(\overline{A}_k))\\&=1-\lim_{k\to+\infty}(1-p)^k=1.\end{aligned}$$

说明在河边走的次数足够多，第 k 次湿鞋这一小概率事件发生的概率为 1，即湿鞋这个小概率事件肯定发生．通过以上分析，“常在河边走，哪能不湿鞋？”的谚语就不难理解了．并且这个谚语也提醒我们要注意防范小概率事件发生的危害，并充分利用小概率事件的益处为人类服务．

§6.5 独立试验序列概型

6.5.1 问题的提出

在抛掷一枚硬币的条件下，只有 $A=$“出现正面”和 $\overline{A}=$“出现反面”两个可能结果；向某目标射击，只有 $A=$“击中目标”和 $\overline{A}=$“未击中目标”两个可能结果等等．类似的随机试验在实际问题中大量存在，我们把每次试验只有两个可能结果 A 及 $\overline{A}$，且 $P(A)=p, P(\overline{A})=q(q=1-p)$ 的随机试验称为**贝努里试验**．

对于贝努里试验，采用 $X=\begin{cases}1, & \text{当事件 A 发生时}\\ 0, & \text{当事件 }\overline{A}\text{ 发生时}\end{cases}$ 来表示事件 A 及 $\overline{A}$，即 $\{X=1\}$ 表示事件 A，$\{X=0\}$ 表示事件 $\overline{A}$.

一般地，在多次随机试验中，若任何一次试验中各结果发生的可能性都不受其他各次试验结果发生情况的影响，则称这些随机试验是相互独立的．把在同样条件下独立地重复进行试验的数学模型称为独立试验序列概型．把只有两个可能结果 A 及 $\overline{A}$ 的贝努里试验 E，独立地重复进行 n 次的试验，称为 **n 重贝努里试验**，也称为 **n 重贝努里概型**，记为 $\boldsymbol{E^n}$.

对于 n 重贝努里概型，我们最关心的是在 n 次独立重复试验中，事件“A 恰好发生 k 次”的概率，其概率大小可用二项概率公式算出．

6.5.2 二项概率公式与二项分布

在 n 重贝努里试验中，若事件 A 在每次试验中发生的概率为 $p(0<p<1)$，则在 n 次重复独立试验中，事件“A 恰好发生 k 次”的概率为

$$P_n(k)=C_n^k p^k q^{n-k}(k=0,1,2,\cdots,n;0<p<1,q=1-p). \qquad (6-1)$$

(6-1)式称之为**二项概率公式**．

事实上，A 在指定的 k 次试验中发生，而在其余的 $n-k$ 次试验中 A 不发生的概率为

$$p^k(1-p)^{n-k}.$$

又由于 A 的发生可以有各种排列顺序，n 次试验中恰有 k 次发生，相当于从 n 个位置中选出 k 个，在这 k 个位置处有 A 发生，这种选法由排列组合知识知，共有 C_n^k 种，而这 C_n^k 种选法所对应的 C_n^k 个事件又是互不相容的，其概率均为 $p^k(1-p)^{n-k}$，于是由概率的可加性得：

$$P_n(k)=C_n^k p^k(1-p)^{n-k}. \qquad (6-2)$$

若记 $q=1-p$，则上式可表为

$$P_n(k)=C_n^k p^k q^{n-k}.$$

由于 $C_n^k p^k q^{n-k}$ 恰好是 $(p+q)^n$ 的展开式中的第 $k+1$ 项，所以此公式有二项概率公式之称．特别要说明的是，以上对二项概率公式乃是直观论述，并非为严格的数学证明，下面通过例题讨论来加深对公式的理解与应用．

例 1　某射手命中率为 0.8，现向一目标独立射击三次，求三次中"恰好命中一次"，"恰好命中两次"的概率．

分析　设 $A_i=$"第 i 次射击命中"$(i=1,2,3)$，$A=$"恰好命中一次"，$B=$"恰好命中两次"，则 A 与 A_i 的关系为

$$A=A_1\overline{A}_2\overline{A}_3\cup\overline{A}_1A_2\overline{A}_3\cup\overline{A}_1\overline{A}_2A_3,$$

B 与 A_i 的关系为

$$B=A_1A_2\overline{A}_3\cup A_1\overline{A}_2A_3\cup\overline{A}_1A_2A_3.$$

上述关系不难由加法公式、乘法公式及事件的独立性求得事件的概率．

解

$$\begin{aligned}P(A)&=P(A_1\overline{A}_2\overline{A}_3\cup\overline{A}_1A_2\overline{A}_3\cup\overline{A}_1\overline{A}_2A_3)\\&=P(A_1\overline{A}_2\overline{A}_3)+P(\overline{A}_1A_2\overline{A}_3)+P(\overline{A}_1\overline{A}_2A_3)\\&=P(A_1)P(\overline{A}_2)P(\overline{A}_3)+P(\overline{A}_1)P(A_2)P(\overline{A}_3)+P(\overline{A}_1)P(\overline{A}_2)P(A_3)\\&=0.8(1-0.8)(1-0.8)+(1-0.8)0.8(1-0.8)+(1-0.8)(1-0.8)0.8\\&=C_3^1\,0.8^1\,0.2^2=P_3(1).\end{aligned}$$

同理，可求得

$$\begin{aligned}P(B)&=P(A_1A_2\overline{A}_3\cup A_1\overline{A}_2A_3\cup\overline{A}_1A_2A_3)\\&=P(A_1A_2\overline{A}_3)+P(A_1\overline{A}_2A_3)+P(\overline{A}_1A_2A_3)\\&=P(A_1)P(A_2)P(\overline{A}_3)+P(A_1)P(\overline{A}_2)P(A_3)+\\&\quad P(\overline{A}_1)P(A_2)P(A_3)\\&=0.8\,0.8(1-0.8)+0.8(1-0.8)0.8+(1-0.8)0.8\,0.8\\&=C_3^2\,0.8^2\,0.2^1=P_3(2).\end{aligned}$$

事实上，每次射击就是仅有两种结果"命中"和"未命中"的贝努里随机试验，并且每次试验是相互独立的，向目标射击三次，是 3 重贝努里试验，本题也可直接用(6-1)式算得．

在 n 重贝努里试验中，用 X 表示 n 重贝努里试验中事件 A 出现的次数，那么"A 恰好发生 k 次"的事件就表示为"$X=k$"，从而，

$$P\{X=k\}=P_n(k)=C_n^k p^k q^{n-k}\ (k=0,1,2,\cdots,n);\ (0<p<1,\ p+q=1).$$

则称 X 服从参数为 n,p 的二项分布，记为 $X\sim B(n,p)$.

例 2 某人进行射击，设每次射击的命中率为 0.02，独立射击 400 次，试求至少命中两次的概率．

解 设这 400 次射击中命中的次数为 X，则 $X \sim B(400, 0.02)$，所求概率为

$$P\{X \geqslant 2\} = 1 - P\{X=0\} - P\{X=1\}$$
$$= 1 - 0.98^{400} - 400 \times 0.02 \times 0.98^{399} \approx 0.9972.$$

我们注意到，本例中虽然每次射击的命中率很小，但如果射击的次数足够大，则击中目标至少两次的机会几乎是肯定的，这告诉了我们绝不能轻视小概率事件；从另一个角度看，此人射击 400 次，击中目标的次数不到两次的概率 $P(X<2) \approx 0.003$ 很小，如果在实际中他击中目标的次数不到两次，我们将怀疑他的命中率小于 0.02.

例 3 某店内有四名售货员，据经验每名售货员平均在一小时内只用秤十五分钟，问该店配置几台秤较为合理?

分析 将观察每名售货员在某时刻是否用秤看作一次试验，那么四名售货员在某一时刻是否用秤可看成为 4 次独立试验．这样问题就转为求出某一时刻 1 人，2 人，3 人，4 人同时用秤事件的概率，其采用公式(6.6)就可求得．

解 设 X 表示四名售货员在某时刻用秤的人数，可见

$$P(X=0) = C_4^0 \left(\frac{1}{4}\right)^0 \left(\frac{3}{4}\right)^4 = \frac{81}{256},$$

$$P(X=1) = C_4^1 \left(\frac{1}{4}\right)^1 \left(\frac{3}{4}\right)^3 = \frac{108}{256},$$

$$P(X=2) = C_4^2 \left(\frac{1}{4}\right)^2 \left(\frac{3}{4}\right)^2 = \frac{54}{256},$$

$$P(X=3) = C_4^3 \left(\frac{1}{4}\right)^3 \left(\frac{3}{4}\right)^1 = \frac{12}{256},$$

$$P(X=4) = C_4^4 \left(\frac{1}{4}\right)^4 \left(\frac{3}{4}\right)^0 = \frac{1}{256}.$$

由于 $P(X \leqslant 2) = 1 - P(X=3) - P(X=4) = 1 - \frac{12}{256} - \frac{1}{256} = \frac{243}{256} \approx 0.95$，所以，配备两台秤就能够以 95%的概率保证使用．

6.5.3 应用实例

例 4 某商场装有五台取款机，在某时刻每台取款机被使用的概率为 0.24，试求：恰有一台、至少有一台、至多有一台取款机被使用的概率．

分析 将观察每台取款机在某时刻是否被使用看作一次试验，则问题就可归结为在 5 次独立试验中，求事件“恰有一台被使用”，“至少有一台被使用”、“至多有一台被使用”的概率，采用(6-1)式就可求得．

解　设 X 表示五台取款机在某时刻被使用的数目，则事件“恰有一台被使用”的概率

$$P(X=1)=C_5^1\times 0.24^1\times 0.76^4=0.400\ 3.$$

事件“至少有一台被使用”的概率

$$P(X\geqslant 1)=1-P(X=0)=1-C_5^0\times 0.24^0\times 0.76^5=0.746\ 4.$$

事件“至多有一台被使用” 的概率

$$P(X=0)+P(X=1)=0.76^5+C_5^1\times 0.24^1\times 0.76^4=0.653\ 9.$$

n 重贝努里试验中的二项概率式(6－1)，是应用相当广泛的数学工具，它计算简单，但能解决许多实际问题．在综合应用时，首先思考用到哪些概念和公式，再列出解题思路，接下来就动手计算，对照解题过程与答案，考核自已掌握此内容的熟练程度．

例 5(在预测事件成功率方面的应用)　在第 28 届雅典奥运会中，中国与俄罗斯的女子排球决赛至今依然给人们留下深刻印象．中国与俄罗斯两支女子排球队应该是实力相当的队伍，因此可以说她们在每局比赛中赢球的概率均为 0.5. 比赛时要预测她们谁将是金牌得主，主要看开局后两局的比分．比赛采取五打三胜，先赢三局为胜者，在前二局的比赛中，中国队以 0∶2 落后于俄罗斯队，试问中国队要在这场比赛中赢得冠军的概率还有多大?

解　中国队在 0∶2 落后情况下，必须在第三、四、五这三局的比赛中全赢，才能夺得奥运会冠军，设 A=“中国队在这场比赛中赢得冠军”，A_k=“中国队在第 k 局比赛中赢球”，$k=3,4,5$. 则 A 与 A_k 的关系为

$$A=A_3A_4A_5.$$

又由题意知，事件 A_3，A_4，A_5 是相互独立的，故

$$P(A)=P(A_3A_4A_5)=P(A_3)P(A_4)P(A_5)=0.5\times 0.5\times 0.5=0.125.$$

可见其在先失两局的情况下，要赢得奥运冠军的概率仅为 0.125，也就是说中国队赢得奥运冠军的概率已由 0.5 降为 0.125，而俄罗斯队则由 0.5 升为 0.875，俄罗斯队赢得奥运冠军的概率已明显大于中国队，也就是说，中国队赢球难度明显增加了．但另一方面要看到，我们还有赢球的机会，只要不放弃，就有成功的希望．那次比赛的最后结果大家都知道，由于中国女排发挥了顽强拼搏精神，终于反败为胜，以 3∶2 战胜了俄罗斯女排，赢得了奥运冠军．

说明:本例说明这样一个“两强相遇勇者胜”，既简单而又深刻的道理，其实这个道理不仅适用于竞技场上，同样适用于我们日常工作与学习中．这就是概率论中的数字表现出来的哲理美．

例 6(在电力配置决策中的应用)　金工车间有 10 台同类型机床，每台机床配备的电动机功率为 10(千瓦)，已知每台机床工作时间平均每小时实际开动为 12 分钟，

且开动与否是相互独立的．现因当地电力紧张，为保证这 10 台机床能以 99%的概率正常工作，供电部门需供多少千瓦的电力？

分析 首先判断本题属于哪类概型．由题意知，每台机床只有“开动”与“不开动”两种情况，就是说，试验的结果只有两个，是贝努里试验，同时知机床开动的概率为$\frac{12}{60}=\frac{1}{5}$，不开动的概率为$\frac{4}{5}$．因为，10 台机床开动与否是相互独立的，所以，这是 10 重贝努里试验，可用公式(6.6)来计算．为了保证这 10 台机床能以 99%的概率正常工作，只需计算出同时开动着的机床有多少台？进而就可求得需供多少电．

解 令 X 表示同时开动着的机床台数，则有

$$P\{X=k\}=P_{10}(k)=C_{10}^{k}\left(\frac{1}{5}\right)^{k}\left(\frac{4}{5}\right)^{n-k}(k=0,1,2,\cdots,10).$$

设同时开动至多 x 台机床就可保证以 99%的概率正常工作，有

$$P\{X\leqslant x\}=P(X=0)+P(X=1)+\cdots+P(X=x)\geqslant 99\%.$$

即

$$C_{10}^{0}\left(\frac{1}{5}\right)^{0}\left(\frac{4}{5}\right)^{10-0}+C_{10}^{1}\left(\frac{1}{5}\right)^{1}\left(\frac{4}{5}\right)^{10-1}+\cdots+C_{10}^{x}\left(\frac{1}{5}\right)^{x}\left(\frac{4}{5}\right)^{10-x}\geqslant 99\%.$$

由于

$$C_{10}^{0}\left(\frac{1}{5}\right)^{0}\left(\frac{4}{5}\right)^{10-0}+C_{10}^{1}\left(\frac{1}{5}\right)^{1}\left(\frac{4}{5}\right)^{10-1}+\cdots+C_{10}^{5}\left(\frac{1}{5}\right)^{5}\left(\frac{4}{5}\right)^{10-5}=99.4\%.$$

解得 $x\geqslant 5$．也就是，只要供给 50 千瓦的电就能保证这 10 台机床能以 99%的概率正常工作．

§6.6 MATLAB 在概率论中的应用

1. 关于二项分布的常用命令

设 $X\sim B(n,p)$，MATLAB 关于二项分布的命令 binocdf 调用格式：

计算概率	MATLAB 命令
$P(X<x)$	binocdf(x−1,n,p)
$P(X\leqslant x)$	binocdf(x,n,p)

例 1 生产某种产品的废品率为 0.1，抽取 20 件产品，初步检查已发现有两件废品，问这 20 件中，废品不少于三件的概率．

解 设抽取 20 件产品中废品的个数为 X，则 $X\sim B(20,0.1)$，由于初步检查已发

现有两件废品，说明已知 20 件产品中废品数 $X\geqslant 2$，因此，所求是在事件发生$\{X\geqslant 2\}$的前提下，事件$\{X\geqslant 3\}$再发生的条件概率．于是

$$P(X\geqslant 3\mid X\geqslant 2)=\frac{P(\{X\geqslant 3\}\cap\{X\geqslant 2\})}{P(X\geqslant 2)}=\frac{P(X\geqslant 3)}{P(X\geqslant 2)}.$$

令 $p=P(X\geqslant 3\mid X\geqslant 2)$，输入命令

```
p=(1-binocdf(2,20,0.1))/(1-binocdf(1,20,0.1))
```

可得结果 p=0.5312.

2. 二项分布的 p 分位数的调用格式

MATLAB 关于求 n 满足 $P(X\leqslant n)=p_1$ 的命令 binocdf 调用格式：binoinv(p,n,p1).

例 2　某工厂生产的产品中废品率为 0.005，任意取出 1 000 件，计算：

(1) 其中至少两件废品的概率；

(2) 其中不超过五件废品的概率；

(3) 能以 0.9 以上的概率保证废品件数不超过多少？

解　用 X 表示取出的 1 000 件中的废品数，则 $X\sim B(1\ 000,0.005)$.

(1) 所求概率为 $P(X\geqslant 2)=1-P(X\leqslant 1)$，输入命令

```
p1=1-binocdf(1,1 000,0.005)
```

可得结果 p1=0.959 9.

所以，其中至少两件废品的概率是 0.959 9.

(2) 所求概率为 $P(X\leqslant 5)$. 输入命令

p2=binocdf(5,1 000,0.005) 结果为 p2=0.616 0.

所以，其中不超过五件废品的概率为 0.616 0.

(3) 由题意，求 n 满足 $P(X\leqslant n)=0.9$，输入命令

0.9=binoinv(n,1 000,0.005)

结果是 $n=8$.

所以，能以 0.9 以上的概率保证废品数不超过 8 件．

习　题　6

1. 任意地投掷两枚硬币，用 H 表示“出现正面”，T 表示“出现反面”，试写出该随机试验的样本空间．

2. 同时抛掷两颗骰子，记录其出现的点数，设事件

A=“两颗骰子出现点数之和为奇数”，

B=“两颗骰子出现点数之差为 0”，

C="两颗骰子出现点数之积不超过 20".

用 i,j 分别表示第一颗、第二颗骰子出现的点数,以(i,j)表示样本点,写出样本空间 Ω 以及事件 A、B、C 所含的样本点.

3. 设 A,B,C 表示三个随机事件,试通过 A,B,C 表示下列有关随机事件

(1) A 发生而 B,C 都不发生;

(2) A,B,C 三个事件至少有一个发生;.

(3) A,B,C 不多于一个发生;.

(4) A,B,C 恰有两个发生;

(5) A,B,C 不多于两个发生.

4. 三只考签由三个考生轮流有放回抽取一次,每次取一只,把已知事件"第 i 只考签被抽到"记为 $A_i(i=1,2,3)$,试用 A_i 表示事件"至少有一只考签没有被抽到".

5. 设 A,B 为随机事件,$P(A)=0.5,P(A-B)=0.2$,求 $P(\overline{AB})$.

6. 某门课只有通过口试及笔试两种考试,才能结业. 某学生通过口试的概率为 80%,通过笔试的概率为 65%,至少通过两者之一的概率为 85%. 问这名学生能完成这门课程结业的概率是多少?

7. 把 10 本书任意地放在书架上,求其中指定的三本放在一起的概率.

8. 厂商提供给一个消费者 1000 个灯泡,该消费者不知其中有三个是次品. 他从这批货中随机的抽取三个进行检验,若其中出现次品,他就不接受这批货. 求他拒绝这批货的概率是多少?

9. 一次投掷两颗骰子,求出现的点数之和为奇数的概率.

10. 某专业研究生复试时,有 3 张考签,3 个考生应试,一个人抽一张看后立刻放回,再另一个人抽,如此 3 人各抽一次,求抽签结束后,至少有一张考签没被抽到的概率.

11. 抛掷三枚匀称的硬币,求下列事件的概率:(1)正好一个正面朝上;(2)正好两个正面朝上;(3)至少一个正面朝上.

12. 如果在一个 50 000 km^2 的海域里,有表面积达 40 km^2 的大陆架贮藏着石油,假如在海域里随意选取一点钻探,问钻到石油的概率是多少?

13. 两艘轮船都要停靠同一个泊位,它们可能在一昼夜的任意时刻到达,设两艘轮船停靠泊位的时间分别为一小时和两小时,求有一艘船停靠泊位时需要等待一段时间的概率.

14. 已知 $P(A)=0.5,P(B)=0.6,P(AB)=0.4$. 求条件概率:$P(A|B),P(\overline{A}|B)$,$P(\overline{A}|\overline{B})$.

15. 一家大型工厂的雇员中,有 70%具有本科文凭,有 8%是管理人员,有 7%既

是管理人员又具有本科文凭．求：

(1) 已知一名雇员有本科文凭，那么他是管理人员的概率是多少？

(2) 已知某雇员不具有本科文凭，那么他是管理人员的概率是多少？

16. 据以往资料表明，某三口之家，孩子患某种传染病的概率是 0.6，在孩子得病的前提下，母亲得病的条件概率为 0.5；在母亲及孩子均得病的前提下，父亲最后得病的条件概率为 0.4. 求母亲及孩子得病但父亲未得病的概率．

17. 甲、乙二人同时向同一目标射击一次，甲击中率为 0.8，乙击中率为 0.6，求在一次射击中，目标被击中的概率．

18. 两人看管三台机床，在一个小时内，甲、乙、丙三台机床需要人照看的概率分别是 0.9、0.8 和 0.85. 求在一个小时内：

(1) 至少有一台机床不需要照看的概率；

(2) 至多有一台机床需要照看的概率．

19. 某家工厂生产出的一批螺栓中，有 20% 是次品．从这批产品中随机地抽出十个检验，求：

(1) 其中恰好有两个次品的概率；

(2) 至少有两个是次品的概率；

(3) 有五个以上是次品的概率．

第 7 章　运筹学概论

运筹学是用定量化方法了解和解释运行系统、为管理决策提供科学依据的学科．它把有关的运行系统首先归结成数学模型，然后用数学方法进行定量分析和比较，求得合理运用人力、物力和财力的系统运行最优方案．运筹学有广阔的应用领域，是软科学中“硬度”较大的一门学科，兼有逻辑的数学和数学的逻辑的性质，是系统工程学和现代管理科学中的一种基础理论和不可缺少的方法、手段与工具．

运筹学的具体内容包括：规划论（包括线性规划、非线性规划、整数规划和动态规划）、图论、决策论、对策论、排队论、存储论、可靠性理论等．下面仅就线性规划、图论、对策论三方面做一简单介绍．

§7.1　线性规划

线性规划是运筹学的一个重要分支．1939 年苏联科学家康托罗维奇提出了生产组织和计划中的线性规划模型．1947 年美国学者丹捷格（George B. Dantzig）提出了求解一般线性规划问题的方法．此后，线性规划理论日趋成熟，应用也日益广泛和深入．

7.1.1　问题的提出

例 1　一家广告公司想在电视、广播上作广告，其目的是尽可能多地招来顾客．表 7-1 是市场调查结果：

表　7-1

	电　视		无线电广播	杂志
	白天	最佳时间		
一次广告费用（千元）	40	75	30	15
受每次广告影响的顾客数（千人）	400	900	500	200
受每次广告影响的女顾客数（千人）	300	400	200	100

这家公司希望广告费用不超过 800（千元），还要求：

（1）至少要有二百万妇女收看广告；

(2) 电视广告费用不超过 500(千元)；

(3) 电视广告白天至少播出 3 次，最佳时间至少播出 2 次；

(4) 通过广播、杂志作的广告要重复 5 到 10 次．

问这家公司如何做广告投入．

解　令 x_1,x_2,x_3,x_4 分别表示白天电视、最佳时间电视、广播、杂志广告的次数．则广告经费的约束条件为：

$$40x_1+75x_2+30x_3+15x_4\leqslant 800,$$

受广告影响的女顾客的约束条件为：

$$300x_1+400x_2+200x_3+100x_4\geqslant 2000,$$

电视广告的约束条件为：

$$40x_1+75x_2\leqslant 500,\quad x_1\geqslant 3,\quad x_2\geqslant 2,$$

广播和杂志广告的约束条件为：

$$5\leqslant x_3\leqslant 10,\quad 5\leqslant x_4\leqslant 10,$$

潜在顾客数：

$$z=400x_1+900x_2+500x_3+200x_4,$$

故完整的数学模型为：

$$\max z=400x_1+900x_2+500x_3+200x_4$$

$$\text{s.t.}\begin{cases}40x_1+75x_2+30x_3+15x_4\leqslant 800,\\300x_1+400x_2+200x_3+100x_4\geqslant 2000,\\40x_1+75x_2\leqslant 500,\\x_1\geqslant 3,\\x_2\geqslant 2,\\x_3\geqslant 5,\\x_3\leqslant 10,\\x_4\geqslant 5,\\x_4\leqslant 10.\end{cases}$$

上述数学模型就是一个线性规划问题．类似的问题还有很多．

线性规划是运筹学的一个重要分支，它的应用领域十分广泛．从解决各种技术领域中的最优化问题，到工农业生产、商业经济、交通运输、军事等的计划和管理及决策分析，加之线性规划理论比较成熟及计算机的广泛普及，因而在实际问题中的应用更加广泛和深入．

7.1.2　线性规划的一般理论

一般的优化问题是指用“最好”的方式，使用或分配有限的资源即劳动力、原材料、机器、资金等，使得费用最小或利润最大．

优化模型的一般形式为：

$$\min(\text{或}\ \max)\ z=f(x). \tag{7-1}$$

$$\text{s. t.}\begin{cases} g_i(x)\leqslant 0(i=1,2,\cdots,m). \\ (x=(x_1,x_2,\cdots,x_n)^{\mathrm{T}}). \end{cases} \tag{7-2}$$

由(7-1)式和(7-2)式组成的模型属于约束优化．若只有(7-1)式就是无约束优化．$f(x)$称为**目标函数**，$g_i(x)\leqslant 0$ 称为**约束条件**．

在优化模型中，如果目标函数 $f(x)$和约束条件中的 $g_i(x)$都是线性函数，则该模型称为**线性规划**．

1. 线性规划问题的一般形式

求一组变量 $x_j(j=1,2,\cdots,n)$，使得

$$\min(\text{或}\ \max)\ z=c_1x_1+c_2x_2+\cdots+c_nx_n. \tag{7-3}$$

$$\text{s. t.}\begin{cases} a_{11}x_1+a_{12}x_2+\cdots+a_{1n}x_n\leqslant(\text{或}=,\text{或}\geqslant)b_1, \\ a_{21}x_1+a_{22}x_2+\cdots+a_{2n}x_n\leqslant(\text{或}=,\text{或}\geqslant)b_2, \\ \qquad\cdots \\ a_{m1}x_1+a_{m2}x_2+\cdots+a_{mn}x_n\leqslant(\text{或}=,\text{或}\geqslant)b_n, \\ x_j\geqslant 0\ \ (j=1,2,\cdots,n). \end{cases} \quad \begin{matrix}(7-4)\\ \\ \\ \\(7-5)\end{matrix}$$

其中 $a_{ij},b_i,c_j\,(i=1,2,\cdots,m;j=1,2,\cdots,n)$为已知常数，(7-3)式称为**目标函数**，(7-4)，(7-5)式称为**约束条件**．特别地，(7-5)式称为**非负约束条件**．

为了研究问题的方便，可将上述一般形式化为以下标准形式：

$$\max z=c_1x_1+c_2x_2+\cdots+c_nx_n.$$

$$\text{s. t.}\begin{cases} a_{11}x_1+a_{12}x_2+\cdots+a_{1n}x_n=b_1, \\ a_{21}x_1+a_{22}x_2+\cdots+a_{2n}x_n=b_2, \\ \qquad\cdots \\ a_{m1}x_1+a_{m2}x_2+\cdots+a_{mn}x_n=b_n, \\ x_j\geqslant 0(j=1,2,\cdots,n). \end{cases}$$

并且假设 $b_i\geqslant 0(i=1,2,\cdots,m)$．否则将方程两边同乘以(－1)，将右端常数化为非负数．并简称为(LP)问题．(还可用矩阵或向量形式表示．)

可通过以下手段将线性规划问题的一般形式化为标准形式：

(1) 目标函数的转换：若问题的目标函数是求最小值，即求：

$$\min z=c_1x_1+c_2x_2+\cdots+c_nx_n,$$

则可化为求最大值问题，即求：

$$\max z'=-z=-(c_1x_1+c_2x_2+\cdots+c_nx_n).$$

(2) 约束条件的转换：如果某一约束条件是线性不等式

$$\sum_{j=1}^{n} a_{ij}x_j \leqslant b_i\left(\text{或}\sum_{j=1}^{n} a_{ij}x_j \geqslant b_i\right),$$

则通过引入松弛变量 $x_{n+i}\geqslant 0$，将它化为

$$\begin{cases}\sum_{j=1}^{n} a_{ij}x_j + x_{n+i} = b_i\left(\text{或}\sum_{j=1}^{n} a_{ij}x_j - x_{n+i} = b_i,\text{其中的 } x_{n+i} \text{ 也称为剩余变量}\right),\\ x_{n+i} \geqslant 0.\end{cases}$$

反之，若有必要，也可将等式约束 $\sum_{j=1}^{n} a_{ij}x_j = b_i$ 等价地化为两个不等式约束，即

$$\begin{cases}\sum_{j=1}^{n} a_{ij}x_j \geqslant b_i,\\ \sum_{j=1}^{n} a_{ij}x_j \leqslant b_i.\end{cases}$$

(3) 变量的转换：若某个变量的约束条件为 $x_j\geqslant l_j$（或 $x_j\leqslant l_j$），则可令

$$y_j=x_j-l_j(\text{或 } y_j=l_j-x_j),\quad y_j \text{ 变为非负变量},$$

若某个变量 x_j 无非负限制（称为自由变量），则可令

$$\begin{cases}x_j=x_j'-x_j'',\\ x_j',x_j''\geqslant 0.\end{cases}$$

代入原问题，将自由变量替换掉．

例 2 将下列线性规划问题化为标准形式：

$$\min z=-2x_1+x_2+3x_3$$

$$\text{s. t.}\begin{cases}5x_1+x_2+x_3\leqslant 7,\\ x_1-x_2-4x_3\geqslant 2,\\ -3x_1+x_2+2x_3=-5,\\ x_1,x_2\geqslant 0,x_3 \text{ 为自由变量}.\end{cases}$$

解 引入松弛变量 x_4,x_5，再令自由变量 $x_3=x_3'-x_3''$，将第 3 个约束方程两边乘以(−1)，并将极小值反号，转化为求极大值问题，得标准形式：

$$\max z'=-z=2x_1-x_2-3x_3'+3x_3''$$

$$\text{s. t.}\begin{cases}5x_1+x_2+x_3'-x_3''+x_4=7,\\ x_1-x_2-4x_3'+4x_3''-x_5=2,\\ 3x_1-x_2-2x_3'+2x_3''=5,\\ x_1,x_2,x_3',x_3'',x_4,x_5\geqslant 0.\end{cases}$$

2. 线性规划问题的解法

线性规划模型的解法可用图解法或单纯形法．由于计算机的普及，可用现成的软件

MATLAB 或 LINGO 等求解．下面仅就两个变量线性规划问题的图解法进行介绍．

如果一个线性规划问题只有两个变量，我们可以直观了解可行区域 D 的结构，同时还可利用目标函数与可行区域的关系利用图解法求解该问题．

例 3 求解线性规划

$$\min z=x_1-x_2$$

$$\text{s. t.}\begin{cases}2x_1-x_2\geqslant -2,\\ x_1-2x_2\leqslant 2,\\ x_1+x_2\leqslant 5,\\ x_1\geqslant 0, x_2\geqslant 0.\end{cases}$$

解 可行区域 D 如图 7-1 所示．在区域 $OA_1A_2A_3A_4O$ 的内部及边界上的每一个点都是可行点，目标函数的等直线 $z=-x_1+x_2$（z 取定某一个常值）的法线方向（梯度方向）$(-1,1)$ 是函数值增加最快的方向（负梯度方向是函数值减小最快的方向）．沿着函数的负梯度方向移动，函数值会减小，当移动到点 $A_2=(1,4)$ 时，再继续移动就离开区域 D 了．于是 A_2 点就是最优解，而最优值为 $z=1-4=-3$．

可以看出，点 O、A_1、A_2、A_3、A_4 都是该线性规划问题可行域的极点．

如果将例 3 中的目标函数改为 $\min \text{z}=4x_1-2x_2$，可行区域不变，用图解法求解的过程如图 7-2 所示．

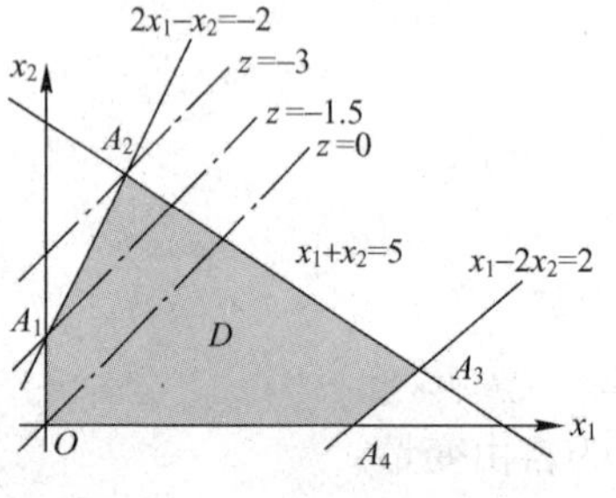

图 7-1

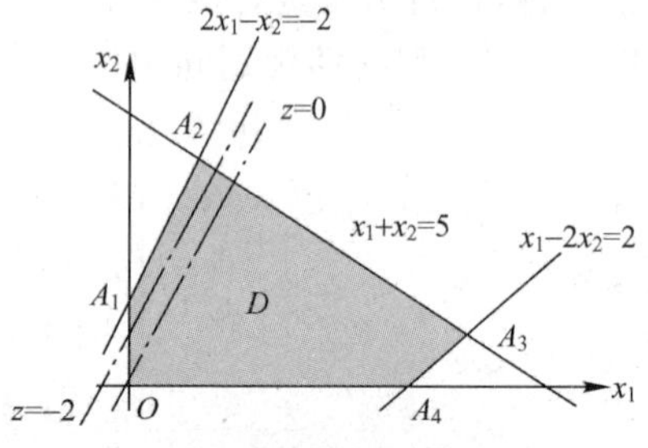

图 7-2

由于目标函数 $z=4x_1-2x_2$ 的等值线与直线 A_1A_2 平行，当目标函数的等值线与直线 A_1A_2 重合（此时 $z=-4$）时，目标函数 $z=4x_1-2x_2$ 达到最小值 -4，于是，线段 A_1A_2 上的每一个点均为该问题的最优解．特别地，线段 A_1A_2 的两个端点，即可行区域 D 的两个顶点 $A_1=(0,2)$，$A_2=(1,4)$ 均是该线性规划问题的最优解．此时，最优解不唯一．

例 4 用图解法解线性规划

$$\min z=-2x_1+x_2.$$

$$\text{s. t.}\begin{cases}x_1+x_2\geqslant 1,\\x_1-3x_2\geqslant -3,\\x_1\geqslant 0,x_2\geqslant 0.\end{cases}$$

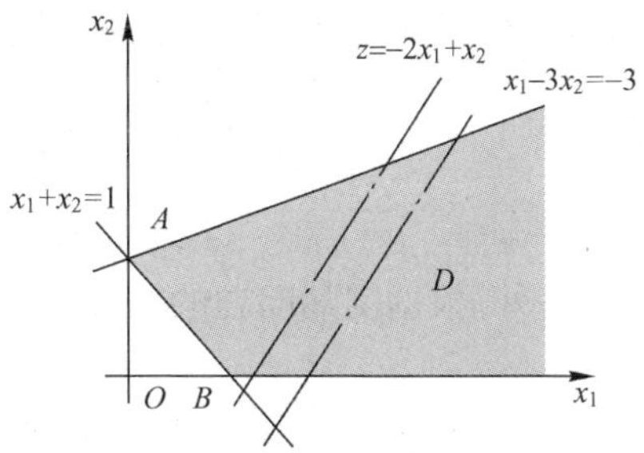

图　7-3

解　该问题的可行区域如图 7-3 所示.

与上例求解方法类似,目标函数 $z=-2x_1+x_2$ 沿着它的负法线方向(2,-1)移动,由于可行域 D 无界,因此,移动可以无限制下去,而目标函数值一直减小,所以该线性规划问题无有限最优解,即该问题无解.

从图解法的几何直观性容易得到下面几个重要结论:

(1) 线性规划的可行区域 D 是若干个半平面的交集,它形成了一个多面凸集(也可能是空集).

(2) 对于给定的线性规划问题,如果它有最优解,最优解总可以在可行域 D 的某个顶点上达到. 在这种情况下还包含两种情况:有唯一解和有无穷多解.

(3) 如果可行域无界,线性规划问题的目标函数可能有无解的情况.

7.1.3　应用实例

建立线性规划模型有三个基本步骤:

(1) 找出待定的未知变量(或称决策变量),并用代数符号表示它们;

(2) 找出问题中所有的限制或约束,写出未知的线性方程或线性不等式;

(3) 找出模型的目标或数据,写成决策变量的线性函数,以求出其最大值或最小值.

例 5　生产计划问题

某工厂拥有 A、B、C 三种类型的设备,生产甲、乙、丙、丁四种产品. 每件产品在生产中需要占用的设备机时数,每件产品可以获得的利润以及三种设备可利用的时数见表 7-2:

表　7-2

每件产品占用的机时数(小时/件)	产品甲	产品乙	产品丙	产品丁	设备能力(小时)
设备 A	1.5	1.0	2.4	1.0	2 000
设备 B	1.0	5.0	1.0	3.5	8 000
设备 C	1.5	3.0	3.5	1.0	5 000
利润(元/件)	5.24	7.30	8.34	4.18	

用线性规划制订使总利润最大的生产计划.

解　首先选定决策变量. 令决策变量 x_i 为第 i 种产品的生产件数($i=1,2,3,4$).

其次,确定对决策变量的限制条件:

$$\begin{cases}1.5x_1+1.0x_2+2.4x_3+1.0x_4\leqslant 2000,\\1.0x_1+5.0x_2+1.0x_3+3.5x_4\leqslant 8000,\\1.5x_1+3.0x_2+3.5x_3+1.0x_4\leqslant 5000.\end{cases}$$

另外,根据实际问题的需要和计算方面的考虑,还对决策变量加上非负限制,即

$$x_1\geqslant 0,\quad x_2\geqslant 0,\quad x_3\geqslant 0,\quad x_4\geqslant 0.$$

第三,要确定问题的目标函数.目标函数是使总利润 $z=5.24x_1+7.30x_2+8.34x_3+4.18x_4$ 达到最大的函数.

因此,本例的数学模型可归结为:求 x_1,x_2,x_3,x_4,使得:

$$\max z=5.24x_1+7.30x_2+8.34x_3+4.18x_4$$

$$\text{s. t.}\begin{cases}1.5x_1+1.0x_2+2.4x_3+1.0x_4\leqslant 2000,\\1.0x_1+5.0x_2+1.0x_3+3.5x_4\leqslant 8000,\\1.5x_1+3.0x_2+3.5x_3+1.0x_4\leqslant 5000,\\x_1\geqslant 0,x_2\geqslant 0,x_3\geqslant 0,x_4\geqslant 0.\end{cases}$$

这是一个典型的利润最大化的生产计划问题.求解这个线性规划,可以得到最优解为:

$$x_1=294.12(\text{件}),\quad x_2=1500(\text{件}),\quad x_3=0(\text{件}),\quad x_4=58.82(\text{件}).$$

最大利润为

$$z=12\,737.06(\text{元}).$$

请注意最优解中利润率最高的产品丙在最优生产计划中不安排生产.说明按产品利润率大小为优先次序来安排生产计划的方法有很大局限性.尤其当产品品种很多,设备类型很多的情况下,用手工方法安排生产计划很难获得满意的结果.

例 6 配料问题

某工厂要用四种合金 T_1,T_2,T_3 和 T_4 为原料,经熔炼成为一种新的不锈钢 G.这四种原料含元素铬(Cr),锰(Mn)和镍(Ni)的含量(%)、这四种原料的单价以及新的不锈钢材料 G 所要求的 Cr,Mn 和 Ni 的最低含量(%)见表 7-3:

表 7-3

	T_1	T_2	T_3	T_4	G
Cr	3.21	4.53	2.19	1.76	3.20
Mn	2.04	1.12	3.57	4.33	2.10
Ni	5.82	3.06	4.27	2.73	4.30
单价(元/公斤)	115	97	82	76	

设熔炼时重量没有损耗,要熔炼成 100 公斤不锈钢 G,应选用原料 T_1,T_2,T_3 和 T_4 各多少公斤,才能使成本最小.

解　设选用原料 T_1,T_2,T_3 和 T_4 分别为 x_1,x_2,x_3,x_4 公斤，根据条件，可建立相应的线性规划模型如下：

$$\min z=115x_1+97x_2+82x_3+76x_4$$

$$\text{s.t.}\begin{cases}0.032x_1+0.0453x_2+0.0219x_3+0.0176x_4\geqslant 3.20,\\0.0204x_1+0.0112x_2+0.0357x_3+0.0433x_4\geqslant 2.10,\\0.0582x_1+0.0306x_2+0.0427x_3+0.0273x_4\geqslant 4.30,\\x_1+x_2+x_3+x_4=100,\\x_1\geqslant 0,x_2\geqslant 0,x_3\geqslant 0,x_4\geqslant 0.\end{cases}$$

这是一个典型的成本最小化的问题．这个线性规划问题的最优解是

$x_1=26.58$(公斤)，$x_2=31.57$(公斤)，$x_3=41.84$(公斤)，$x_4=0$(公斤)．

最低成本为

$$z=9\,550.889(\text{元}).$$

例 7　背包问题

一只背包最大装载重量为 50(公斤)．现有三种物品，每种物品数量无限．每种物品每件的重量、价值见表 7-4：

表　7-4

	物品 1	物品 2	物品 3
重量(公斤/件)	10	41	20
价值(元/件)	17	72	35

要在背包中装入这三种物品各多少件，才能使背包中的物品价值最高．

解　设装入物品 1，物品 2 和物品 3 的件数分别为 x_1,x_2,x_3，由于物品的件数必须是整数，因此背包问题的线性规划模型是一个整数规划问题：

$$\max z=17x_1+72x_2+35x_3$$

$$\text{s.t.}\begin{cases}10x_1+41x_2+20x_3\leqslant 50,\\x_1,x_2,x_3\geqslant 0,x_1,x_2x_3\text{ 是整数}.\end{cases}$$

这个问题的最优解是：$x_1=1$(件)，$x_2=0$(件)，$x_3=2$(件)，最高价值为：$z=87$(元)．

例 8　运输问题

设有某种物资共有 m 个产地 $A_1,A_2,\cdots,A_m$，其产量分别为 $a_1,a_2,\cdots,a_m$．另有 n 个销地 $B_1,B_2,\cdots,B_n$，其销量分别为 $b_1,b_2,\cdots,b_n$．已知由产地 $A_i(i=1,2,\cdots,m)$ 运往销地 $B_j(j=1,2,\cdots,n)$ 的单位运价为 c_{ij}，问应如何调运，才能使总运费最省？

解　当产销平衡即 $\sum\limits_{i=1}^{m}a_i=\sum\limits_{j=1}^{n}b_j$ 时，设 x_{ij} 表示由产地 $A_i(i=1,2,\cdots,m)$ 运往销地 $B_j(j=1,2,\cdots,n)$ 的运量，则问题的数学模型为：求 x_{ij}，使得

$$\min z=\sum_{i=1}^{m}\sum_{j=1}^{n}c_{ij}x_{ij}.$$

$$\text{s. t.}\begin{cases}\sum_{j=1}^{n}x_{ij}=a_i(i=1,2,\cdots,m;\text{从产地 }A_i\text{ 运出的物资等于其产量})\\ \sum_{i=1}^{m}x_{ij}=b_j(j=1,2,\cdots,n;\text{销地 }B_j\text{ 收到的物资等于其需要量})\\ x_{ij}\geqslant 0(i=1,2,\cdots,m;j=1,2,\cdots,n)\end{cases}.$$

当产大于销，即 $\sum_{i=1}^{m}a_i>\sum_{j=1}^{n}b_j$ 时，这一问题的数学模型为：求 x_{ij}，使得

$$\min z=\sum_{i=1}^{m}\sum_{j=1}^{n}c_{ij}x_{ij}$$

$$\text{s. t.}\begin{cases}\sum_{j=1}^{n}x_{ij}\leqslant a_i(i=1,2,\cdots,m),\\ \sum_{i=1}^{m}x_{ij}=b_j(j=1,2,\cdots,n),\\ x_{ij}\geqslant 0(i=1,2,\cdots,m;j=1,2,\cdots,n).\end{cases}.$$

还有所谓"作物布局问题"也可以归结为这一形式，它的一般提法是：某农场要在 n 块土地 $B_1,B_2,\cdots,B_n$ 上种植 m 种作物 $A_1,A_2,\cdots,A_m$. 各块土地的面积、各种作物计划播种的面积以及各种作物在各块土地上的单产量具体给出后，问应如何合理安排种植计划，才能使总产量最大？

例 9 指派问题

设有 n 项任务要派 n 人去完成，但由于任务性质和个人专长不同，因此个人去完成不同的任务的效率（或所费时间）有所不同．试问应当指派哪个人去完成哪项任务才能使总的效率最高（或所用时间最少）？

解 设 t_{ij} 表示第 i 个人完成第 j 件任务所需时间 $(i,j=1,2,\cdots,n)$. T 表示所用的总时间．

$$x_{ij}=\begin{cases}1 & \text{当指派第 } i \text{ 个人去完成第 } j \text{ 件任务时}\\ 0 & \text{当不派第 } i \text{ 个人去完成第 } j \text{ 件任务时}\end{cases}.$$

显然，由于问题的要求，每项任务均要有人去作，即有

$$\sum_{i=1}^{n}x_{ij}=1(j=1,2,\cdots,n).$$

又每一个人均要分派任务给他，故有

$$\sum_{j=1}^{n}x_{ij}=1(i=1,2,\cdots,n).$$

指派问题的解决归结为线性规划模型：

$$\min T=\sum_{i=1}^{n}\sum_{j=1}^{n}t_{ij}x_{ij}\ .$$

$$\text{s. t.}\begin{cases}\sum_{i=1}^{n}x_{ij}=1,\\ \sum_{j=1}^{n}x_{ij}=1,\\ x_{ij}=0(\text{或 }1).\end{cases}$$

这是一个 0—1 规划问题(即所求的变量取值只能是 0 或 1).

如:有张、王、李、赵 4 位教师被分配教语文、数学、物理、化学 4 门课程,每位教师教一门课程,每门课程由一位老师教．根据这四位教师以往教课的情况,他们分别教这四门课程的平均成绩见表 7-5：

表　7-5

	语　文	数　学	物　理	化　学
张	92	68	85	76
王	82	91	77	63
李	83	90	74	65
赵	93	61	83	75

要确定哪一位教师上哪一门课,才能使四门课的平均成绩之和为最高．

设 $x_{ij}(i=1,2,3,4;j=1,2,3,4)$为第 i 个教师是否教第 j 门课,x_{ij} 只能取值 0 或 1,其意义如下：

$$x_{ij}=\begin{cases}0 & \text{第 } i \text{ 个老师不教第 } j \text{ 门课}\\ 1 & \text{第 } i \text{ 个老师教第 } j \text{ 门课}\end{cases}.$$

变量 x_{ij} 与教师 i 以及课程 j 的关系见表 7-6：

表　7-6

i \ j	语　文	数　学	物　理	化　学
张	x_{11}	x_{12}	x_{13}	x_{14}
王	x_{21}	x_{22}	x_{23}	x_{24}
李	x_{31}	x_{32}	x_{33}	x_{34}
赵	x_{41}	x_{42}	x_{43}	x_{44}

这个指派问题的线性规划模型为：

$$\max z=92x_{11}+68x_{12}+85x_{13}+76x_{14}+82x_{21}+91x_{22}+77x_{23}+63x_{24}$$
$$+83x_{31}+90x_{32}+74x_{33}+65x_{34}+93x_{41}+61x_{42}+83x_{43}+75x_{44}$$

$$\text{s. t.}\begin{cases}x_{11}+x_{12}+x_{13}+x_{14}=1,\\ x_{21}+x_{22}+x_{23}+x_{24}=1,\\ x_{31}+x_{32}+x_{33}+x_{34}=1,\\ x_{41}+x_{42}+x_{43}+x_{44}=1,\\ x_{11}+x_{21}+x_{31}+x_{41}=1,\\ x_{12}+x_{22}+x_{32}+x_{42}=1,\\ x_{13}+x_{23}+x_{33}+x_{43}=1,\\ x_{14}+x_{24}+x_{34}+x_{44}=1,\\ x_{ij}=0,1.\end{cases}$$

这个问题的最优解为 $x_{14}=1, x_{23}=1, x_{32}=1, x_{41}=1, \max z=336$；即张老师教化学，王老师教物理，李老师教数学，赵老师教语文，如果这样分配教学任务，四门课的平均总分可以达到 336(分).

在线性规划问题中，如果所有的变量都只能取值 0 或 1. 这样的线性规划问题称为(纯)0—1 整数规划问题．如果一个线性规划问题中，有的变量是连续变量，而另一些变量是 0—1 变量，这样的问题称为混合 0—1 规划问题．

§7.2 图　论

图论是一个古老的但又十分活跃的分支，它是网络技术的基础．图论的创始人是数学家欧拉．1736 年他发表了图论方面的第一篇论文，解决了哥尼斯堡七桥难题，相隔一百年后，在 1847 年基尔霍夫第一次应用图论的原理分析电网，从而把图论引进到工程技术领域．20 世纪 50 年代以来，图论的理论得到了进一步发展，将复杂庞大的工程系统和管理问题用图描述，可以解决很多工程设计和管理决策的最优化问题，如：完成工程任务的时间最少，距离最短，费用最省等等．图论受到数学、工程技术及经营管理等各方面越来越广泛的重视．

7.2.1 问题的提出

哥尼斯堡地形如图 7-4 所示，穿过哥尼斯堡的一条河中有两个小岛，连接河中两岛及两岸陆地有七座桥，某人从某地出发散步，经过每座桥恰好一次，再回到出发地点，问是否有这样的行走路线？

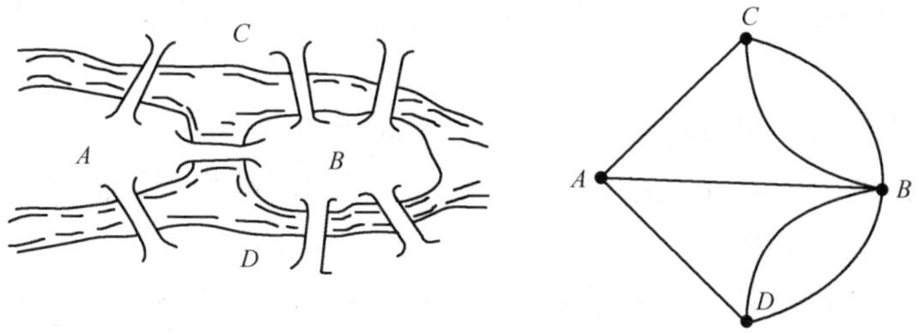

图　7-4

当然可以通过试验去尝试解决这个问题,但该城居民的任何尝试均未成功．著名的数学家欧拉(Euler)在 1736 年成功地解决了这个问题,他将每一块陆地用一个点来代替,将每一座桥用连接相应两点的一条线来代替,从而得到一个有四个“点”,七条“线”的“图”. 问题成为从任一点出发一笔画出七条线再回到起点．欧拉考察了一般一笔画的结构特点,给出了一笔画的一个判定法则:这个图是连通的,且每个点都与偶数线相关联,将这个判定法则应用于七桥问题得到了“不可能走通”的结果,不但彻底解决了这个问题,而且开创了图论研究的先河．

7.2.2　图的基本概念

定义 7.1　集合 $V=\{v_1,v_2,\cdots,v_n\}$ 叫做一个“顶点集合”,其中的元素 $v_i(i=1,2,\cdots,n)$ 叫做**顶点**．集合 $E=\{e_1,e_2,\cdots,e_m\}$ 叫做**一个“边集合”**,其中元素 $e_j(j=1,2,\cdots,m)$ 叫做**边**．如果对任意边 $e_j\in E$ 都有且仅有 V 中的一对顶点 v_k,v_h 与之对应,这时记 $e_j=(v_k,v_h)$,那么我们就说顶点集 V 与边集 E 一起构成了一个图 G,记为 $G=(V,E)$.

图论中的图有以下特点:

(1) 图中的顶点与几何学中的点不同,它可以随着所讨论的实际问题的不同,代表城镇、人或团体等不同的各种适当事物．

(2) 图中的边与几何学中的线有本质的区别,它也可以随着所讨论的实际问题的不同,代表联系城镇的公路、代表人与人之间的认识或不认识的关系,代表团体与团体之间有无联系等．总之,它可以代表事物与事物之间有没有某种特定性质的关系．

(3) 一个图中各顶点之间相互位置的摆法对我们来说并不重要,我们只关心一个图有哪些顶点．其次,图中所划出的边的长短、曲直我们不关心,我们只关心哪些顶点之间有或没有相连．

(4) 在一个图中,边与边之间若有除顶点之外的交点,我们不予承认,即这不是顶点.

(5) 图中不允许出现没有端点或只有一个端点的边.

由于图论中的图有以上这些特点,使得许多实际问题都可以抽象成图,用图论中的有关理论和方法加以解决.

以后我们记:$p=|V(G)|$表示G的顶点个数,$q=|E(G)|$表示G的边数,其中$p>0,q,\geqslant 0$,且均为整数.

一条边e_j若是连接v_k与v_h两个顶点,记为(v_k,v_h),即有$e_j=(v_k,v_h)$,称v_k与v_h为e_j的**端点**,也称e_j是点v_k(或v_h)的**关联边**.

如果$v_k,v_h\in V(G)$,并且$(v_k,v_h)\in E(G)$,称顶点v_k与v_h为**相邻**的. 与同一个顶点关联的边e_1、e_2称为**邻接边**.

对于边$e\in E(G)$,如果它的两个端点相同,称E为**环**. 如果联结图两点的边不止一条,就把这些边称为**多重边**.

无环、无多重边的图称为**简单图**.

如果图G中没有任何边,即$q=0$,称这个图为**空图**.

如果一个简单图G中的各对顶点间都有一条边相连,就称图G为**完全图**. n个顶点的完全图记为k_n. 如果在图的边上加数字,该图称为**赋权图**,该数字称为**权数**(见图 7-5).

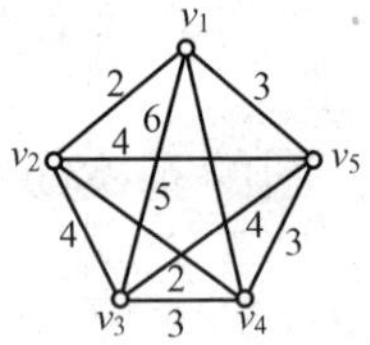

图 7-5

如果对于G的每一条边都规定一个方向,如:以端点为起点,端点为终点,则称为**一条弧**,记为$e=(v,u)$,这样由无向图G得到的图D称为**一个有向图**,记为$D=(V,E)$.

若在有向图D中,对每条弧都赋予一个实数,则也称为**权数**,此时D称为**一个赋权有向图**.

在图$G=(V,E)$中,$v\in V(G)$,我们把与v关联的边的数目称为点v的**次**或**度**(每个环算作两条边)记为$d(v)$. 将次为奇数的顶点称为**奇顶点**,反之,称为**偶顶点**.

定理 7.1 $\sum\limits_{v\in V} d(v)=2q.$

证 因图G中每条边均与两个顶点关联,所以各点的次之和等于边数的 2 倍.

推论 在任何图中,奇顶点的个数是偶数.

一个图的图形表示不是唯一的. 如图 7-6 所示的三个图形表示的都是同一个图G.

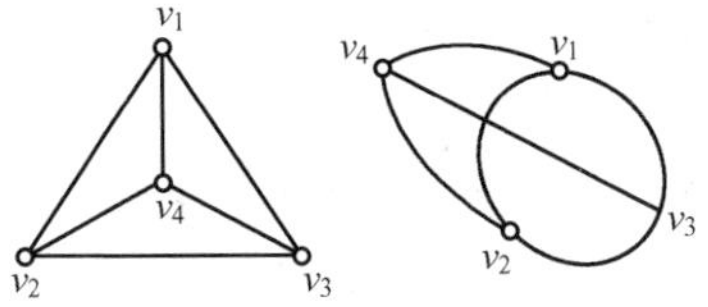

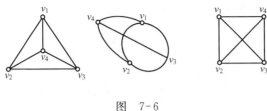

图　7-6

定义 7.2　设 $G_1=(V_1,E_1)$，$G_2=(V_2,E_2)$，如果 $V_1\subseteq V_2$，$E_1\subseteq E_2$，则称 G_1 是 G_2 的**子图**．记作 $G_1\subseteq G_2$．

特别地，当 $V_1=V_2$，$E_1\subseteq E_2$ 时，称 G_1 是 G_2 的**支撑子图**（见图 7-7）．

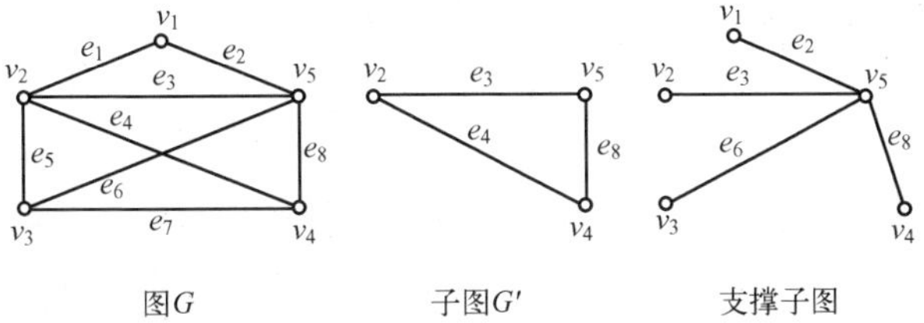

图　7-7

定义 7.3　在图 $G=(V,E)$ 中，顶点和边交替的有限非零序列 $W=v_0e_1v_1e_2v_2\cdots e_kv_k$，若对 $1\leqslant i\leqslant k$，边 e_i 的端点是 v_{i-1} 和 v_i，则称 W 是从 v_0 到 v_k 的**一条链**．v_0 和 v_k 分别称为链 W 的**起点**和**终点**，k 称为链 W 的**长**．如果 $v_0=v_k$，则称 W 为**闭链**，否则称之为**开链**．

在简单图中，链也可以由顶点序列来表示．

如果链 W 中所有的 e_i 都不相同，则称 W 为**简单链**．如果链 W 中所有的 v_i 都不相同，则称 W 为**初等链**（或**路**）．一条开的初等链称为**路**．一条闭的初等链称为**圈**（或**回路**）．如图 7-8 所示，图 G 是简单图．

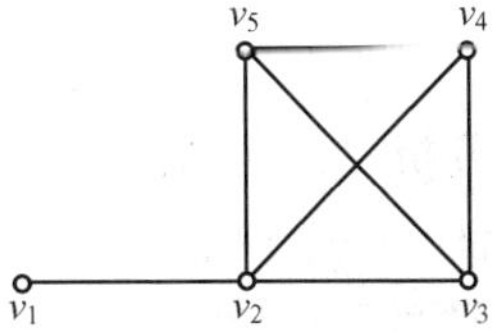

图　7-8

$W_1=v_1v_2v_5v_4v_2v_3v_5v_2$ 是一条链但不是简单链．

$W_2=v_1v_2v_5v_4v_2v_3$ 是一条简单链，但不是初等链．

$W_3=v_1v_2v_5v_3v_4$ 是一条初等链，也是路．

$C=v_2v_3v_4v_5v_2$ 是一个圈（回路）．

定义 7.4　如果在图 G 的任意两点间，都存在一条路，则称图 G 是**连通图**，否则图 G 是**不连通的**．

在图 7-9 中,G_1 是连通图,G_2 是不连通的.

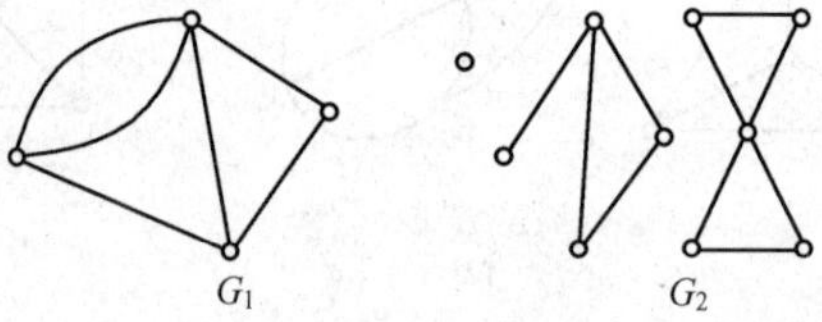

图 7-9

图 G 的任意一个极大连通子图称为 G 的一个**连通分支**.

在图 7-9 中,G_2 是不连通图,但它有三个连通分支,这里孤立点本身也算一个分支. 而连通图 G_1 只包含唯一的一个连通分支,即它自身.

例 1 有 7 位男生与 7 位女生参加一次舞会,会后统计出各人的跳舞次数(按从小到大的顺序):3,3,3,3,3,4,6,6,6,6,6,6,6,6. 证明其中必有错误.

分析 该问题只是进行了跳舞次数的统计,但可以发现其中隐含了人与人之间或是跳舞或是不跳舞这种二元关系,这恰好符合用图论方法研究问题的特征. 可用 14 个点表示这 14 个人,若两人跳舞,就在相应点之间联结一条边,从而可形成一个图,而每个人的跳舞次数都转化为相应顶点的度数. 从而可以利用图论中关于顶点度数的有关概念和性质进行解决.

证 用点表示人,如果两个人跳过一次舞,就在相应的两个点之间连一条边. 跳舞次数的和就是图中各点的度,而图中有 5 个奇数,总和为奇数,这与定理 7.1 矛盾.

例 2 某会议由 1991 个人参加,已知他们中的每个人都至少和其他的一个人认识,证明:必有一个人至少和其他的两个人认识.

分析 该问题仅仅是考虑 1 度的顶点个数为奇数.

证 一个顶点表示一个人,两个人认识的则在相应的顶点用边相连,则在这个 1991 阶的图中,由题意知若每个人仅认识一个人的话,则 1 度的顶点个数为奇数. 而由定理 7.1 知道,左端和必为偶数,所以知道,必有一点的度数 2,所以必有一个人至少认识其他的两个人.

7.2.3 欧拉图和哈密尔顿图

定义 7.5 在图 G 中一个简单链,经过 G 每条边一次且仅一次称为**欧拉链**. 如果图 G 中有一条欧拉闭链,则图 G 为**欧拉图**. 简称为 **E 图**.

定理 7.2 非空连通图 G 有欧拉链的充分必要条件是图 G 的奇顶点个数为 0 或

2,并且,当且仅当奇顶点个数为0时,图G是E图.

由上述定理可知,要检验一个图是否是E图或图中有无欧拉链是比较容易的.但要实际地来找出这个闭欧拉链或欧拉链,当图比较复杂时,一般来说就不太容易了.我们只知道,在寻找闭欧拉链时,出发点可以是图中任何一点,在图中有两个奇顶点而又要找出其欧拉链时,出发点必须是这两个奇顶点中的一个.在这种认识的基础上,我们给出寻找闭欧拉链和欧拉链的一种具体算法——Fleury算法.步骤如下:

(1) 选初始点v_0,并令$u_0=[v_0]$,$i=0$,

(2) 设链$u=[v_0e_1v_1\cdots e_iv_i]$已选出,那么用如下方法从$E\setminus\{e_1e_2...e_i\}$中选边$e_{i+1}$,

a. e_{i+1}与e_i关联,

b. e_{i+1}关联一个与v_i不同的顶点,

c. 令$u=u\cup[v_ie_{i+1}v_{i+1}]$,$i=i+1$返回(2),

(3) 第(2)步不能进行时停止.

例3 七桥问题及一笔画问题的求解

欧拉巧妙地将陆地分别用点来表示,每座桥用连接两点的边来表示,这样将七桥问题抽象成一个图G(如图7-4所示),于是七桥问题问题就变成,在图G中,从某点出发,每条边恰好经过一次再回到原处,这样的走法是否存在?也就是判断图G是否为E图.由定理7.2知,显然这不是E图,所以这样的走法是不存在的.

而一笔画问题就是判断在图中是否能找到一条欧拉链,由定理7.2知,只需判断图G的奇顶点个数是否为0或2即可.

自从欧拉解决了七桥问题以后,长期以来它都是数学爱好者手中的一个趣味数学问题,即一笔画问题,或是数学工作者手中的一个纯理论性的问题.而从中国邮递员问题提出来以后,这个问题才具有了强烈的实际意义.

例4 中国邮递员问题

邮递员在他沿着邮路出发之前,必须先从邮局取出他所应分发的邮件,然后沿着邮路的每一个街段分送邮件,最后再返回邮局.为了节省时间,每一位邮递员都愿意以尽可能少的行程走完他所必走的所有路程.用非图论的话说,所谓中国邮递员问题是这样的一类问题:如何以尽可能少的行程遍历邮路上的所有各条街道而又回到他的出发点.很明显,不仅邮递员,而且很多其他实际问题都具有这类现象.

这类问题是由中国数学家管梅谷教授在1962年提出的,因而在国际上称这类问题为中国邮递员问题.

如果用顶点表示邮局和街道的交叉路口，用边表示邮递员所负责的街道，则中国邮递员问题就可以抽象成一个赋权图．用图论的话说，就是在一个赋权图 $G=(V,E,L)$ 中，找条回路 W，使 W 包含 G 中每条边至少一次，且具有最小长度．

我们知道，不是欧拉图的图中一定有偶数个奇顶点，于是我们可以用奇偶点作业法解决这个问题．计算步骤如下

(1) 图 G 中所有奇顶点(必有偶数个)，将它们两两相配对．每对奇顶点间必有一条路 P(因 G 是连通图)，将通路 P 上所有的边都重复一次加到图 G 上，使得所有的新图中的顶点全是偶顶点；

(2) 如果边 $e=(\nu,u)$ 上重复边数多于一条，则可以从 e 的重复边中去掉偶数条，使图中顶点仍全部是偶顶点；

(3) 检查图中的每个圈，如果每一个圈的重复边的总长不大于该圈总长的一半时，则已求得最优方案．

如果存在一个圈，重复边的总长大于该圈总长的一半时，就进行调整，将这个圈中的重复边去掉，而将该圈中原来没有重复边的各边加上重复边，其他各圈的边不变，返回(2).

以上过程可以总结为口决：先分奇偶点，奇点对对连，连线不重迭，重迭需改变，圈上连线长，不得过半圈．

据说 19 世纪的英国著名数学家哈密尔顿在 1859 年发明了一种游戏，这种游戏使用的是一个实心的正十二面体，在这个正十二面体的二十个顶点上分别标注着世界上二十个著名城市：阿姆斯特丹，安亚柏，柏林，布达佩斯，都柏林，爱丁堡，耶路撒冷，伦敦，墨尔本，莫斯科，新西伯利亚，纽约，巴黎，北京，布拉格，里约热内卢，罗马，旧金山，东京和华沙．要求游戏者寻找一条环路，使得从某个城市出发，能够沿着正十二面体的棱前进，经过每座城市恰好一次，然后回到原来的城市．哈密尔顿把他的设计叫做周游世界，并且卖给了玩具商，赚了 25 个金币，结果是玩具商大大赔钱了，因为要找出这么一条环路并不容易，因此这种玩具流行了一阵，很快就冷落下来了．

这个游戏可以转化为图论的问题，把正十二面体的顶点表示为图 G 的顶点，把正十二面体的棱表示为图 G 的边，这样就得到一个图 G. 于是，周游世界游戏相当于，在图 G 中寻找一条道路，使得从图 G 中某个顶点出发，沿着图 G 的边，经过图 G 的每个顶点恰好一次，然后回到原来的顶点，也就是要寻求一个经过每个顶点恰好一次的圈，这样的圈叫做图 G 的哈密尔顿圈．

定义 7.6 若图中存在一条包含 G 的所有顶点的路，则此路称为哈密尔顿路．如果图 G 中存在包含它的每一顶点的圈，则这个圈称为 G 的**哈密尔顿圈**．若图 G 具有

哈密尔顿圈，则 G 称为**哈密尔顿图** Hamilton，简称 ***H* 图**．

容易看出，完全图 k_n 一定是 H 图（见图 7-10(1)），而图 7.10 中的(2)、(3)不是 H 图.

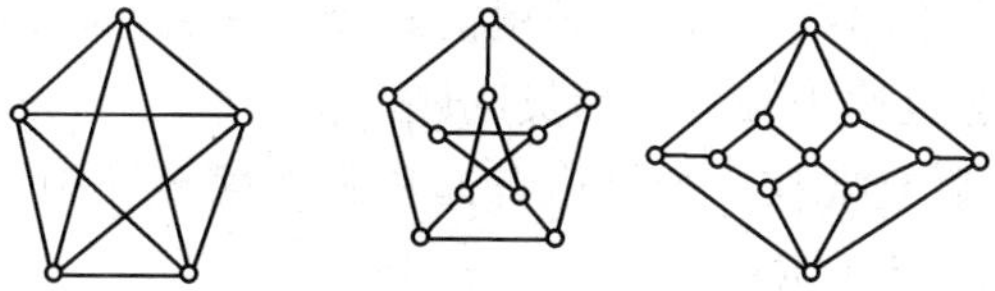

图　7-10

一百多年来，世界上许多数学家对于 H 图进行了研究，取得了很大成绩，引出很多问题，导致很多新概念，得到很多有趣的结果，但其中一个最基本的问题，即判断一个图是否是哈密尔顿图的问题仍未解决．这是图论中的一个难题，也是世界各国许多图论专家所关注的课题之一，目前我国的著名学者范更华在这个课题上得到的结论处于世界领先地位，也就是我们说的范式定理．许多图论方面的学者正在范式定理的基础上继续工作．

定理 7.3　设 G 是 n 阶简单图．如果对图 G 中任意两个不相邻顶点 u 和 v，均有

$$d(u)+d(v)\geqslant n,$$

则图 G 是哈密尔顿图．

推论　设图 G 是 n 阶简单图，$n\geqslant 3$. 如果图 G 中每个顶点的度都至少是 $\frac{n}{2}$，则图 G 是哈密尔顿图，即 G 具有哈密尔顿圈．

例 5　周游世界问题

数学家哈密尔顿(Hamilton)向他的朋友提出的一个数学游戏可以转化为这样一个问题:世界上有二十个大城市，某人从某一城市出发到其他城市旅游，每个城市经过一次且仅经过一次，在回到原出发地，问这样的旅行路线是否存在？这就是所谓的周游世界问题．

哈密尔顿将这二十个城市用一个正十二面体的二十个顶点表示，将正十二面体的三十条棱理解为连接这些城市之间的交通线．如果我们把这个正十二面体想象成用橡皮做的，把前面的一个面拉开平铺在纸面上就得到如图 7-11 所示的一个平面图．对于这个问题，要找到符合要求的旅行路线并不难，而且不止一条，图 7-11 中用粗线标出的一条回路就是这样的一种走法．

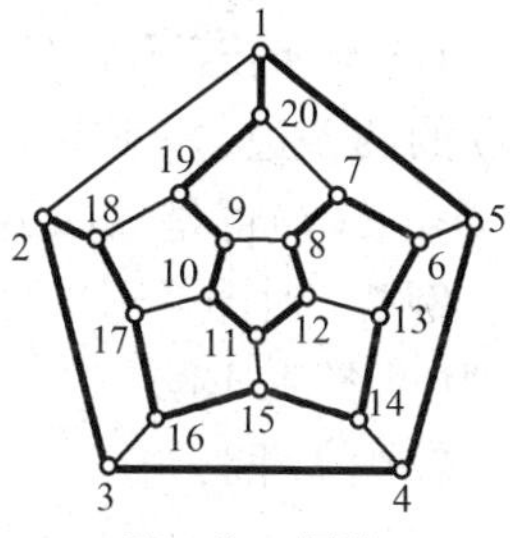

Hamilton 回路

图　7-11

例 6 货郎担问题

货郎担问题是哈密尔顿问题的一个有名的应用问题，提法是这样的：一个货郎要去若干城镇售货，已经知道各城镇之间的距离（设各城镇之间都有交通路线相连接），那么货郎应如何选择行走路线，使每个城镇恰好经过一次，并回到原来出发地，使得总行程为最短．这个问题也称为旅行推销员问题．

抽象成图的问题，就是要在一个每边有非负权的完全图中，找一条总权最小的哈密尔顿圈，或简称为最小 H－圈．

这个问题直到现在还没有一个完全令人满意的解法，这里介绍的"改良圈"解法只是一种比较满意的解法．这种解法是 Lin(1965) 和 Held. Karp(1970) 提出的，大致是这样进行的：由于该图是完全图，因而其必有哈密尔顿圈，而且在图中的顶点数大于 3 时，其哈密尔顿圈的数目并不惟一．任取其中一个，然后再逐步改进，直到不能再改进了为止，最后所得就是一个较好的解．

具体步骤如下：

设 G 是一个赋权完全图．边 (v_i, v_j) 上的权，记为 $L(v_i, v_j)$，在图 G 中，首先任取一个 H－圈，不妨设为 $C=v_1v_2\cdots v_pv_1$. 如果存在 i, j 满足

① $1<i+1<j<p$（记 $v_{p+1}=v_1$）

② $L(v_i, v_j)+L(v_{i+1}, v_{j+1})<L(v_i, v_{j+1})+L(v_j, v_{i+1})$.

则从圈 C 中去掉边 (v_i, v_{i+1}) 和 (v_j, v_{j+1})，而添加边 (v_i, v_j) 和 (v_{i+1}, v_{j+1})，得到一个新 H－圈：$C_1=v_1\cdots v_iv_jv_{j-1}\cdots v_{i+1}v_{j+1}v_{j+2}\cdots v_pv_1$．

显然 $L(C_1)<L(C)$，把圈 C_1 的各个顶点重新标号记作 $v_1v_2\cdots v_pv_1$，继续这样做下去，直到不存在那样的 i, j 为止．

我们可以看出，利用上面的算法，最后结果依赖于刚开始所找的 H－圈，所以用这种方法所求得解不一定是最好的．为了使结果更加接近于最优解，我们可以从不同的 H－圈开始，重复做几次，从中求得一个最好的 H－圈．

判断这个 H－圈的优劣的方法：假设 C 是 G 中的最优圈．则对于任何顶点 v，$C-v$ 是在 $G-v$ 中的 Hamilton 路，因而也是 $G-v$ 的生成树. 由此推知：若 T 是 $G-v$ 中的最优树，同时 e 和 f 是和 v 关联的两条边，并使得 $w(e)+w(f)$ 尽可能小，则 $w(T)+w(e)+w(f)$ 将是 $w(C)$ 的一个下界．

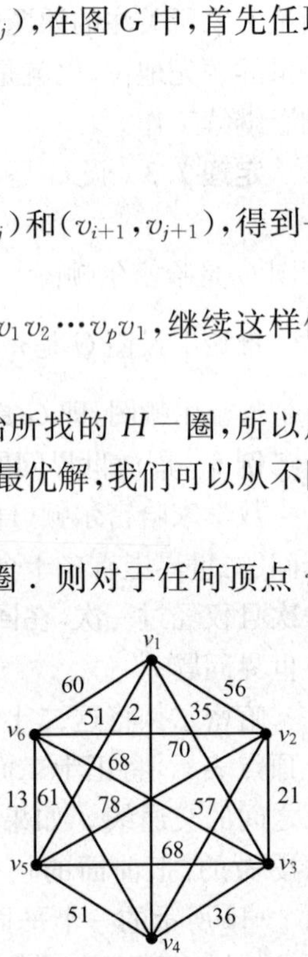

图 7-12

例 7 对图 7-12 的 K_6，用二边逐次修正法求较优 H－圈（见图 7-13）.

较优 H 圈：

$$C_3=v_1v_4v_5v_6v_2v_3v_1$$

其权为 $w(c_3)=192$.

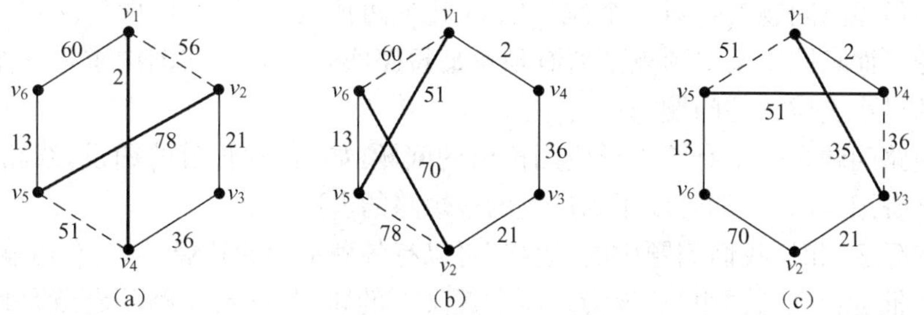

图　7-13

7.2.4　树

定义 7.7　连通的无圈图叫做**树**,记之为 T. 若图 G 满足 $V(G)=V(T)$,$E(T)\subset E(G)$,则称 T 是 G 的**生成树**.

图 G 连通的充分必要条件为 G 有生成树. 一个连通图的生成树的个数很多.

定理 7.4　树有下面常用的五个充要条件.

(1) G 是树当且仅当 G 中任两顶点之间有且仅有一条路;

(2) G 是树当且仅当 G 无圈,且 $p=q-1$;

(3) G 是树当且仅当 G 连通,且 $p=q-1$;

(4) G 是树当且仅当 G 连通,且 $\forall e\in E(G)$,$G-e$ 不连通;

(5) G 是树当且仅当 G 无圈,$\forall e\notin E(G)$,$G+e$ 恰有一个圈.

定义 7.8　若树 T 是图 G 的支撑子图,则称树 T 为图 G 的一个支撑树. 赋权图的具有最小权的支撑树叫做**最小支撑树**,简称**最小树**.

最短连接问题的数学模型就是在连通赋权图上求权最小的支撑树. 如:欲修筑连接 n 个城市的铁路,已知 i 城与 j 城之间的铁路造价为 C_{ij},设计一个线路图,使总造价最低. 这就是一个最短连接问题.

构造最小树常用的两种方法是避圈法和破圈法.

避圈法就是在已给的图 G 中,将图 G 中的边按权从小到大逐条考察, 按不构成圈的原则加入到 T 中,直到选够 $q-1$ 条边为止. 这种方法可称为“避圈法”或“加边法”.

相对于避圈法,还有一种求生成树的方法叫做“破圈法”. 这种方法就是在图 G 中任取一个圈,边按权从大到小逐条考察,任意舍弃边权最大的一条边,将这个圈破掉,重复这个步骤直到图 G 中没有圈为止.

定义 7.9　对赋权图 $D=(V,A,L)$,与为其两顶点,为其一条路,上各边权之和,称为“**路之权(或长)**”. 若路之权是 G 中以和为端点的所有路的权中最小者,则称为“D 中以与为两端点的最短路.

所谓最短路问题就是对一个赋权图 G 其中两顶点，求以它们两为端点的最短路求法问题．而求图中某个顶点到所有顶点最短路实际上就是在图中求得一个以此顶点为根的最小支撑树的问题．

最短路问题是一个有着广泛应用价值的问题，如：各种管道的铺设，线路的安排，输送网络费用等问题，都可以用到这里的最短路的求法．

在实际运用时，我们问题中的"边权"可以有各种不同的解释．如：在运输网络中，从运送一批货物到，若"边权"视为是通常意义下的路程，则最短路问题就是使运输总路程最短的路线，若"边权"表示运输时间，则最短路就是使运输总时间最短的路线，"边权"也可以代表费用，这时相应的就是总费用最省的路线．

下面介绍最短路的 Dijkstra 算法．

设在赋权有向图 $D=(V,A,L)$ 中，所有弧上的权均为非负．如果 $(v_iv_j)\notin A$，则令权 $l(v_iv_j)=+\infty$. 我们可以把权 $l(v_i,v_j)$ 看做弧 a_{ij} 的长度．将起点 v_i 到点 v_k 的最短路的长记为 $L(v_1v_k)$ 或 L_k，记 v_1-v_p 的单向路为 p.

Dijkstra 算法的基本思想是这样的：

设 S 是 v 的真子集，并且 $v_1\in S$，记 $\overline{S}=V\backslash S$. 如果 $p=v_1v_2...v_kv$ 是从起点 v_i 到 $\overline{S}$ 的最短路，我们用 $L(v_1,\overline{S})$ 来表示此路的长，则显然有 $v_k\in S$，并且 p 上的路 v_1-v_k 必然是最短的 v_1-v_k 路(见图 7-14)，所以有 $L(u,v)=L(v_1,v_k)+l(v_k,v)$，$L(v_1,\overline{S})=\min\limits_{\substack{v\in S\\ u\in S}}\{L(v_1,u)+l(u,v)\}$.

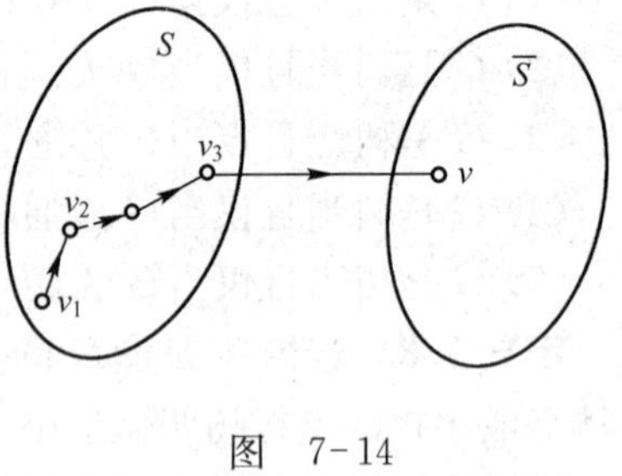

图 7-14

根据上式，得到以下标号算法：

(1) 开始给顶点 v_1 标上(永久)标号 $L_1=0$，其他各点标上临时标号 $L_k^{(1)}=l_{1k}(k=2,3,\ldots,p)$. 令 $S_1=\{v_1\}$，$\overline{S_1}=\{v_2,\cdots,v_p\}$. 如果设 $\min\{l(a_{ij})\}=l(a_{12})$，则 v_2 是与 v_1 距离最近的点，即求出了最短 v_1-v_2 通路，其长记为 l_2. 这时 v_2 获得永久标号 L_2.

令 $S_2=\{v_1v_2\}$，$\overline{S^2}=\{v_3,\cdots,v_p\}=\overline{S_1}\backslash\{v_2\}$.

下面我们总是用 S_m 记所有得到永久标号的顶点集，用 $\overline{S_m}$ 记所有得到临时标号的顶点集．

(2) 一般地，已有 $S_m\subset V$，并且 $v_1\in S_m$，$\overline{S_m}=V\backslash S_m$. 在 $\overline{S_m}$ 中求一点 v_k，使得 $L_k=L_k^{(m)}=\min\limits_{v_j\in\overline{S_m}}\{L^{j\,(m)}\}$，若 $L_k=+\infty$，则说明不存在 v_1 到 v_k 的最短路．否则令 $S_{m+1}=S_m\bigcup\{v_k\}$，$\overline{S_{m+1}}=\overline{S_m}\backslash\{v_k\}$.

(3) 修改临时标号，对 $\overline{S_{m+1}}$ 中的每一点 v_j，令 $L_j^{(m+1)}=\min\{L_j{}^{(m)},L_k+l_{kj}\}$，其中

L_k 是已经求出的.

再返回步骤(2),直到 $m=p-1$ 为止.

例 8 如图 7-15 所示,设有一批货物要从 v_1 运到 v_8. 各点间的交通路线在图上已标明,其中各弧旁边的数字表示该弧的长. 试问从 v_1 到 v_8 的各条路中,哪一条的总长度最短?

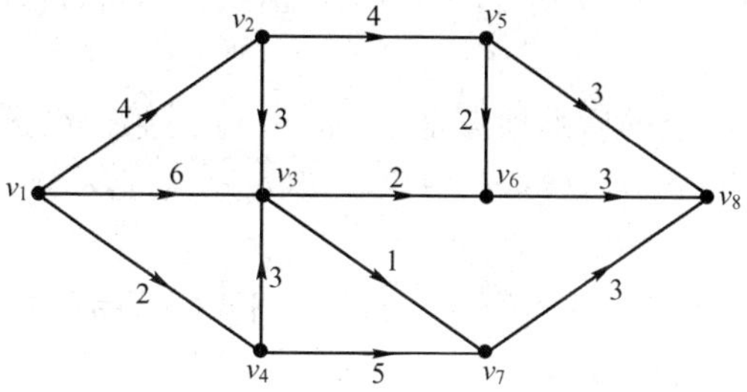

图 7-15

分析 在这个问题中,图 7-15 的图是一个赋权有向图 D. 实质上,这个问题是要求 D 的一条从 v_1 到 v_8 的路 d,它的各弧的权的和最小,此即所谓 D 的从 v_1 到 v_8 的最短路.

解 求一条从 v_1 到 v_8 的最短路,一个自然的方法是找出从 v_1 到 v_8 的所有的路,再逐一比较总长度而得到要求的最短路. 但这样作太费事,可以从起点 v_1 开始,按总长度最短的要求一步步地构造出一条到终点 v_8 的路.

下面我们考察图的赋权有向图. 为了方便,我们除仍用 $l(v_i,v_j)$ 表示弧 (v_i,v_j) 的长以外,还用 $c(v_i)$ 表示从 v_1 到 v_i 的临时最小长度,用 d 表示相应的从 v_1 到 v_i 的路.

第一步,从 v_1 开始. v_1 的后继顶点是 v_2、v_3 和 v_4,它们都是第一次进入的,因此

$$c(v_2)=4,\quad \mu(v_2)=\{v_1,v_2\};$$
$$c(v_3)=6,\quad \mu(v_3)=\{v_1,v_3\};$$
$$c(v_4)=2,\quad \mu(v_4)=\{v_1,v_4\}.$$

注意,$\mu(v_2)$ 和 $\mu(v_4)$ 已被确定.

第二步,从 v_2 开始,v_2 的后继顶点是 v_5 和 v_3. v_5 是第一次进入的,因此

$$c(v_5)=c(v_2)+l(v_2,v_5)=8,\quad \mu(v_5)=\{v_1,v_2,v_5\}.$$

现在 $\mu(v_5)$ 已被确定. 接着检查 v_3,有

$$c(v_2)+l(v_2,v_3)=7,\quad 大于\ c(v_3)=6,$$

因而我们不改变 $c(v_3)$ 和 $\mu(v_3)$.

第三步,从 v_4 开始,v_4 的后继顶点是 v_7 和 v_3. v_7 是第一次进入的,因此

$$c(v_7)=c(v_4)+l(v_4,v_7)=7,\quad \mu(v_7)=\{v_1,v_4,v_7\}.$$

接着检查 v_3,有

$$c(v_4)+l(v_4,v_3)=5,\quad 小于\ c(v_3)=6,$$

因而我们要改变 $c(v_3)$ 和 $\mu(v_3)$,取

$$c(v_3)=c(v_4)+l(v_4,v_3)=5,\quad \mu(v_3)=\{v_1,v_4,v_3\}.$$

现在 $\mu(v_3)$ 已被确定.

第四步,从 v_3 开始,v_3 的后继顶点是 v_6 和 v_7. v_6 是第一次进入的,因此

$$c(v_6)=c(v_3)+l(v_3,v_6)=7,\quad \mu(v_6)=\{v_1,v_4,v_3,v_6\}.$$

接着检查 v_7,有

$$c(v_3)+l(v_3,v_7)=6,\quad 小于\ c(v_7)=7,$$

因而我们要改变 $c(v_7)$ 和 $\mu(v_7)$,取

$$c(v_7)=c(v_3)+l(v_3,v_7)=6,\quad \mu(v_7)=\{v_1,v_4,v_3,v_7\}.$$

现在 $\mu(v_7)$ 已被确定.

第五步,从 v_5 开始,v_5 的后继顶点是 v_8 和 v_6. v_8 是第一次进入的,因此

$$c(v_8)=c(v_5)+l(v_5,v_8)=11,\quad \mu(v_8)=\{v_1,v_2,v_5,v_8\}.$$

接着检查 v_6,有

$$c(v_5)+l(v_5,v_6)=10,\quad 大于\ c(v_6)=7,$$

因而我们要改变 $c(v_6)$ 和 $\mu(v_6)$. 现在 $\mu(v_6)$ 已被确定.

第六步,从 v_6 开始,v_6 的后继顶点是 v_8. 由于

$$c(v_6)+l(v_6,v_8)=10,\quad 小于\ c(v_8)=11,$$

因而我们要改变 $c(v_8)$ 和 $\mu(v_8)$,取

$$c(v_8)=c(v_6)+l(v_6,v_8)=10,\quad \mu(v_8)=\{v_1,v_4,v_3,v_6,v_8\}.$$

第七步,从 v_7 开始,v_7 的后继顶点是 v_8,

取 $c(v_8)=c(v_7)+l(v_7,v_8)=9,\quad \mu(v_8)=\{v_1,v_4,v_3,v_7,v_8\}$.

至此,$\mu(v_8)$ 已被确定.

这就是说,从 v_1 到 v_8 的最短路是

$$d=\{v_1,v_4,v_3,v_7,v_8\}.$$

其总长度为 9.

7.2.5 应用实例

我们可以运用图的有关知识得到一些有趣的,并且是其他数学方法不容易得到的结论.

例 9 渡河问题

某人带狼、羊、以及蔬菜渡河，一小船除需人划外，每次只能载一物过河．而人不在现场时，狼要吃羊，羊要吃菜，问此人应如何过河?

解　这是图论知识的一个简单应用，此问题可化为状态转移问题，用四维向量来表示状态，当一物在此岸时相应分量取为 1，而在彼岸时则取为 0. 第一分量代表人，第二分量代表狼，第三分量代表羊，第四分量代表菜．

(1) 可取状态：根据题意，并不是所有状态都是可取的．通过穷举法列出来，可取状态是：

人在此岸	人在彼岸
(1,1,1,1)	(0,0,0,0)
(1,1,1,0)	(0,0,0,1)
(1,1,0,1)	(0,0,1,0)
(1,0,1,1)	(0,1,0,0)
(1,0,1,0)	(0,1,0,1)

总共有十个可取状态．

(2) 求解：现在用状态运算来完成状态转移．由于摆一次渡即可改变现有状态，为此再引入一个四维转移向量，用它来反映摆渡情况．用 1 表示过河，0 表示未过河．如：(1,1,0,0)表示人带狼过河．此状态只有四个允许转移向量：(1,0,0,0)，(1,1,0,0)，(1,0,1,0)，(1,0,0,1).

现在规定状态向量与转移向量之间的运算为

$$0+0=0, 1+0=1, 0+1=1, 1+1=0.$$

通过上面定义，问题化为，由初始状态(1,1,1,1)出发，经过奇数次运算转移为状态(0,0,0,0)的转移过程，用图表示．

若各边赋权为 1，则可得两种等优方案(见图 7-16)

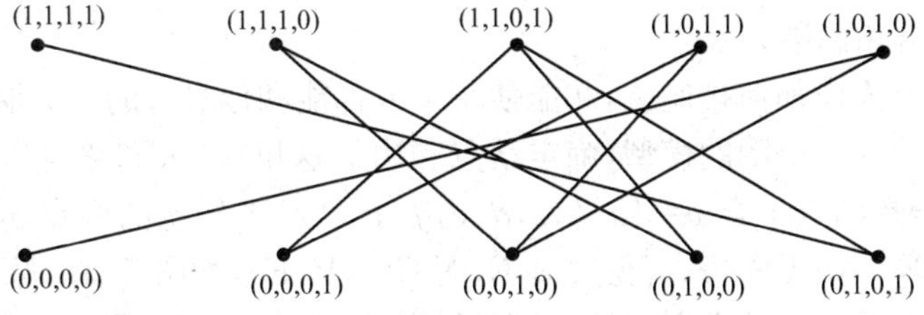

图　7-16

图 7-17 很清晰地反映了人过河的各个状态转移过程，这种利用点边来模拟实际问题的图论方法具有逻辑清晰、过程直观的特性，因此，广泛用于各种问题中．

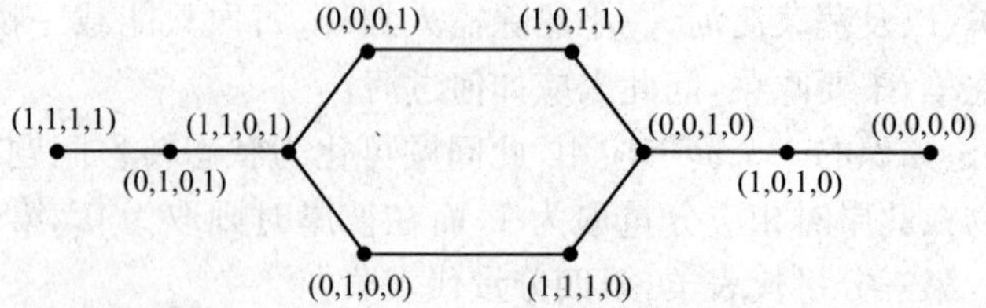

图 7-17

例 10 一个部门中有 25 人,由于纠纷而使得关系十分紧张,是否可使每个人与 5 个人相处融洽?

解 要建立一个图的模型,最基本的问题是如何描述它,即什么是结点,什么是边? 在本问题中,没有太多的选择,只有人和纠纷．我们可试着用结点来代表人．用边来代表图中结点之间的关系,这是很常见的．在这里结点之间的关系是“关系是否融洽”,因此,若两个结点(人)关系融洽,那么就在它们之间加上一条边．现在假设每个人与其他 5 个人关系融洽．在图上显示出我们所描述的图的一部分,小张与小王、小李、小赵、小黄和小吴关系融洽,再没有其他人．25 个人均是这种情况．这是否可能? 由于具有奇数度的结点个数必为偶数．现在出现了矛盾:有 25(奇数)个具有 5(奇数)度的结点．因此,该间题是不可能实现的．

例 11 一个国际会议,有 a,b,c,d,e,f,g 等 7 个人．已知下列事实:

a 会讲英语;

b 会讲英语和汉语;

c 会讲英语、意大利语和俄语;

d 会讲日语和汉语;

e 会讲德语和意大利语;

f 会讲法语、日语和俄语;

g 会讲法语和德语．

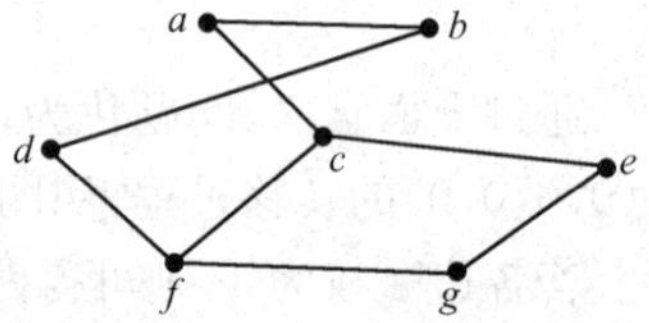

图 7-18

试问这 7 个人应如何排座位,才能使每个人都能和他身边的人交谈?

解 可以建立一个图的模型,确定结点和边．这里有“人和语言”,那么我们用结点来代表人,于是结点集合 $v=\{a,b,c,d,e,f,g\}$．对于任意的两点,若有共同语言,就在它们之间连一条无向边,可得边集 E,图 $G=(V,E)$,如图 7-18 所示,如何排座位使每个人都能和他身边的人交谈的问题就转化为在图 G 中找到一条哈密顿回路的问题．而 abdfgeca 即是图中的一条哈密顿回路,照此顺序排座位即可．

例 12 6 人相互认识或相互不认识,只有当其中 4 人围坐一圈,相邻 2 人都互相认识或都互相不认识时,这 4 人才能坐在一起打牌,问能否找到 4 人,使这 4 人能够在一起打牌．

分析　本题即把 K_6 的边染成两种颜色，是否一定存在一个同色四边形．

解　用 6 个点表示这 6 个人，如果其中某两个人互相认识，则在表示这两个人的点之间连一条红线(图中用细线表示)，否则即连一条蓝线(图中用粗线表示)．

每点连出 5 条线，其中必有一种颜色线≥3 条，即红线≥3 条或蓝线≥3 条．把连出红线≥3 条的点称为 A 类点，连出蓝线≥3 条的点称为 B 类点，则 A 类点或 B 类点中必有一类的点数≥3，不妨设 A 类点数≥3，且 v_1，v_2，v_3 为 A 类点．

(1) 设 v_1，v_2 间连蓝线：由于 v_1，v_2 都连出了至少 3 条红线，故其余 4 点中分别有 3 点与此 2 点连了红线，于是其余 4 点中必有 2 点与 v_1，v_2 都连红线，不妨设 v_3，v_4 与 v_1，v_2 都连了红线，则 v_1，v_3，v_2，v_4 四点连出同色四边形．(见图 7-19)

(2) 设 v_1，v_2，v_3 之间都连红线．由于 v_1，v_2，v_3 的每一个都至少连出了 3 条红线，故它们每一个都要与 v_4，v_5，v_6 中的至少一个连红线．

① 若 v_4，v_5，v_6 中有某一点与此三点中的某两点都连红线，如：v_4 与 v_1，v_2 都连红线，则 v_1，v_3，v_2，v_4 这 4 点连出同色四边形．(见图 7-20)

② 若 v_4，v_5，v_6 中的每个点都只与 v_1，v_2，v_3 这三点中的某一点连红线，如图 7-21 所示，则在其余的线中只要有任一条线连红线，就有红色四边形出现．

③ 若 v_4，v_5，v_6 中的每一点与 v_1，v_2，v_3 这三点中的某一点连红线，而所有其余的线都是蓝线，则出现蓝色四边形．(见图 7-22)

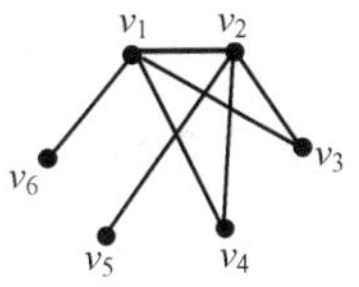

图　7-19

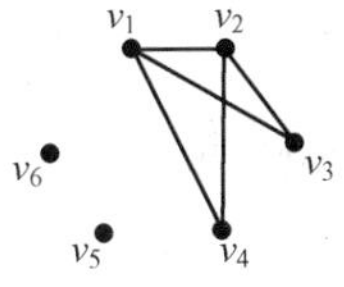

图　7-20

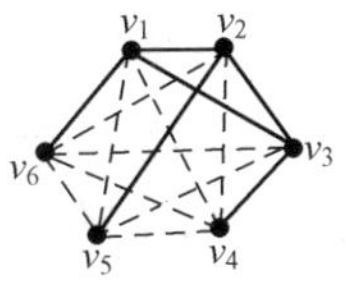

图　7-21

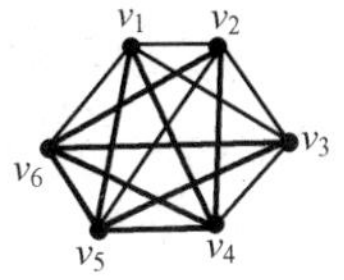

图　7-22

§7.3　对　策　论

7.3.1　问题的提出

例 1　田忌赛马

齐国的大将田忌，很喜欢赛马，有一回，他和齐威王约定，要进行一场比赛．他们商量好，把各自的马分成上，中，下三等．比赛的时候，要上马对上马，中马对中马，下马对下马．由于齐威王每个等级的马都比田忌的马强得多，所以比赛了几次，田忌都失败了．

田忌觉得很扫兴，比赛还没有结束，就垂头丧气地离开赛马场，这时，田忌抬头一看,人群中有个人,原来是自己的好朋友孙膑．孙膑招呼田忌过来,拍着他的肩膀说:“我刚才看了赛马,威王的马比你的马快不了多少呀．”孙膑还没有说完,田忌瞪了他一眼:“想不到你也来挖苦我!”孙膑说:“我不是挖苦你,我是说你再同他赛一次,我有办法准能让你赢了他．”田忌疑惑地看着孙膑:“你是说另换一匹马来?”孙膑摇摇头说:“连一匹马也不需要更换．”田忌毫无信心地说:“那还不是照样得输!”孙膑胸有成竹地说:“你就按照我的安排办事吧．”齐威王屡战屡胜,正在得意洋洋地夸耀自己马匹的时候,看见田忌陪着孙膑迎面走来,便站起来讥讽地说:“怎么,莫非你还不服气?”田忌说:“当然不服气,咱们再赛一次!”说着,“哗啦”一声,把一大堆银钱倒在桌子上,作为他下的赌钱．齐威王一看,心里暗暗好笑,于是吩咐手下,把前几次赢得的银钱全部抬来,另外又加了一千两黄金,也放在桌子上．齐威王轻蔑地说:“那就开始吧!”一声锣响,比赛开始了．孙膑先以下等马对齐威王的上等马,第一局输了．齐威王站起来说:“想不到赫赫有名的孙膑先生,竟然想出这样拙劣的对策．”孙膑不去理他．接着进行第二场比赛．孙膑拿上等马对齐威王的中等马,获胜了一局．齐威王有点心慌意乱了．第三局比赛,孙膑拿中等马对齐威王的下等马,又战胜了一局．这下,齐威王目瞪口呆了．比赛的结果是三局两胜,当然是田忌赢了齐威王．还是同样的马匹,由于调换一下比赛的出场顺序,就得到转败为胜的结果．

7.3.2 对策论的有关概念及结论

1. 对策现象和对策论

对策论(game theory)亦称博弈论或竞赛论,是研究具体对抗或竞赛性质现象的数学理论和方法,它既是现代数学的一个新分支,也是运筹学的一个重要科学．对策论发展的历史并不长,但由于它所研究的现象与人们的政治、经济、军事活动乃至一般日常生活等有着密切的联系,并且处理问题的方法又有明显特色,所以日益引起广泛的重视．

日长生活中,经常可以看到一些具有对抗或竞争性质的现象,如:下棋、打牌、体育比赛等．还比如在战争中,敌我双方都力图最有利的策略,千方百计去战胜对手;在政治方面,国际间的谈判、各种政治力量间的较量、国际集团的角逐等都无不具有对抗性质;在经济活动中,各国之间、各公司企业之间的各种谈判,为争夺市场而进行的竞争等不胜枚举;在生产过程中,如果将生产的管理者看成一方,各种消耗、成本及损失看成另一方,则生产过程也可看成是上述双方的竞争过程．

具有竞争或对抗性质的现象称为对策现象．在这类现象中,参加竞争或对抗的各方具有不同的利益或目标。为了达到各自的利益和目标,各方必须考虑对手的各种可能的行动方案,并力图选择对自己最有利的或最合理的方案．对策论就是研究对策现象中各方是否存在最合理的行动方案,以及如何找到合理的行动方案的数学论和方法.

2. 对策模型的三个基本要素

从“田忌赛马”例子中，我们可以得出对策模型必须具备以下三个基本要素：

(1) 局中人：局中人(players)是指参与竞争的各方，每方必须有独立的决策能力和承担风险的能力．而那些在竞争中，既不作决策，结局又和他的得失无关的人，就不能称为局中人．如：“田忌赛马”中，参与人共有三个：田忌、孙膑和齐威王．但是孙膑是田忌的谋事，没有独立承担风险的能力，就不能称为局中人，局中人为田忌和齐威王. 有些对策问题局中人不一定是两个，也可以是多个，后面我们将提到 n 人对策．这里的“局中人”的概念，不一定是单个的人，可以是一个集体，如：两个球队之间的比赛，两个企业之间的竞争等，有时我们也可以把“大自然”作为局中人．

(2) 策略集：在对策问题中，局中人为了应对其他局中人的行动而采取的方案和手段称为该局中人的一个策略(strategy). 这里所说的策略必须是局中人选择的实际可行的通盘筹划的完整的行动方案，并非指竞争过程中某一步所采取的局部方案．如：在“田忌赛马”的例子中，“先出上马”只是作为一个策略的一个组成部分，并非一个完整的策略，而完整的策略是一开始就要把各人的三匹马排好次序，然后依次出赛．那么三匹马排列的一个次序就是一个完整的行动方案，称为一个策略．如：田忌先出下马，然后出中马，最后出上马(简记为(下、中、上))，就是田忌的一个策略．

每个局中人拥有的策略的个数可以相同，也可不相同，可以是有限个，也可以是无限个．我们把一个局中人拥有的策略的全体称为该局中人的策略集．如：在“田忌赛马”中，田忌的策略集里有六个策略：(上，中，下)，(上，下，中)，(中，上，下)，(中，下，上)，(下，上，中)，(下，中，上). 这六个策略的集合就是田忌的策略集，而齐威王的策略集与田忌的一样．

如果在一局对策中，各个局中人都有有限个策略，我们称为有限对策(finite game)，否则称为无限对策(infinite game). 如：田忌赛马就是一个有限对策，而市场竞争中，因价格变动可能有无限个值，故可认为是无限对策．

(3) 赢得及赢得函数：局中人采用不同策略对策时，各方总是有得或有失，统称赢得(payoff)或得失．在“田忌赛马”的例子中，最后田忌得 1 千金，而齐威王损失 1 千金，即为这局对策(结局时)双方的赢得．可以用 1 和 −1 来表示．

实际上，每个局中人在一局对策结束时的赢得，是与局中人所选定的策略有关，如：在“田忌赛马”的例子中，当齐威王出策略(上、中、下)，田忌出策略(下、上、中)时，田忌得千金；而如果齐威王与田忌都出策略(上、中、下)时，田忌就得付出三千金了．所以用数学语言来说，一局对策结束时，每个局中人的赢得是全体局中人所取定的一组策略的函数，通常称为赢得函数(payoff function). 我们用符号 H_i 表示局中人 i 的赢得函数．

在对策论中，从每个局中人的策略集中各取一个策略，组成的策略组，称为一个局势(situation). 于是赢得是局势的函数. 如果在任一局势中,全体局中人的赢得相加总和等于零时,这个对策就称为零和对策(zero-sum game),否则就称为非零和对策. 如:"田忌赛马"中,若齐威王采取(上,中,下)策略,田忌也采取(上,中,下)策略,就构成了一个局势,此时,齐威王的得益为 3 千金,田忌为 −3 千金. 我们可以知道,本对策问题中,共存在 6×6=36 个策略组合,各策略组合下局中人的得益值都可以计算出来,见表 7-7.

表 7-7 "田忌赛马"损益矩阵

S_1 \ S_2	β_1 (上中下)	β_2 (上下中)	β_3 (中上下)	β_4 (中下上)	β_5 (下上中)	β_6 (下中上)
α_1(上中下)	3,−3	1,−1	1,−1	1,−1	−1,1	1,−1
α_2(上下中)	1,−1	3,−3	1,−1	1,−1	1,−1	−1,1
α_3(中上下)	1,−1	−1,1	3,−3	1,−1	1,−1	1,−1
α_4(中下上)	−1,1	1,−1	1,−1	3,−3	1,−1	1,−1
α_5(下上中)	1,−1	1,−1	1,−1	−1,1	3,−3	1,−1
α_6(下中上)	1,−1	1,−1	−1,1	1,−1	1,−1	3,−3

上表中,局中人甲方齐王的策略集为:$S_1=\{\alpha_1,\alpha_2,\alpha_3,\alpha_4,\alpha_5,\alpha_6\}$.

局中人乙方田忌的策略集为:$S_2=\{\beta_1,\beta_2,\beta_3,\beta_4,\beta_5,\beta_6\}$.

表中的元素前面数字表示局中人甲的得益值,后面元素表示局中人乙的得益值,我们把甲方齐威王的得益值用下面的矩阵表示.

$$\mathbf{A}=\begin{pmatrix} 3 & 1 & 1 & 1 & -1 & -1 \\ 1 & 3 & 1 & 1 & 1 & -1 \\ 1 & -1 & 3 & 1 & 1 & 1 \\ -1 & 1 & 1 & 3 & 1 & 1 \\ 1 & 1 & 1 & -1 & 3 & 1 \\ 1 & 1 & -1 & 1 & 1 & 3 \end{pmatrix}$$

称为局中人甲方的赢得矩阵.

3. 二人零和对策的条件

对策模型的形式很多,我们可以按照下图将对策问题进行分类:

- 对策论
  - 合作对策
  - 非合作对策
    - 静态对策
      - 二人对策
        - 零和对策
        - 常和对策
        - 变和对策
      - 多个对策
    - 动态对策

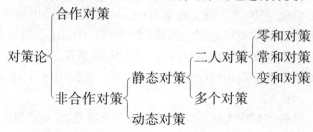

上图对策分类中,研究最早、占有重要地位的是二人有限零和对策。二人有限零和对策需具备以下三个条件:

(1) 有两个局中人;

(2) 每个局中人的策略都是有限的;

(3) 每一策略组合下,各局中人得益之和始终为零.

一个对策问题只要具备以上三个条件就称为二人有限零和对策,又叫做矩阵对策.显然,"田忌赛马"就是一个典型的二人有限零和对策的例子.局中人为田忌和齐威王;每个局中人都有六个策略;在任何一对策略组合下,双方的得益之和始终为零.如:当齐王赢得 1 千金时,田忌就输掉 1 千金,有 $1+(-1)=0$.

本节所研究的对策问题主要是矩阵对策,通常矩阵对策表示为 $G=\{S_1,S_2,\boldsymbol{A}\}$,表示局中人为甲、乙两个人,各自的策略分别为 S_1、S_2,以及局中人甲的赢得矩阵为 $\boldsymbol{A}$.

7.3.3　应用实例

例 2　甲、乙二人之间玩剪刀·石头·布游戏,输方付给赢方 1 元人民币,如若双方所出策略相同,如:都出剪刀,则得益均为零.试写出双方进行一次游戏时各局中人的策略集和局中人甲的赢得矩阵.

解　显然,局中人甲和乙可出的策略有剪刀、石头和布,此对策问题为二人有限零和对策,$S_1=S_2=\{\alpha_1,\alpha_2,\alpha_3\}=\{\beta_1,\beta_2,\beta_3\}=\{$剪刀,石头,布$\}$,局中人甲的赢得矩阵为:

$$\boldsymbol{A}=\begin{pmatrix} 0 & -1 & 1 \\ 1 & 0 & -1 \\ -1 & 1 & 0 \end{pmatrix}.$$

例 3　有甲、乙两只游泳队举行包括三个项目的对抗赛.这两只游泳队各有一名健将级队员(甲队为李,乙队为王),在这三个项目中成绩都非常突出,但规则要求他们每人只能参加两场比赛,每队的其他两名队员可参加全部比赛.已知各运动员的平均成绩(s)见表 7-8.

表 7-8　各队员平均成绩表

	甲　队			乙　队		
	A_1	A_2	李	王	B_1	B_2
100 m 蝶泳	59.7	63.2	57.1	58.6	61.4	64.8
100 m 仰泳	67.2	68.4	63.2	61.5	64.7	66.5
100 m 蛙泳	74.1	75.5	70.3	72.6	73.4	76.9

假设各运动员在比赛中都发挥正常水平，又比赛第一名得 5 分，第二名得 3 分，第 3 名得 1 分，问教练员应决定让自己队健将参加哪两项比赛，使本队得分最多？（各对参加比赛名单互相保密，定下来之后不许变动）.

解 我们首先构造两名健将不参加某项比赛时甲、乙两队的得分表，见表 7-9 和表 7-10.

表 7-9 甲队得分表

		王不参加此项比赛		
		蝶泳	仰泳	蛙泳
李不参加此项比赛	蝶泳	14	13	12
	仰泳	13	12	12
	蛙泳	12	12	13

表 7-10 乙队得分表

		王不参加此项比赛		
		蝶泳	仰泳	蛙泳
李不参加此项比赛	蝶泳	13	14	15
	仰泳	14	14	15
	蛙泳	15	15	14

将甲队得分表减去乙队得分表，得甲队赢得矩阵

$$\boldsymbol{A}=\begin{pmatrix} 1 & -1 & -3 \\ -1 & -3 & -3 \\ -3 & -3 & -1 \end{pmatrix}.$$

甲队策略集为：$S_1=\{\alpha_1,\alpha_2,\alpha_3\}$，

其中 α_1、α_2、α_3 分别表示李不参加蝶泳、仰泳、蛙泳.

乙队策略集为：$S_2=\{\beta_1,\beta_2,\beta_3\}$，

其中 β_1、β_2、β_3 分别表示王不参加蝶泳、仰泳、蛙泳.

我们可以解得：

$$\begin{cases} x_1=0.5 \\ x_2=0 \\ x_3=0.5 \end{cases},\quad \begin{cases} y_1=0 \\ y_2=0.5, \\ y_3=0.5 \end{cases}\quad V=-2.$$

结论是：甲队李将参加仰泳比赛，并以各 0.5 的概率参加蛙泳和仰泳比赛；乙队王将参加蝶泳比赛，并以各 0.5 的概率参加仰泳和蛙泳比赛.

§7.4 MATLAB 在运筹学中的应用

1. 常用命令

MATLAB 求解线性规划问题命令 linprog 调用格式：

(1) x=linprog(f, A, b)：求线性规划问题 $\begin{matrix} \min\ z=f^{\mathrm{T}}\boldsymbol{x} \\ \text{s.t.}\ \boldsymbol{Ax}\leqslant\boldsymbol{b} \end{matrix}$ 的解；

(2) x=linprog(f, A, b, Aeq, beq):求线性规划问题 $\min z=f^{T}\boldsymbol{x}$ s. t. $\begin{cases}\boldsymbol{Ax}\leqslant \boldsymbol{b}\\ \boldsymbol{A}_{eq}\boldsymbol{x}=\boldsymbol{b}_{eq}\end{cases}$ 的解;

即该函数调用格式解决的是既含有线性等式约束,又含有线性不等式约束的线性规划问题,如果在线性规划问题中无线性不等式约束,则可以设 A=[]以及 b=[].

(3) [x,fval,exitflag,output,lambda]=linprog(f,A,b,Aeq,beq,lb,ub):求线性规划问题

$$\min f^{T} * x$$
$$\text{s. t.}\begin{cases}A * x\leqslant b\\ Aeq * x=beq\text{的解}\\ lb\leqslant x\leqslant ub\end{cases}.$$

其中:

$$\text{fval}=f^{T} * x=\text{目标函数的最优值}$$
$$\text{exitflag}=\begin{cases}1,\text{得到最优解}\\ 0,\text{已经迭代到最大次数}\\ -1,\text{无解}\end{cases}$$

output 输出:iterations(迭代次数)、algorithm(使用的算法)、cgiterations(PCG 迭代次数)= the number of conjugate gradient iterations (if used) .

lambda 输出的结果中,第 j 个结果≠0,则,最优解使得对应的第 j 个约束条件取等号.

2. 利用 MATLAB 软件求线性规划问题

例 1 求解线性规划问题

$$\max z=x_1+x_2$$
$$\text{s. t.}\begin{cases}x_1-2x_2\leqslant 4\\ x_1+2x_2\leqslant 8\\ x_1,x_2\geqslant 0\end{cases}.$$

解 打开 MATLAB 指令窗,输入指令

```
f=[-1; -1];          %目标函数,为转化为极小,故取目标函数中设计变量的相反数
A=[1 -2; 1 2];       %线性不等式约束
b=[4; 8];
lb=[0; 0];           %边界约束,由于无上界,故设置 ub=[Inf;Inf];
ub=[Inf; Inf];
[x, fval]=linprog(f, A, b, [], [], lb, ub)
```

程序执行后得到：

```
Optimization terminated.
x=
6.0000
1.0000
fval=
    -7.0000
```

例 2 求解线性规划问题

$$\max z=x_1+3x_2-x_3$$
$$\text{s. t.}\begin{cases}x_1+x_2+2x_3=4\\-x_1+2x_2+x_3=4\\x_j\geqslant 0(j=1,2,3)\end{cases}.$$

解 输入指令

```
f=[-1; -3; 1];        %目标函数,为转化为极小,故取目标函数中设计变量的相反数
Aeq=[1 1 2; -1 2 1];%线性等式约束
beq=[4; 4];
lb=[0; 0; 0];         %设计变量的边界约束,由于无上界,故设置 ub=[Inf;Inf;Inf]
ub=[Inf; Inf; Inf];
[x, fval, exitflag]=linprog(f, [], [], Aeq, beq, lb, ub)
```

程序执行后得到：

```
Optimization terminated.
x=
    1.3333
    2.6667
    0.0000
fval=
    -9.3333
exitflag=
    1
```

例 3 求解

$$\min z=-5x_1-4x_2-6x_3$$
$$\text{s. t.}\begin{cases}x_1-x_2+x_3\leqslant 20,\\3x_1+2x_2+4x_3\leqslant 42,\\3x_1+2x_2\leqslant 30,\\x_1,x_2,x_3\geqslant 0\end{cases}$$

解 在MATLAB软件包中编程如下：

```
f=[-5;-4;-6];
A=[1,-1,1;3,2,4;3,2,0];
b=[20;42;30];
lb=zeros(3,1);
[x,fval,exitflag,output,lambda]=linprog(f,A,b,[],[],lb,[])
```

程序执行后得到：

```
Optimization terminated.
x=
     0.0000
    15.0000
     3.0000
fval=
   -78.0000
exitflag =
      1
output=
        iterations: 6
         algorithm:'large-scale: interior point'
      cgiterations: 0
           message:'Optimization terminated.'
lambda =
      ineqlin: [3x1 double]
        eqlin: [0x1 double]
        upper: [3x1 double]
        lower: [3x1 double]
```

然后，输入：

```
lambda.ineqlin
```

执行后得到：

```
ans =
     0.0000
     1.5000
     0.5000
```

这说明，在这个线性规划模型中，最优解 x 使得不等式约束条件的第 2 个、第 3 个取等号。输入：

```
lambda.eqlin
```

执行后得到：

```
ans =
    Empty matrix: 0-by-1
```

这说明，在这个线性规划模型中，不存在等式约束条件．输入：

```
lambda.upper
```

执行后得到：

```
ans =
    0
    0
    0
```

这说明，在这个线性规划模型中，最优解 x 没有达到上界．输入：

```
lambda.lower
```

执行后得到：

```
ans =
    1.0000
    0.0000
    0.0000
```

这说明，在这个线性规划模型中，最优解 x 中 x_1 达到下界，即，最优解中，$x_1=0$.

习 题 7

1. 假定有一批某种型号的圆钢长 8 cm，需要截取长 2.5 cm 的毛坯 100 根，长 1.5 cm 的毛坯 200 根，问应怎样选择下料方式才能既满足需要，又使总的用料最少？

2. 某厂计划在下一个生产周期内生产甲、乙两种产品，要消耗 A_1，A_2 和 A_3 三种资源（如：钢材、煤炭和设备台等），已知每件产品对这三种资源的消耗，这三种资源的现有数量和每件产品可获得的利润如表 7-11 所示．问如何安排生产计划，才能使得既充分利用现有资源，又使利润最大？

表　7-11

产品 / 单件消耗 / 资源	甲	乙	资源限制
A_1	5	2	170
A_2	2	3	100
A_3	1	5	150
单件利润	10	18	

3. 将下列线性规划问题化为标准形式

$$\min z = -2x_1 + x_2 + 3x_3.$$

$$\text{s. t.} \begin{cases} 5x_1 + x_2 + x_3 \leqslant 7, \\ x_1 - x_2 - 4x_3 \geqslant 2, \\ -3x_1 + x_2 + 2x_3 = -5, \\ x_1, x_2 \geqslant 0, x_3 \text{ 无约束}. \end{cases}$$

4. 圣诞节时，某宿舍四位同学各准备两件礼物赠给室友，要求每位同学的礼物不能送给同一个人，试证明至少有两人互赠了礼物．

5. 一个班级的学生共计选修 A、B、C、D、E、F 六门课程，其中一部分人同时选修 D、C、A，一部分人同时选修 B、C、F，一部分人同时选修 B、E，还有一部分人同时选修 A、B，期终考试要求每天考一门课，六天内考完，为了减轻学生负担，要求每人都不会连续参加考试，试设计一个考试日程表．

6. 求图 7-23 的最小树．

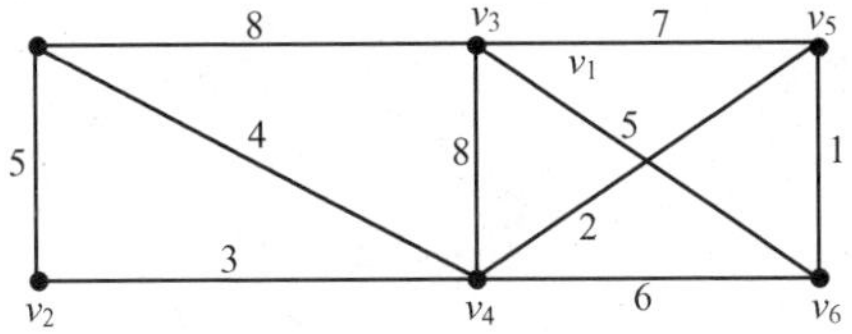

图　7-23

7. 设邮递员从邮局 A 出发，沿格形街道路走遍所有街路后回到邮局，若方格形路的每条路长为 1(km)，邮递员至少要走多少路程？

A

习题答案

习　题　1

1. 可从数学的含义．特点方面阐述．

2. 数学的美体现在数学有自然美，数学有简洁美．数学有对称美．数学有悬念美．数学有意境美数学还有和谐美等等．

3. 略．

4. 可举数学在生活、自然、文学、体育、艺术、游戏等社会科学中的应用．

5. 如果把“抢数游戏”中的 30 改为 40(规则不变)，可以这样想：要报到 40，必须抢到 37，这样对方不论报 38，或报 38.39，40 稳在你手中．而要报到 37，必须抢到 34，以此类推，你必须抢到 31.28……. 所以，你要先报数，首先报一个数(1)，然后抢到 4，以此类推，就可获胜．如果把规则改变，要想取胜须遵循一定的规律，规律是：首先要抢到的数是“最终要枪的数与规则规定的数的和之商的余数”.

6. “数学文化”的内涵，可以从狭义和广义两个方面做阐释．从狭义上说，“数学文化”即数学的思想．精神．方法．观点．语言及其的形成和发展过程；从广义上说，除了狭义的内容外，“数学文化”还包括数学家、数学史、数学美、数学教育、数学发展中的人文成分以及数学与各种文化的关系．

把数学教育看成是文化系统，是从社会——历史的角度，即从宏观的角度考察数学的结果．数学是传播人类思想的一种重要方式；数学语言是一种高级形式的语言；数学教育可以培养规则意识和求实精神；数学教育可以培养勤奋品质，磨练拼搏意志；数学教育可以培养理智机敏的思维；数学教育可以培养数学化的意识和能力；良好数学教育可以提高人们的综合素质．

习　题　2

1. (1) $[-1,0)\cup(0,1]$； (2) $[-\infty,0)\cup(0,3]$； (3) $(0,1)\cup(1,+\infty]$.

2. $f(x-1)=\frac{x-1}{2-x}, f\left(\frac{1}{x}\right)=\frac{1}{x-1}, f(f(x))=\frac{x}{1-2x}$.

3. 不存在．

4. (1) 0； (2) $-\frac{\sqrt{2}}{2}$； (3) 2； (4) 1； (5) $\frac{1}{\mathrm{e}}$； (6) e^3； (7) 2； (8) 0； (9) 1.

5. $k=3$.

6. 略．

习 题 3

1. (1) $y'=\frac{5}{6}x^{-\frac{1}{6}}$； (2) $y'=10x-3^x\ln 3+2e^x$； (3) $y'=\cos x+\frac{1}{x}$；

(4) $y'=2x\ln x+x$； (5) $y'=\cos^2 x-\sin^2 x$； (6) $y'=\frac{1-\ln x}{x^2}$；

(7) $y'=\frac{1-x^2}{(1+x^2)^2}$； (8) $y'=\frac{1}{x}+\frac{1}{\sqrt{1-x^2}}$；

(9) $y'=\sin x\ln x+x\cos x\ln x+\sin x$.

2. (1) $y''=-\frac{1}{4\sqrt{x^3}}$； (2) $y''=2\sec^2 x\tan x$； (3) $y''=20x^3-24x$.

3. (1) 切线方程为 $6x-y-1=0$,法线方程为 $x+6y-68=0$； (2) $(0,-1)$.

4. (1) $dy=a^x[(x^2+1)\ln a+2x]dx$； (2) $dy=\left(-\sin x+\frac{1}{x}+2\right)dx$.

5. (1) $0.502\,5\pi(\text{cm}^2)$； (2) $1.570\,8(\text{cm}^2)$.

6. (1) 400 个； (2) 约为 159(个/天).

7. 略

8. (1) 在 $(-\infty,0)$ 内单调增加,在 $(0,+\infty)$ 单调减少；

(2) 在 $(-\infty,-1)$,$(3,+\infty)$ 内单调增加,在 $(-1,3)$ 单调减少；

(3) 在 $\left(\frac{1}{2},+\infty\right)$ 内单调增加,在 $\left(0,\frac{1}{2}\right)$ 单调减少.

9. (1) $(-\infty,2)$ 是凸区间,$(2,+\infty)$ 是凹区间,点 $(2,1)$ 是曲线的拐点；

(2) $\left[0,\frac{2}{3}\right]$ 是凸区间,$(-\infty,0]$,$\left[\frac{2}{3},+\infty\right)$ 是凹区间,点 $(0,1)$,$\left(\frac{2}{3},\frac{11}{27}\right)$ 是曲线的拐点.

10. 250(件).

习 题 4

1. (1) $\frac{2}{5}x^{\frac{5}{2}}+C$； (2) $\frac{2^x}{\ln 2}+\frac{3^x}{\ln 3}+C$； (3) $\frac{3^x e^x}{1+\ln 3}+C$；

(4) $\tan x-\sec x+C$； (5) $-\cos x+e^x+C$； (6) $-\tan x-\cot x+C$；

(7) $x-\arctan x+C$； (8) e^x+x+C； (9) $\frac{1}{2}\tan x+C$.

2. (1) $y=Ce^{-x^2}+2$； (2) $y=Ce^{\sqrt{1-x^2}}$； (3) $\frac{4}{x^2}$； (4) $2e^y-e^{2x}-1=0$.

3. $y=2e^x-2x-2$.

4. $y=\frac{1\,000\times 3^{\frac{t}{3}}}{9+3^{\frac{t}{3}}}$.

5. (1) $\frac{3}{2}$； (2) $45\frac{1}{6}$； (3) $1-\frac{\pi}{4}$.

6. $\frac{1}{6}$.

7. $b-a$.

8. $\frac{128}{7}\pi$.

9. π^2.

10. (1) $\frac{1}{2}$； (2) $\frac{1}{a}$； (3) 发散； (4) π； (5) 发散；

(6) 当 $0<q<1$ 时，积分收敛，且积分值为 $\frac{1}{1-q}$，当 $q\geqslant 1$ 时，积分发散 .

习 题 5

1. 1 或 3.
2. (1) $(-1)^{\frac{n(n+1)}{2}}n!$； (2) $(-1)^{n+1}n!$； (3) 1； (4) 0.
3. (1) 0； (2) $-(x-1)^2(x-10)$； (3) 1； (4) $a+b+d$；
(5) $x^n+(-1)^{n+1}y^n$； (6) $b_1b_2\cdots b_n$； (7)略 .
4. (1) $x_1=3, x_2=-4, x_3=-1, x_4=1$；
(2) $x_1=1, x_2=2, x_3=3, x_4=-1$；
(3) $x=1, y=2, z=3$； (4) $x=0, y=-1, z=-3$.
5. 是 .
6. (1) $\begin{pmatrix} -1 & 3 & 1 & 5 \\ 8 & 2 & 8 & 2 \\ 3 & 7 & 9 & 13 \end{pmatrix}$； (2) $\begin{pmatrix} 14 & 13 & 8 & 7 \\ -2 & 5 & -2 & 5 \\ 2 & 1 & 6 & 5 \end{pmatrix}$.
7. (1) 14； (2) $\begin{pmatrix} 1 & 2 & 3 \\ 2 & 4 & 6 \\ 3 & 6 & 9 \end{pmatrix}$； (3) $(7 \quad 3)$；
(4) $a_{11}x_1^2+a_{22}x_2^2+a_{33}x_3^2+2a_{12}x_1x_2+2a_{13}x_1x_3+2a_{23}x_2x_3$；
(5) $\begin{pmatrix} 0 & 0 & 0 \\ -3 & -6 & -9 \\ -6 & -12 & -18 \end{pmatrix}$.
8. 略 .
9. (1) $\frac{1}{ad-bc}\begin{pmatrix} d & -b \\ -c & a \end{pmatrix}$； (2) $\begin{pmatrix} 1 & 0 & 0 \\ -1/2 & 1/2 & 0 \\ 1/3 & -2/3 & 1/3 \end{pmatrix}$；
(3) $\begin{pmatrix} 9 & -4 & 8 \\ -2 & 1 & -1 \\ -2 & 1 & -2 \end{pmatrix}$； (4) $\begin{pmatrix} a_1^{-1} & & & \\ & a_2^{-1} & & \\ & & \ddots & \\ & & & a_n^{-1} \end{pmatrix}$.

10. 略.

11. $(\boldsymbol{A}-\boldsymbol{I})^{-1}$.

12. $\begin{pmatrix}2 & -23\\0 & 8\end{pmatrix}$.

13. $-\dfrac{16}{27}$.

14. (1) $\begin{pmatrix}-2 & 1\\1 & -2\\3 & -2\end{pmatrix}$； (2) $\begin{pmatrix}3 & 0 & -2\\5 & -1 & -2\\0 & 3 & 2\end{pmatrix}$.

15. 总价值为 4650(万元),总重量为 470(吨),总体积为 2600(立方米).

16. 城市人口为 6 255 380,农村人口为 6 544 620.

17. (1) 只有零解； (2) $k\begin{pmatrix}4/3\\-3\\4/3\\1\end{pmatrix}$,其中 k 为实数；

(3) $k_1\begin{pmatrix}-2\\1\\0\\0\end{pmatrix}+k_2\begin{pmatrix}1\\0\\0\\1\end{pmatrix}$,其中 k_1,k_2 为实数.

18. (1) 无解； (2) $k\begin{pmatrix}-2\\1\\1\end{pmatrix}+\begin{pmatrix}-1\\2\\0\end{pmatrix}$,其中 k 为实数；

(3) $k_1\begin{pmatrix}1\\-2\\0\\0\end{pmatrix}+k_2\begin{pmatrix}0\\1\\1\\0\end{pmatrix}+\begin{pmatrix}0\\1\\0\\0\end{pmatrix}$,其中 k_1,k_2 为实数.

(4) $k_1\begin{pmatrix}1/7\\5/7\\1\\0\end{pmatrix}+k_2\begin{pmatrix}1/7\\-9/7\\1\\1\end{pmatrix}+\begin{pmatrix}6/7\\-5/7\\0\\0\end{pmatrix}$,其中 k_1,k_2 为实数.

19. 当 $a\neq1,-2$ 时,有唯一解；当 $a=-2$ 时,无解；当 $a=1$ 时,有无穷多解,即

$k_1\begin{pmatrix}-1\\1\\0\end{pmatrix}+k_2\begin{pmatrix}-1\\0\\1\end{pmatrix}+\begin{pmatrix}1\\0\\0\end{pmatrix}$,其中 k_1,k_2 为实数.

20. 煤矿总产值为 102 087 元,发电厂总产值为 56 163 元,铁路总产值为 28 330 元.

习 题 6

1. $\Omega=\{(H,H),(H,T),(T,H),(T,T)\}$.

2、3. 略

4. $\overline{A}_1\cup\overline{A}_2\cup\overline{A}_3$ 或$\overline{A_1A_2A_3}$.

5. 0.7.

6. 0.6.

7. $\frac{8!\times3!}{10!}$.

8. 0.009.

9. $\frac{1}{2}$.

10. $1-\frac{P_3(1)P_2(1)P_1(1)}{3^3}=\frac{7}{9}$.

11. 略

12. $\frac{40}{50\,000}$.

13. 0.121.

14. (1) $\frac{2}{3}$； (2) $\frac{1}{3}$； (3) $\frac{3}{4}$.

15. (1) $\frac{1}{10}$； (2) $\frac{1}{30}$.

16. 0.18.

17. 0.92.

18. (1) 0.388； (2) 0.059.

19. (1) 0.302； (2) 0.624 2； (3) 0.006 37.

习 题 7

1. 提示:用线性规划模型求解.

2. 提示:设 x_1、x_2 分别表示下一个生产周期产品甲和乙的产量,建立线性规划模型

$$\max z=10x_1+18x_2$$

$$\text{s.t.}\begin{cases}5x_1+2x_2\leqslant170\\2x_1+3x_2\leqslant100\\x_1+5x_2\leqslant150\\x_1,x_2\geqslant0.\end{cases},$$

结果为 $z=\frac{4100}{7}$, $x_1=\frac{50}{7}$, $x_2=\frac{200}{7}$.

3.

$$\max z=2x_1-x_2-3(x_3'-x_3'')+0x_4+0x_5,$$

$$\text{s. t.}\begin{cases}5x_1+x_2+(x_3'-x_3'')+x_4=7\\x_1-x_2-(x_3'-x_3'')-x_5=2\\5x_1-x_2-2(x_3'-x_3'')=5\\x_1,x_2,x_3',x_3'',x_4,x_5\geqslant 0\end{cases}.$$

4. 提示:用图表示.

5. 提示:问题是在图中寻找一条哈密顿道路,如 $C—E—A—F—D—B$.

6. 15.

7. 68.

参 考 文 献

[1] 燕列雅．大学数学．西安:西安交通大学出版社,2007.7

[2] 黄立宏．高等数学．上海:复旦大学出版社,2010.5

[3] 张国楚等．大学文科数学．北京:高等教育出版社,2008.4

[4] 吴赣昌．大学文科数学．北京:中国人民大学出版社,2007.4

[5] 张忠志,刘能东．大学文科数学．广州:暨南大学出版社,2010.1

[6] 盛祥耀,陈魁,王飞燕．大学数学简明教程．北京:清华大学出版社,2005

[7] 同济大学数学系．线性代数．5版．北京:高等教育出版社,2007

[8] 王萼芳．线性代数．北京:清华大学出版社,2007

[9] 居余马．线性代数(第二版)．北京:清华大学出版社,2002

[10] 黄玉梅,彭涛．线性代数中矩阵的应用典型案例．兰州大学学报,2009,6

[11] 汪国柄．大学文科数学．北京:清华大学出版社,2005

[12] 顾沛．数学文化．北京:高等教育出版社,2008

[13] 钱佩玲．中学数学思想方法．北京:北京师范大学出版社,2010

[14] 方延明．数学文化．北京:清华大学出版社,2007

[15] 张知学．数学文化．石家庄:河北教育出版社,2010

[16] 丘成桐,杨乐,季理真．数学与教育．北京:高等教育出版社,2011

[17] 孙洪泉．分形几何与分形插值．北京:科学出版社,2011

[18] 王宪昌,等．数学文化概论．北京:科学出版社,2010

[19] 唐世兴,等．数学游戏新编．上海:上海教育出版社,1996

[20] 彭美云,凌卫平,朱玉龙．应用概率统计．北京:机械工业出版社,2009

[21] 彭美云,凌卫平,朱玉龙．应用概率统计学习指导与习题选解．北京:机械工业出版社,2009

[22] 魏宗舒．概率论与数理统计教程．北京:高等教育出版社,1983

[23] 甘应爱,田丰等．运筹学(第三版)．北京:清华大学出版社,2006

[24] 蒲俊等．MATLAB6.0数学手册．上海:浦东电子出版社,2002

[25] 杨学桢．数学建模方法．保定:河北大学出版社,2000

[26] 胡运权等．运筹学教程．北京:清华大学出版社,1998